U0861893

甘肃省国土空间生态修复问题研究

Study on Restoration of Territorial Space Ecology in Gansu Province

丁巨胜　王　驰　徐爱俊　冯永忠　主编

蘭州大學出版社
LANZHOU UNIVERSITY PRESS

图书在版编目（CIP）数据

甘肃省国土空间生态修复问题研究 / 丁巨胜等主编
. -- 兰州 : 兰州大学出版社, 2023.11
ISBN 978-7-311-06572-0

Ⅰ. ①甘… Ⅱ. ①丁… Ⅲ. ①国土资源－生态恢复－研究－甘肃 Ⅳ. ①F129.942②X171.4

中国国家版本馆CIP数据核字(2023)第215454号

责任编辑 牛涵波 赵 方
封面设计 倪德龙

书　　名 甘肃省国土空间生态修复问题研究
作　　者 丁巨胜 王 驰 徐爱俊 冯永忠 主编
出版发行 兰州大学出版社 (地址:兰州市天水南路222号 730000)
电　　话 0931-8912613(总编办公室) 0931-8617156(营销中心)
网　　址 http://press.lzu.edu.cn
电子信箱 press@lzu.edu.cn
印　　刷 兰州银声印务有限公司
开　　本 787 mm×1092 mm 1/16
印　　张 15
字　　数 336千
版　　次 2023年11月第1版
印　　次 2023年11月第1次印刷
书　　号 ISBN 978-7-311-06572-0
定　　价 46.00元

《甘肃省国土空间生态修复问题研究》

编委会

前　言

工业革命极大地提高了社会生产力，使人类工业文明前进了一大步，但同时也对人类生存的自然生态环境造成了破坏。自1978年改革开放以来，中国经济发展一枝独秀，同时也遇到了巨大的生态环境挑战。

2005年8月15日，时任浙江省委书记的习近平到湖州安吉余村考察时，首次提出“绿水青山就是金山银山”的论断——“绿水青山既是自然财富、生态财富，又是社会财富、经济财富，保护生态环境就是保护自然价值和增值自然资本，就是保护经济社会发展潜力和后劲”。“两山”理念生动反映了社会经济发展与生态环境保护的辩证统一关系，发展了马克思主义生产力的理论；“两山”理念改变了人们对生产力的内涵及构成要素的传统认识，是科学发展的理念，是对马克思主义生产力理论的创新发展，为新时代社会主义生态文明建设奠定了坚实而科学的理论基础，提供了实现发展的根本遵循。党的十八大以来，习近平总书记从战略高度更加重视生态文明建设。“绿水青山就是金山银山”这一理念在今天已经成为全社会的共识。党的二十大报告指出，“中国式现代化是人与自然和谐共生的现代化”，并将“促进人与自然和谐共生”列为中国式现代化的本质要求之一。

生态修复可追溯到19世纪30年代，但将它作为生态学的一个分支进行系统研究，是自1980年Cairns主编的《受损生态系统的恢复过程》一书出版后才开始的。一般认为，生态修复是指对生态系统停止人为干扰，以减轻生态系统的负荷压力，使生态系统依靠自我调节能力与自我组织能力，向有序的方向进行演化，或者利用生态系统的这种自我恢复能力，辅以人工措施，使遭到破坏的生态系统逐步恢复或向良性循环的方向发展。生态修复致力于那些在自然突变和人类活动影响下受到破坏的自然生态系统的恢复与重建工作，使生态系统恢复原本的面貌，得到更好的恢复。

建立国土空间规划体系并监督实施是党中央、国务院作出的重大决策部署。2020年9月，自然资源部办公厅印发《关于开展省级国土空间生态修复规划编制工作的通知》（自然资办发〔2020〕45号），部署全国省级国土空间生态修复规划编制工作。该通知明确指出，国土空间规划生态修复规划是国土空间规划的重要专项规划，省级国土空间生态修复规划要落实全国和省级生态保护格局、生态修复目标任务，维护国家生态安全，强化农田生态功能，提高城市生态品质，同时作为市县级国土空间生态修复规划编制、科学开展生态修复工作的依据。2021年5月19日，自然资源部国土空间生态修复司印发了《省级国土空间生态修复规划编制技术规程（试行）》。

按照自然资源部的部署要求，甘肃省自然资源厅以加快推进山水林田湖草沙一体化保护修复、推动甘肃省生态安全屏障、生态文明建设和“美丽中国”建设目标为统揽，坚持问题与目标导向，科学编制了《甘肃省国土空间生态修复规划》，先后组织了甘肃省黄河流域生态修复专题研究、甘肃省地表水资源预估分析、甘肃省生态系统健康评估、甘肃省生态环境安全评价、甘肃省乡村空间生态修复与综合整治研究、甘肃省城镇空间布局优化及低效建设用地再开发研究、甘肃省矿业空间生态修复与综合治理专题研究、甘肃省生态系统恢复力评价、甘肃省生态廊道网络体系研究、甘肃省陆地生态系统固碳能力研究等专题研究。参加研究工作的有甘肃省土地开发整理中心、兰州大学、中国科学院西北资源生态环境研究院、西北师范大学、兰州城市学院、甘肃省自然资源规划研究院、甘肃省有色工程勘察设计研究院等单位的专家和技术人员。

2021年12月7日，《甘肃省国土空间生态修复规划》通过了以自然资源部陈军院士为专家组组长的省级评审。评审会上，陈军院士建议、鼓励我们将专题研究成果集结成册出版，以供从事国土空间生态保护修复工作的同行们借鉴、参考，我们遂编著了《甘肃省国土空间生态修复规划》一书。本书前言由冯永忠完成；第一章、第十一章、第十二章由冯永忠、毛龙、曾彪、陶卓琳、邱晓峄完成；第二章由陈仁升、范桥辉等完成；第三章由潘保田、张宝庆、曾彪等完成；第四章、第六章由黄银洲、李婧、汪胜兰等完成；第五章由钱国权、王金相、吴贤忠等完成；第七章由朱猛、尹振良、王凌阁等完成；第八章由汪延彬、王娅妮、何瑞东等完成；第九章由张勃、王晓丹等完成；第十章由王征宇、潘竟星等完成；全书由冯永忠统稿，毛龙、陶卓琳、邱晓峄协助做了编辑工作。在专题研究和本书组稿工程中，我们得到了自然资源部陈军院士，自然资源部张晓玲、姚丽、范树印、罗明、郧文聚研究员，中国科学院欧阳志云院士，中国国际工程咨询有限公司黄诗铿研究员等专家的指导、鼓励，编辑出版得到了兰州大学出版社各位老师的大力支持，在此一并表示衷心感谢。

由于作者学术水平有限，本书错漏之处在所难免，敬请读者批评、指正。

笔者

2023年6月

目　录

第1章　甘肃省国土空间概况

甘肃省地处西北内陆，位于中国大陆地理中心，介于北纬32°31′～42°57′、东经92°13′～108°46′之间；东接陕西省，南邻四川省，西连青海省、新疆维吾尔自治区，北与宁夏回族自治区、内蒙古自治区和蒙古国接壤。全省辖兰州、天水、白银、金昌、嘉峪关、武威、庆阳、平凉、张掖、酒泉、定西、陇南12个地级市，以及临夏回族自治州、甘南藏族自治州2个自治州，共有86个县级单元。

1.1　自然地理概况

1.1.1　地形地貌

甘肃省地处黄土高原、青藏高原、内蒙古高原三大高原交会处，总土地面积为42.58万km^2，地形呈狭长状，东西长1 655 km，南北宽530 km，地貌复杂多样，山地、高原、平川、河谷、沙漠、戈壁类型齐全，交错分布，地势自西南向东北倾斜，大致可分为陇南山地、陇中黄土高原、甘南高原、河西走廊、祁连山脉、河西走廊以北地带（也称北山山地）这六大地形区域。

（1）陇南山地

陇南山地包括渭水以南，临潭、迭部一线以东的山区，为秦岭的西延部分。区内重峦叠嶂，山高谷深，植被丰厚，河网密布，是省内森林资源的主要分布区。

（2）陇中黄土高原

陇中黄土高原位于甘肃省中部和东部，东起甘陕省界，西至乌鞘岭。黄土高原的厚度一般为50～150 m。受流水、重力、潜蚀和风蚀作用，陇中黄土高原形成了黄土沟谷地貌和黄土沟间地貌，典型的沟间地貌类型为塬、梁、峁。

（3）甘南高原

甘南高原位于青藏高原东部边缘一隅，地势高亢，平均海拔超过3 000 m，是典型的高原区，为山原地貌。区内草滩宽广，水草丰美，是甘肃省重要的畜牧业基地。

（4）河西走廊

河西走廊位于祁连山以北、北山以南，东起乌鞘岭，西至甘新交界，为一自东向西、由南而北倾斜的狭长地带。海拔在1 000～1 500 m之间，长约1 000余千米，宽从几千米到百余千米不等。区内地势平坦，土地广阔，光热充足，水资源丰富，沿内陆河分布的绿洲是全省主要的商品粮基地。

（5）祁连山地

祁连山地位于河西走廊以南，长达1 000多千米，山脊大部分海拔在3 500 m以上，少数山峰终年积雪，发育着现代冰川，是河西走廊的天然固体水库。山区植被垂直分布明显，从低到高分布着荒漠、草场、森林，以及高山寒漠和冰雪。

（6）北山山地

北山山地位于河西走廊以北地区，临近腾格里沙漠和巴丹吉林沙漠，东西长1 000多千米，海拔在1 000～3 600 m之间。北山山地由马鬃山、合黎山、龙首山等一系列剥蚀山地组成。

1.1.2　气候

甘肃省深居内陆，地跨北亚热带、暖温带、温带三个气候带，加之地势高差大，决定了该省气候的三个基本特征：一是空气干燥，大陆性气候强；二是气象要素的垂直变化明显；三是气候类型的多样化。

全省年日照时数的分布趋势大致为由东南向西北逐渐增加，变化范围在1 700～3 400 h之间。省内大部分地区太阳能资源比较丰富，年太阳能总辐射量的空间分布与日照时数分布一致，由东南向西北递增，变化范围在4 800～6 400 MJ/m²之间。

全省各地气温差异较大，年平均气温分布趋势大致是自东南向西北递减，同一纬度由河川、谷地向山顶递减，变化范围在0～15 ℃之间（图1-1A）。河西走廊年平均气温为5～10 ℃；陇中地区气候凉爽，年平均气温为5～9 ℃；陇南地区气候温暖，年平均气温为9～15 ℃，陇南地区是全省年平均气温最高的地区；甘南高原气候寒冷，年平均气温为1～7 ℃，气温相对较低；陇东地区冬无严寒，夏无酷暑，气候温和，年平均气温为7～10 ℃。

全省年平均降水量的空间分布趋势大致是自东南向西北递减，其变化范围在

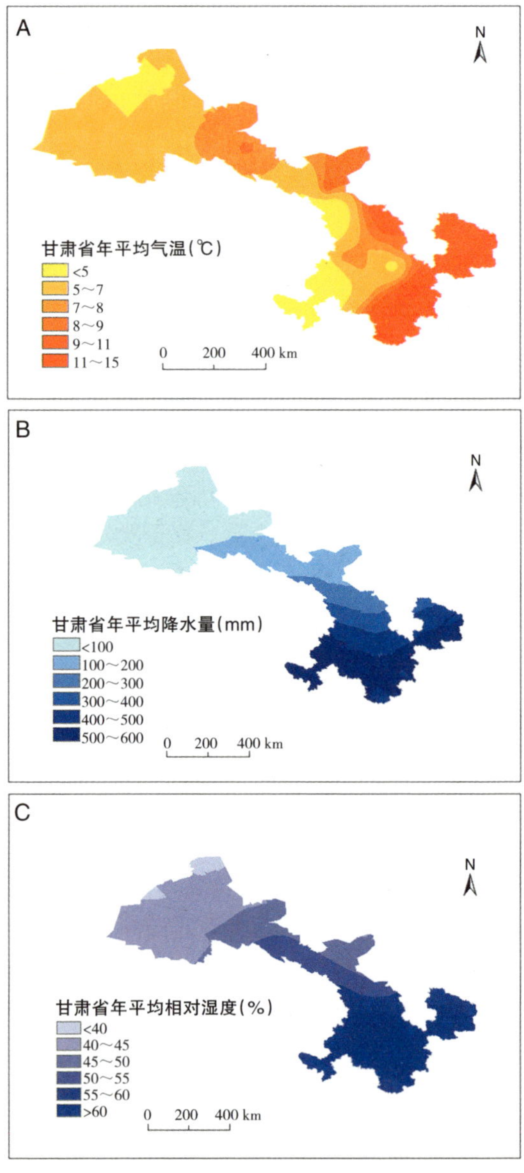

图1-1　甘肃省气温、降水、湿度分布图

35～810 mm之间（图1-1B）。东南部的康县年平均降水量为802.3 mm，西北部的敦煌市年平均降水量只有39 mm。同一地区，海拔高的地方降水量多，海拔低的地方降水量少。山区迎风面的降水量多于背风南面的降水量。

受气候、降水等的影响，全省各地平均相对湿度差异较大，总体分布在空间上大致呈现出以乌鞘岭为界东南高西北低的特征（图1-1C）。甘南、陇南地区是全省湿度最高的地区，气候湿润；全省湿度最低的地区是位于河西走廊的敦煌市，这里是全省最干燥的地区。

全省年蒸发量的分布趋势与年降水量的分布趋势相反，是由东南向西北逐渐增大的。河西走廊年蒸发量为2 000～3 000 mm，祁连山区为1 600～1 800 mm，陇中为1300～2 000 mm，陇东为1 200～1 700 mm，陇南和甘南约为1 300 mm。

甘肃省农业气象灾害较为频繁，旱灾、冰雹、霜冻、洪涝、干热风、大风和风沙等时有发生。

1.1.3　水文水系

甘肃省的河流分属黄河、长江、内陆河3个流域12个水系。黄河流域有黄河干流、洮河、湟水、渭河、泾河、北洛河6个水系；长江流域有嘉陵江、汉江2个水系；内陆河流域有苏干湖、疏勒河、黑河、石羊河4个水系。多年平均年径流量大于1.0×10^{9} m^{3}的较大河流有12条，按径流量由大到小，依次是黄河、白龙江、洮河、湟水、白水江、大通河、渭河、泾河、西汉水、黑河、嘉陵江、大夏河。

降水量和径流量在地区和时间上的分布不均，导致用水矛盾尖锐。河西地区土地辽阔，水资源紧缺，制约着土地资源的开发；中部地区降雨偏少，水少地多，水低地高，水资源利用困难，作物生长期干旱频繁，集中的降雨又易造成大面积水土流失；陇南山地水多地少，土地分散，难以利用水资源。

1.1.4　土壤

甘肃省自南向北跨11个地理纬度，东西延展近16个地理经度，大中尺度地貌包括西秦岭山地、黄土高原、内蒙古高原和青藏高原各一部分，分属长江、黄河和内陆河三大流域。多样的气候条件和多种植被类型，导致省内形成了不同类型的土壤。全国土壤分类划分了13个土纲、60个土类，甘肃省有12个土纲、37个土类。

总体来讲，陇南地区发育有适宜亚热带多种经济林木（如柑橘、油桐、棕榈、茶树）和农作物生长的黄棕壤、褐土等土类；陇东地区广泛分布着黑垆土、黄绵土，这一地区耕种历史悠久，土壤宜耕性良好，适宜多种作物生长，作物大部分为一年一熟，农作物以冬小麦为主；陇中地区以黄绵土居多，黄绵土是甘肃黄土高原区的主要土壤类型，面积占甘肃全省耕地土壤面积的22.2%，此外，在黄土梁、黄土峁、低山丘陵、河谷阶地和冲积平原上还分布有灰钙土；河西地区以灰漠土、灰棕漠土、风沙土为主，其中灰棕漠土是全省占地面积最大的一个土类，面积占甘肃土壤总面积的23%。此外，在甘南地区发育有高山草原土和山地草甸土，在河谷平原和地下水位较高的地区发育有草甸土和沼泽土。

1.1.5 植被

甘肃省地域辽阔，气候、土壤等自然条件复杂，植物种类十分丰富。全省种子植物共有125科765属2 359种，苔藓植物约有36科64属70种，蕨类和拟蕨类植物有15科。禾本科、菊科、豆科、毛茛科、蔷薇科、莎草科、玄参科、藜科及唇形科植物广布于全省各地，常成为各类植被的建群种，也是甘肃省主要的植物资源。

全省种植的粮食作物主要有冬小麦、春小麦、大麦、玉米、青稞、荞麦、糜谷、高粱、水稻、马铃薯和各种豆类等20余种。其中，小麦是甘肃省最主要的粮食作物，遍及全省各地；玉米分布在大部分地区，大部分地区的热量也能满足玉米的生长；糜谷多为小秋作物，多在麦收后复种。

全省种植的经济作物主要有棉花、蓖麻、芝麻、甜菜、苏子、向日葵、茶叶、烟草、啤酒花等。种植面积在10万亩（1亩≈666.7平方千米）以上的有亚麻、油菜、向日葵、甜菜、棉花等。茶叶仅在陇南部分地区可以栽培，棉花分布在河西内陆河流下游的暖温带地区。

1.2 社会经济发展概况①

1.2.1 人口

截至2022年末，甘肃省常住人口2 492.42万人，比上年末增加2.40万人，其中：男性人口1 266.15万人，女性人口1 226.27万人，人口性别比为103.25（以女性为100）。全年出生人口21.10万人，人口出生率为8.47‰；死亡人口21.20万人，人口死亡率为8.51‰；人口自然增长率为-0.04‰。0～14岁人口466.33万人，占全省常住人口的比重为18.71%；15～64岁人口1 691.11万人，占全省常住人口的比重为67.85%；65岁及以上人口334.98万人，占全省常住人口的比重为13.44%。

1.2.2 城镇化

截至2022年末，甘肃省城镇常住人口1 350.64万人，比上年末增加22.71万人；乡村常住人口1141.78万人，比上年末减少20.31万人；城镇常住人口占全省常住人口的比重（城镇化率）为54.19%，比上年末增加0.86个百分点。

1.2.3 国内经济生产总值

2022年，甘肃省实现地区生产总值11 201.6亿元，比上年增长4.5%，两年平均增长

① 数据来源：甘肃省统计局 https://tjj.gansu.gov.cn/tjj/c109457/202303/166577521.shtml.

5.7%。其中，第一产业增加值1 515.3亿元，比上年增长5.7%；第二产业增加值3 945.0亿元，比上年增长4.2%；第三产业增加值5 741.3亿元，比上年增长4.4%。按常住人口计算，全年人均地区生产总值44 968元，比上年增长4.7%。全年全省十大生态产业增加值3 278.77亿元，比上年增长12.99%，占全省地区生产总值的29.3%。

1.3　自然资源概况

1.3.1　土地资源

截至2021年末，甘肃省耕地面积7 799.17万亩，种植园用地642.84万亩，林地11 950.45万亩，草地21 446.86万亩，湿地1 777.93万亩，城镇（村）及工矿用地1 292.86万亩，交通运输用地186万亩，水域及水利设施用地615.51万亩，其他用地（不含裸岩石砾地）4 403.41万亩。①

1.3.2　水资源

甘肃省的河流根据流向可分为内流区和外流区，其中外流区主要属于长江流域和黄河流域。黄河流域与内陆河流域以天祝县境内的乌鞘岭、毛毛山及景泰县境内的老虎山为界，此界线也是内外流区的分界线；黄河流域与长江流域以迭山和西秦岭为界。

根据《2021年甘肃省水资源公报》，甘肃省水资源总量277.3亿m^3，人均水资源量1 114.0 m^3，比上年下降32.2%。截至2021年末，甘肃省大中型水库蓄水总量40.2亿m^3，比上年末下降13.2%。全年总用水量110.1亿m^3，比上年增长0.2%。其中，生活用水量10.0亿m^3，增长7.5%；工业用水量6.5亿m^3，增长4.8%；农业用水量82.3亿m^3，下降1.7%；生态用水量11.3亿m^3，增长5.6%。人均用水量442 m^3，增长0.7%。

1.3.3　矿产资源

甘肃省是矿产资源比较丰富的省份之一，矿业开发已成为甘肃省经济发展的重要支柱。甘肃省境内成矿地质条件优越，矿产资源较为丰富，不但种类繁多、类型多样，而且组分复杂、规模各异，远景可观。截至2020年底，全省已发现各类矿产180种，已查明资源储量的有114种，其中，能源矿产7种，金属矿产36种，非金属矿产69种，水气矿产2种。查明资源储量名列全国第一的有11种，居前五的有33种，居前十的有61种。②

① 甘肃省自然资源厅:《2021年度甘肃省自然资源公报》。

② 甘肃省自然资源厅:《2021年度甘肃省矿产资源公报》。

第2章 甘肃省地表水资源预估分析

2.1 方法与数据

2.1.1 数据与资料

水资源评价包括两部分：①流域尺度。主要评价流域径流量的过去（1960—2018年）和未来可能变化（到21世纪末），以流域为研究单位。②行政区域尺度。预估未来（2018—2099年）甘肃省14个市州地表水资源量的可能变化，以行政区划为研究单位。

根据评价目标及方法，要使用的数据包括：

（1）气象数据

主要选择中国国家气象站记录的历史降水和气温数据。由于各地建站年份不一致，为统一对比研究，选用1960—2018年资料为历史资料。

（2）水文数据

主要选择甘肃省内1960—2018年各水文站实测径流数据。其中，河西三大内陆河主要产流区为祁连山，因此选用祁连山出山口水文站资料表征河西走廊地表径流量；考虑到长江、黄河流域各子流域对甘肃省水资源的贡献，优先选择甘肃省界附近干流水文站为控制水文站。鉴于部分流域内无满足要求的水文站，选取代表性强、水文数据翔实的水文站资料为数据源。由于黄河干流流经甘肃省，本书选取黄河进入甘肃省的第一个水文站——玛曲站的径流量作为黄河来水资源量。

（3）气候模式预估数据

气候模式数据是未来水资源预估的关键数据，本书选取与中国气候状况匹配较好的、由中国气象局气候中心验证的5个GCM气候模式，分别是：GFDL-ESM2M、HadGEM2-ES、IPSL-CM5A-LR、MIROC-ESM-CHEM和NorESM1-M。根据未来全球温室气体排放量，以RCP2.6、RCP4.5和RCP8.5三种气候情景表征全球温升的低、中、高情景。

需要说明的是，冰雪融水对气温和降水较为敏感，而RCP8.5情景属于极端温升情景，未来出现的可能性较低，因此，对于冰雪融水占总水资源量比例较大的流域，只预估了RCP2.6和RCP4.5情景下的未来径流量的可能变化。

2.1.2 研究方法

（1）冰冻圈流域水文模型（Cryospheric Basin Hydrological Model，CBHM）

主要利用该模型对冰冻圈要素丰富的河西内陆河三大流域（疏勒河、黑河和石羊河流域）的冰川、积雪融水以及出山径流量进行模拟和预估。

CBHM是中国科学院西北生态环境资源研究院（原寒区旱区环境与工程研究所）在内陆河高寒山区流域分布式水热耦合模型（DWHC）的基础上，基于多年观测和研究自主研发的流域水文模型，已更新至第3版。

该模型以寒区水文过程为重点，采用最新寒区水文机理，对冰川、积雪、冻土等冰冻圈要素水文过程有较好的模拟效果。CBHM较好地包容了不同时间尺度的气象因子空间插值方法，固液态降水分离及观测误差校正方法，高寒区典型植被截留和蒸散发过程，冰川面积、体积和融水径流算法，风吹雪及积雪消融过程，冻土水热耦合过程，冻土面积估算方法等。同时，CBHM综合了坡面汇流和河道汇流两种方案，较为合理地处理了流域的汇流问题。

（2）BP（Back Propagation）人工神经网络模型

神经网络模型是一种模拟人脑功能的近似方法。神经网络模型能够通过组织神经元来执行计算，并通过学习过程建立自己的规则，其因复杂的非线性特征而被广泛应用于径流研究中。本书选用了具有3个处理层结构的BP人工神经网络，并采用purelin函数作为激活函数。BP人工神经网络是一种采用反向传播算法的神经网络，是由非线性变换单元组成的一种前馈型网络，是目前比较流行的神经网络模型之一，在许多领域的非线性分析和预测中得到了广泛的应用。

BP人工神经网络一般由3个神经元层次组成，即输入层、输出层和隐含层。利用人工神经网络进行计算时，主要有两步：首先，对模型进行训练；其次，利用训练好的模型求解问题。神经网络模型对数据序列长度的要求较高，其训练阶段所需数据应尽可能反馈一段时间内输入参数与输出参数的相关逻辑，而验证数据通常被认为应不少于模拟数据的1/3。因此，本书只对黄河、长江流域内气象和水文数据充分的典型流域进行了径流模拟和预估。

（3）水文比拟法

1999—2017年《甘肃省水资源公报》发布的甘肃省各市州降水及径流深数据显示，除黄河流域部分区域有外来水资源汇入外，甘肃省其余市州地表水资源大部分来源于降水（自产水源）。基于以上情况，本书采用水文比拟法模拟、预估甘肃省各行政区的水资源量。水文比拟法是以流域间的相似性为基础，将相似流域的水文资料及其变化规律推广到邻近区域的一种简便方法。借鉴水文比拟法的思路，本书以2013—2017年各市州降水量及径流深为基准，建立了各地（州、市）降水量和径流深之间的对应关系，计算了其所属行政区降水量到地表水资源的转换率；采用预估的未来降水量，预估了未来各地（州、市）地表水资源的可能变化。

2.2 地表水资源现状

2.2.1 地表水资源构成及空间分布

甘肃省的河流根据流向可分为内流区和外流区，外流区主要属于长江和黄河流域。天祝县境内的乌鞘岭、毛毛山及景泰县境内的老虎山既是黄河流域与内陆河流域的分界线，也是内外流区的分界线。黄河流域与长江流域以迭山和西秦岭为界。

甘肃省的河流主要属于西北诸河、黄河、长江这三个一级流域。其中，西北诸河主要为河西内陆河流域，包括石羊河、黑河、疏勒河（含苏干湖区的哈尔腾河等）；黄河流域分黄河干流（包括支流庄浪河、大夏河、祖厉河及直接流入干流的小支流）、洮河、湟水、渭河、泾河；长江流域主要为嘉陵江，此外还有汉江水系的八庙河等。按照甘肃省第三次水资源调查评价和主要江河名录，甘肃省内的石羊河、黑河、疏勒河、湟水、大通河、大夏河、洮河、庄浪河、渭河、泾河、北洛河、嘉陵江、白龙江和汉江等14条河流为重点研究流域。甘肃省各流域分区及面积见表2–1，全省三大流域面积总计约45.4×10⁴ km²（按水文站控制流域计算），其中，河西内陆河流域面积最大，约为27.0×10⁴ km²；其次为黄河流域，面积约为14.6×10⁴ km²；长江流域面积最小，约为3.8×10⁴ km²（图2–1）。

表2–1 甘肃省一、二、三级流域分区及面积

水资源分区名称			水资源分区代码	面积（km^2）
一级	二级	三级		
西北诸河	河西内陆河	石羊河	K020100	40 687
		黑河	K020200	59 354
		疏勒河	K020300	169 983
		小计		270 024
黄河	龙羊峡以上	河源至玛曲	D010100	6 502
		玛曲至龙羊峡	D010200	3 678
		小计		10 180
	龙羊峡至兰州	大通河享堂以上	D020100	2 525
		湟水	D020200	1 302
		大夏河	D020300	5 878
		洮河		25 225
		龙羊峡至兰州干流区	D020400	10 701
		小计		45 631

续表2-1

水资源分区名称			水资源分区代码	面积（km²）
一级	二级	三级		
	兰州至河口镇	兰州至下河沿	D030100	29 752
		清水河与苦水河	D030200	1 233
		小计		30 985
	龙门至三门峡	北洛河源头以上	D050200	2 330
		泾河张家山以上	D050300	30 979
		渭河宝鸡峡以上	D050400	25 790
		小计		59 099
	小计			145 895
长江	嘉陵江	广元昭化以上	F040100	38 313
	汉江	丹江口以上	F080100	171
	小计			38 484
合计				454 403

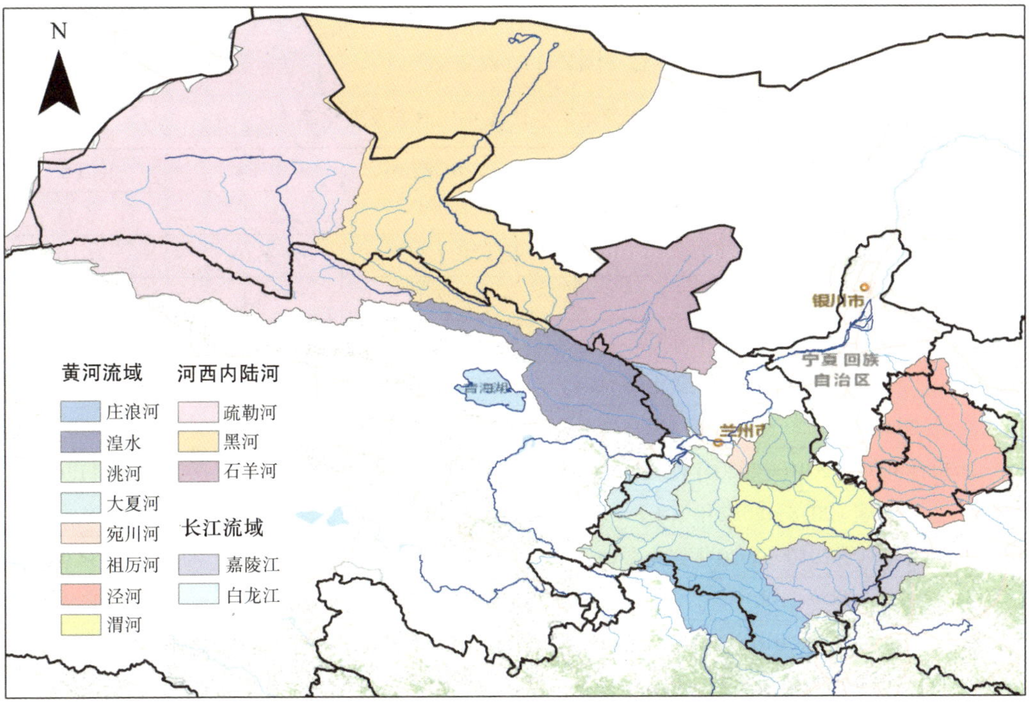

图2-1　甘肃省河流分布及流域区划

2.2.2 气候背景

（1）河西地区气候背景

自1960年以来，河西地区气温和降水量整体都呈上升趋势。其中，2010—2020年降水量与1960—1970年相比增加了约25 mm，平均气温则增加了约2.0 ℃（图2-2）。

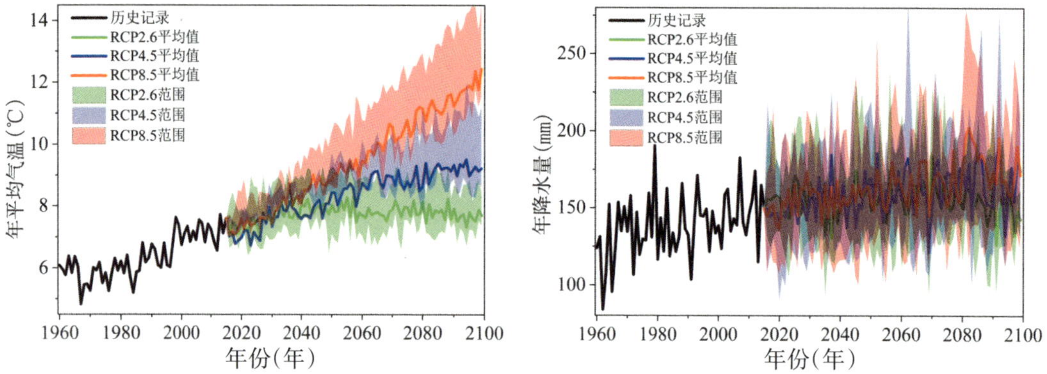

图2-2 河西地区气温、降水量历史趋势及未来可能变化预估

在未来低、中、高三种气候变化情景下，区域内气温上升趋势都将持续至2050年。2050年之后，RCP2.6情景下气温将在较高水平下保持动态稳定或略微降低；而在RCP4.5和RCP8.5情景下，气温上升趋势将持续至21世纪末。其中，2030年（2028—2032年，下同）、2050年（2048—2052年，下同）气温与2010—2020年相比分别至少升高了6%和7%。极端情况下（RCP8.5情景下），21世纪末区域年平均气温有可能上升至11.3 ℃，约高出2010—2020年5 ℃（图2-2、表2-2）。

表2-2 河西地区各阶段平均气温及变化率

不同阶段	RCP2.6	RCP4.5	RCP8.5
1960—1970年（℃）	5.1	5.1	5.1
2000—2010年（℃）	6.0	6.0	6.0
2010—2020年(℃)	6.1	6.1	6.1
2020年(2018—2022年)(℃)	6.5	6.2	6.7
2020年相对于2010—2020年变化率（%）	6.3	1.1	9.5
2030年(2028—2032年)(℃)	6.7	6.8	6.9
2030年相对于2010—2020年变化率(%)	10.2	11.8	11.9
2050年(2048—2052年)(℃)	7.1	7.5	8.3
2050年相对于2010—2020年变化率(%)	15.6	23.3	34.9
2090—2100年(℃)	6.9	8.5	11.3
2090—2100年相对于2010—2020年变化率(%)	12.3	38.9	84.8
2015年前变化速率（℃/10 a）	0.25	0.25	0.25
2015年后变化速率（℃/10 a）	0.04	0.31	0.64

由图2-2及表2-3可以看出，未来河西地区降水量仍主要呈增加趋势。到2030年，RCP8.5情景下降水量增幅最大，与2010—2020年相比可增加约8%；至2050年，河西地区降水量持续增加的概率较大，与2010—2020年相比至少增加4%。到21世纪末，不同情景下降水量变化趋势差异较大，其中，在RCP2.6情景下，区域降水量有可能出现减少趋势。

表2-3　河西地区各阶段平均降水量及变化率

不同阶段	RCP2.6	RCP4.5	RCP8.5
1960—1970年(mm)	125.7	125.7	125.7
2000—2010年(mm)	145.6	145.6	145.6
2010—2020年(mm)	150.9	150.9	150.9
2020年(2018—2022年)(mm)	151.4	146.5	149.8
2020年相对于2010—2020年变化率(%)	0.3	-2.9	-0.8
2030年(2028—2032年)(mm)	157.1	153.8	163.0
2030年相对于2010—2020年变化率(%)	4.1	1.9	8.0
2050年(2048—2052年)(mm)	156.9	168.0	162.1
2050年相对于2010—2020年变化率(%)	4.0	11.3	7.4
2090—2100年(mm)	148.0	170.3	170.0
2090—2100年相对于2010—2020年变化率(%)	-1.9	12.8	12.7
2015年前变化速率(mm/10 a)	4.6	4.6	4.6
2015年后变化速率(mm/10 a)	-0.4	2.5	3.4

（2）黄河流域气候背景

甘肃省境内黄河流域西至青藏高原东北端，东至黄土高原，北抵腾格里沙漠边缘，地貌差异显著，气候类型复杂。根据区域内气象站数据统计，黄河流域及其子流域历史气温呈增加趋势，而降水量变化则主要表现为年际变化，整体趋势较为平稳。其中，2010年区域平均气温和降水量较1960年分别增加了约1.4 ℃和11.3 mm（图2-3）。

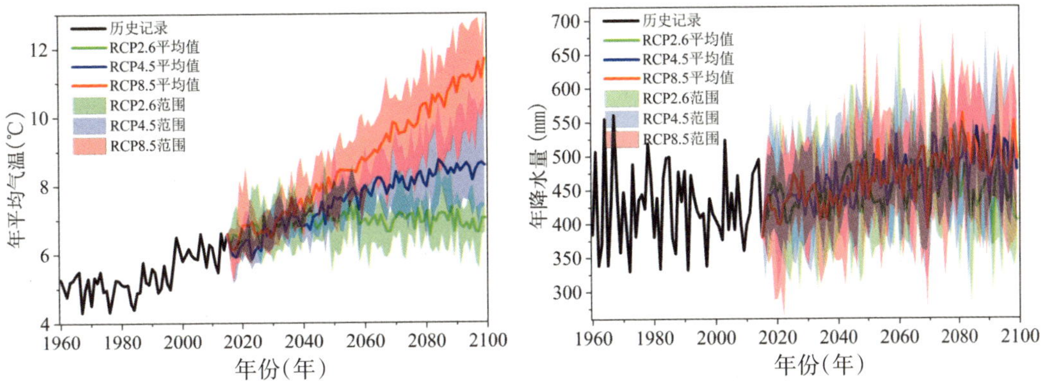

图2-3　甘肃省境内黄河流域气温、降水量历史趋势及未来可能变化预估

由图2-3和表2-4可以看出，RCP2.6情景下，相较于2000—2010年，甘肃省境内黄河流域平均气温在2010—2020年、2020—2030年和2030—2050年分别增加了约0.1 ℃、0.3 ℃和0.3 ℃，说明在此情景下，流域升温趋势逐渐变缓；至21世纪末，气温与2010年相比可增加7.3%，与2050年相比可下降0.2 ℃。RCP4.5情景下，气温在2020年比2010—2020年降低了0.2 ℃，自2020年以后逐年上升，直至21世纪末。RCP8.5情景下升温趋势最为明显，升温幅度也最大，其中2050年气温比2010年约增加1.8 ℃，21世纪末平均气温有可能是目前的两倍。

表2-4 甘肃省境内黄河流域各阶段平均气温及变化率

不同阶段	RCP2.6	RCP4.5	RCP8.5
1960—1970年(℃)	5.8	5.8	5.8
2000—2010年(℃)	7.1	7.1	7.1
2010—2020年(℃)	7.2	7.2	7.2
2020年(2018—2022年)(℃)	7.3	7.0	7.4
2020年相对于2010—2020年变化率(%)	2.1	-3.0	2.6
2030年(2028—2032年)(℃)	7.6	7.7	7.8
2030年相对于2010—2020年变化率(%)	6.4	7.2	8.0
2050年(2048—2052年)(℃)	7.9	8.2	9.0
2050年相对于2010—2020年变化率(%)	10.3	14.6	25.2
2090—2100年(℃)	7.7	9.2	12.1
2090—2100年相对于2010—2020年变化率(%)	7.3	27.6	68.0
2015年前变化速率(℃/10 a)	0.34	0.34	0.34
2015年后变化速率(℃/10 a)	0.03	0.29	0.61

在全球温升背景下，黄河流域降水量变化趋势相对较为平稳。2020—2030年，流域平均降水量变化幅度不超过2%。到21世纪中期，三种情景下降水量均呈微弱上升趋势，其中，RCP4.5情景下降水量增加最多，2050年降水量比2010—2020年增加约32 mm，增加量约为2010—2020年的7.2%。2070年以后，三个情景下预估的降水量变化则出现明显差异，其中RCP2.6情景下降水量呈减少趋势，到21世纪末，区域平均降水量与2010—2020年大致持平。在另外两种情景下，降水量将呈稳定或略增趋势，但是增加幅度较小，到21世纪末，降水量最大增幅不超过15%（表2-5）。

表2-5 甘肃省境内黄河流域各阶段平均降水量及变化率

不同阶段	RCP2.6	RCP4.5	RCP8.5
1960—1970年（mm）	428.9	428.9	428.9
2000—2010年（mm）	416.3	416.3	416.3

续表2-5

不同阶段	RCP2.6	RCP4.5	RCP8.5
2010—2020年（mm）	441.2	441.2	441.2
2020年(2018—2022年)(mm)	444.0	433.9	418.2
2020年相对于2010—2020年变化率（%）	0.6	-1.7	-5.2
2030年(2028—2032年)(mm)	440.9	438.9	449.3
2030年相对于2010—2020年变化率(%)	-0.1	-0.5	1.8
2050年(2048—2052年)(mm)	447.1	472.9	470.5
2050年相对于2010—2020年变化率(%)	1.3	7.2	6.6
2090—2100年(mm)	434.6	501.1	498.6
2090—2100年相对于2010—2020年变化率(%)	-1.5	13.6	13.0
2015年前变化速率(mm/10 a)	-0.05	-0.05	-0.05
2015年后变化速率(mm/10 a)	0.29	0.87	1.14

（3）长江流域气候背景

相比于河西地区和黄河流域，甘肃省境内长江流域气候明显更为“暖湿”。1960—2018年，长江流域实测气温平均值高出甘肃省其他区域4～5 ℃，平均降水量约比河西地区多500 mm。

此外，长江流域气候变化趋势与其他区域也有差异。由图2-4可以看出，长江流域气温呈波动上升趋势，20世纪90年代中期前后为分界线，前后两个阶段气温差异将近2 ℃，这主要是20世纪90年代中后期气温突增所致。降水量差异在于，2015年前长江流域平均降水量呈减少趋势，其中1970年和2000年左右为两个谷底。至2010年，流域内平均降水量与1960年大致持平。

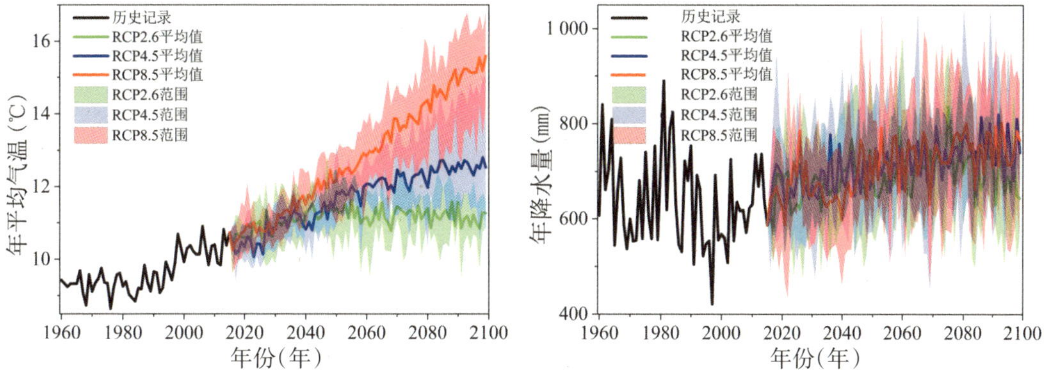

图2-4　甘肃省境内长江流域气温、降水量历史趋势及未来可能变化预估

未来长江流域气温变化与甘肃省其他区域类似。2030年之前，气温在不同情景下无明显差异，且较2010—2020年高出0.6～0.8 ℃。较为特殊的是，在RCP2.6情景下，长江流域气温于2050年达到峰值，而后呈逐渐下降趋势，而其余两种情景下并没有类似升温趋缓的现象（表2-6）。

表2-6 甘肃省境内长江流域各阶段平均气温及变化率

不同阶段	RCP2.6	RCP4.5	RCP8.5
1960—1970年(℃)	9.3	9.3	9.3
2000—2010年(℃)	10.3	10.3	10.3
2010—2020年(℃)	10.3	10.3	10.3
2020年(2018—2022年)(℃)	10.7	10.4	10.8
2020年相对于2010—2020年变化率(%)	3.1	0.3	4.6
2030年(2028—2032年)(℃)	10.9	11.0	11.1
2030年相对于2010—2020年变化率(%)	5.2	5.9	6.8
2050年(2048—2052年)(℃)	11.4	11.7	12.3
2050年相对于2010—2020年变化率(%)	9.8	13.3	19.3
2090—2100年(℃)	11.1	12.6	15.3
2090—2100年相对于2010—2020年变化率(%)	7.5	21.3	48.1
2015年前变化速率(℃/10 a)	0.25	0.25	0.25
2015年后变化速率(℃/10 a)	0.05	0.30	0.62

长江流域降水量在短期内变化延续当前趋势，较为平稳。预估结果表明，到2030年，流域降水量变化率几乎可以忽略；而到2050年，降水量则相对增加，但增幅有限；2050年之后降水量增幅加大，到21世纪末，降水量较2010—2020年的增加量介于10～90 mm之间，极端情况下年降水量可能增加至1 000 mm以上，但是发生的概率相对较小（表2-7）。

表2-7 甘肃省境内长江流域各阶段平均降水量及变化率

不同阶段	RCP2.6	RCP4.5	RCP8.5
1960—1970年(mm)	668.3	668.3	668.3
2000—2010年(mm)	598.1	598.1	598.1
2010—2020年(mm)	666.0	666.0	666.0
2020年(2018—2022年)(mm)	677.7	673.3	648.0
2020年相对于2010—2020年变化率(%)	1.8	1.1	-2.7
2030年(2028—2032年)(mm)	670.0	664.5	673.0
2030年相对于2010—2020年变化率(%)	0.6	-0.2	1.0
2050年(2048—2052年)(mm)	672.7	708.0	712.8
2050年相对于2010—2020年变化率(%)	1.0	6.3	7.0

续表2-7

不同阶段	RCP2.6	RCP4.5	RCP8.5
2090—2100年(mm)	676.2	753.2	743.5
2090—2100年相对于2010—2020年变化率(%)	1.5	13.1	11.6
2015年前变化速率(mm/10 a)	-10.1	-10.1	-10.1
2015年后变化速率(mm/10 a)	7.3	12.4	14.9

2.3　水资源量变化分析

2.3.1　河西地区出山径流量1960—2018年变化

选取河西地区三大内陆河干流出山水文站昌马堡、莺落峡及杂木寺1960—2018年实测资料，分析疏勒河、黑河及石羊河干流年径流量变化（图2-5)。1960—2018年，三大内陆河干流年径流量的大小为黑河>疏勒河>石羊河，多年平均径流量分别为16.2×10⁸ m³、9.8×10⁸ m³和2.3×10⁸ m³。

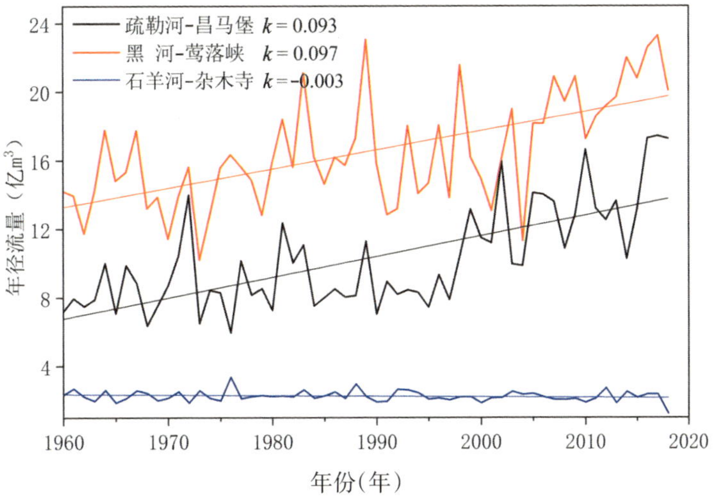

图2-5　河西地区三大内陆河干流径流量1960—2020年变化规律

自1960年以来，黑河与疏勒河径流量皆呈增加趋势，其中疏勒河径流量的增长率为0.97×10⁸ m³/10 a，略大于黑河径流量的增长率0.93×10⁸ m³/10 a。石羊河径流量则整体呈减少趋势，但减小幅度较弱，约为-0.02×10⁸ m³/10 a。

河西地区三大流域内冰川大多为小冰川，1960—2018年，疏勒河、黑河和石羊河干流流域的冰川径流量分别占总径流量的23%、3.4%和1.1%，其中疏勒河和黑河的冰川径流量总体呈增加趋势，而石羊河则呈微弱减少趋势，冰川径流量变化率分别为2 200×10⁴ m³/10 a、200×10⁴ m³/10 a和-20×10⁴ m³/10 a。河西地区冰川径流量“先增后减”

拐点已于2000年（石羊河）和2010年（黑河和疏勒河）先后出现。

总体来看，河西地区三大内陆河流域冰川径流量与总径流量变化趋势基本一致，但是冰川水资源量变化并不是流域径流量增加的主要原因。尤其在近20年，虽然21世纪10年代冰川径流量已经出现减少趋势，但是2010—2020年黑河和疏勒河径流量与2000—2010年相比分别增加了约18.4%和17.8%，降水依然是该地区径流量增加的决定性因素。需要指出的是，在疏勒河干流以及黑河和石羊河水系的若干支流流域中，冰川融水所占的比例较大，并继续对流域径流量产生着较大的影响。

2.3.2 黄河流域地表水资源量1960—2018年变化

（1）黄河干流

黄河两次流入甘肃，但是在两次入境口中间无大支流汇入。因此，以第一次流入甘肃的玛曲水文站为基准，评价黄河水资源流入量。由图2-6可以看出，黄河干流玛曲水文站年径流量在1960—2018年呈阶段性变化，其中1960—1980年径流量呈增加趋势，1980—2000年径流量则呈减少趋势，2000年以来呈增加趋势，但仍然低于1970—1990年。整体来看，黄河干流流入甘肃的水资源量呈减少趋势（图2-6）。

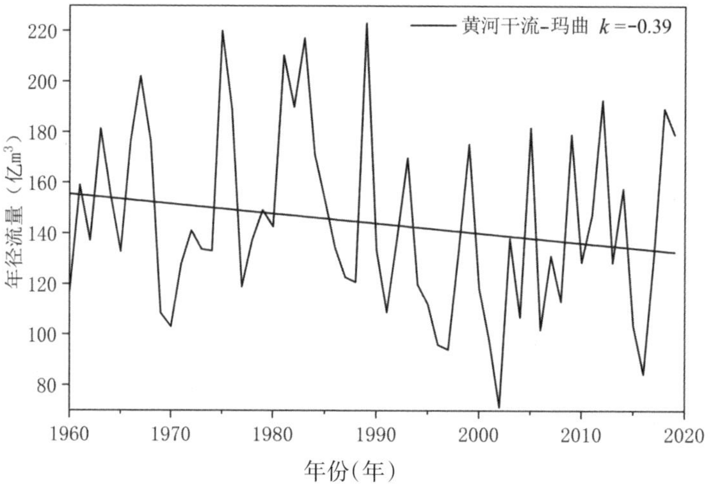

图2-6 黄河流入甘肃省水资源量1960—2018年变化规律(玛曲站)

（2）黄河支流

甘肃省境内黄河流域支流众多，其中较大的支流从上游至下游分别有大夏河、大通河、湟水、洮河、宛川河、祖厉河、泾河、渭河等。应用泾河支流马连河下游雨落坪站，渭河干流天水站、北道站，渭河支流散渡河甘谷站、藉河天水站，洮河干流上游碌曲站、下巴沟站，洮河干流中游岷县站等实测径流量数据，分析黄河流域甘肃境内支流径流量的变化。结果表明，泾河雨落坪站多年平均径流量为4.2×10^8 m^3，渭河渭源、甘谷、天水及北道站多年平均径流量分别为0.2×10^8 m^3、0.5×10^8 m^3、0.7×10^8 m^{3}和10.7×10^8 m^3，洮河流域自上往下，碌曲、下巴沟和岷县多年平均径流量分别为10.4×10^8 m^3、14.8×10^8 m^{3}及32.4×10^8 m^3。由图2-7可知，渭河及洮河流域支流及干流径流量在过去60多年间整体呈减少趋势；由于泾河流域数据短缺，无法从图中判断其历史径流量变化过程，但是根据现有数据，可以推断其径流量变化趋势与渭河流域基本一致。

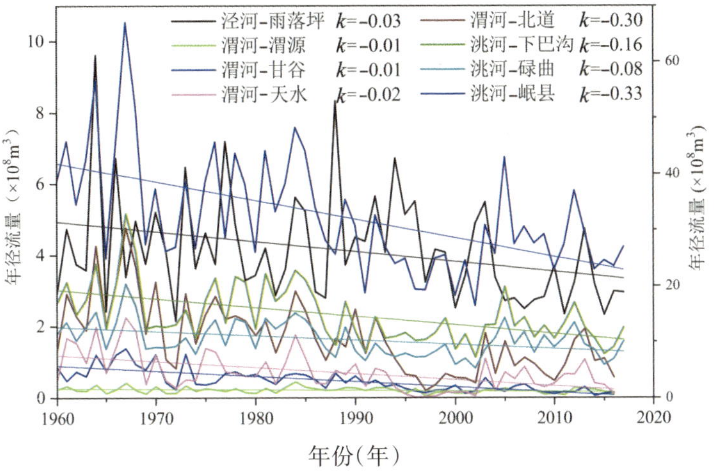

图2-7　甘肃省境内黄河流域支流径流量1960—2018年变化规律

（图中雨落坪、渭源、甘谷、天水站参照左侧纵坐标轴；
北道、下巴沟、碌曲、岷县站参照右侧纵坐标轴）

2000年以来，各流域径流量逐渐趋于平稳甚至略有增加，其中雨落坪站实测径流量近年来呈增加趋势，增速大约为$0.02\times10^8\ m^3/a$。对比历史降水量发现，黄河流域降水自1960年至今并无明显减少趋势，其中区域平均降水量在1960—2000年减少了约12 mm，占总降水量的比例不足3%。而在此期间，各流域年径流量则几乎减少了约50%。降水量变化并不是该区域径流量减少的主要原因。流域内河道径流量减少，主要是流域内人类活动耗水增加，以及升温导致的蒸散发量增加所致。

2.3.3　长江流域地表水资源量1960—2018年变化

甘肃省境内长江子流域包括白龙江和嘉陵江。其中，白龙江出省前从上游至下游分别由舟曲、武都和碧口水文站控制；嘉陵江在甘肃省内支流众多，以干流上游水文站谈家庄站和支流西汉水水文站镡家坝站为主要评价依据。

以舟曲、武都、碧口、谈家庄、镡家坝五个水文站为代表，对长江流域1960—2018年地表水资源量变化进行分析。由图2-8可知，这五个水文站流域径流量在各自记录时间段内都呈减少趋势。其中，白龙江三站多年平均径流量从上游至下游分别为$23.9\times10^8\ m^3$、$39.6\times10^8\ m^3$和$79.1\times10^8\ m^3$；嘉陵江干流上游水文站和支流西汉水水文站多年平均径流量分别为$12.6\times10^8\ m^3$和$12.4\times10^8\ m^3$。

从降水量变化趋势来看，长江流域降水量在1960—2000年呈减少趋势，而2000年至今降水量则明显增加。受降水量增加影响，区域径流量在2000年以后虽然没有增加，但是基本保持平稳波动状态。

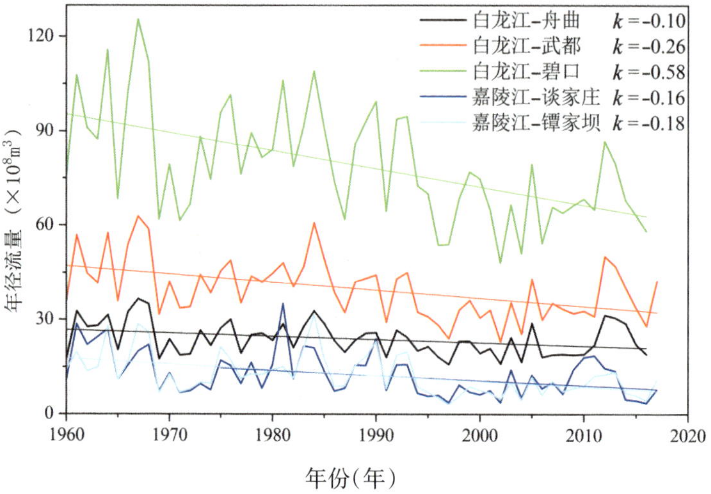

图2-8 甘肃省境内长江流域子流域径流量1960—2018年变化规律

2.4 水资源预估

2.4.1 河西地区三大内陆河出山径流量预估

（1）石羊河干流流域

对石羊河径流的研究结果表明（图2-9），未来流域径流量基本呈稳定状态。随着流域内冰川径流量减少，未来流域水资源则基本取决于降水量和蒸散发量等的变化。在RCP2.6情景下，预估到21世纪末石羊河干流流域平均径流量变化率不超2%，而在RCP4.5情景下，径流量有可能在2030年、2050年略微减少。

在RCP2.6情景下，2030年和2050年径流量分别约为2.3×10^8 m^3和2.3×10^8 m^3；在RCP4.5情景下，2030年和2050年径流量分别约为2.1×10^8 m^3和2.3×10^8 m^3。到21世纪末的2090—2100年，石羊河年径流量在两种气候情景下都约为2.2×10^8 m^3。

虽然石羊河干流流域冰川径流量预计到2070年左右完全消失，但是其占总径流量的比例极小，基本不会对流域水资源量产生重要影响。但是由于冰川的调节作用消失，其将可能影响流域径流的年内和年际分配。

总之，未来石羊河干流流域径流变化趋势基本平稳，与2010—2020年和历史平均径流量相比，波动范围都不超过5%。但随着未来极端气候事件（暴雨、干旱、洪水等）发生越来越频繁，未来流域年径流量发生剧烈年内、年际波动的概率很大。

（2）黑河干流流域

预估结果表明（图2-10），2020—2050年黑河干流径流量在RCP2.6气候情景下将呈微弱的增加趋势。其中，2030年和2050年径流量分别为17.9×10^8 m^3和17.5×10^8 m^3；与历史多年平均径流量相比，分别增加约8%和6%，但是与丰水的21世纪10年代相比，则

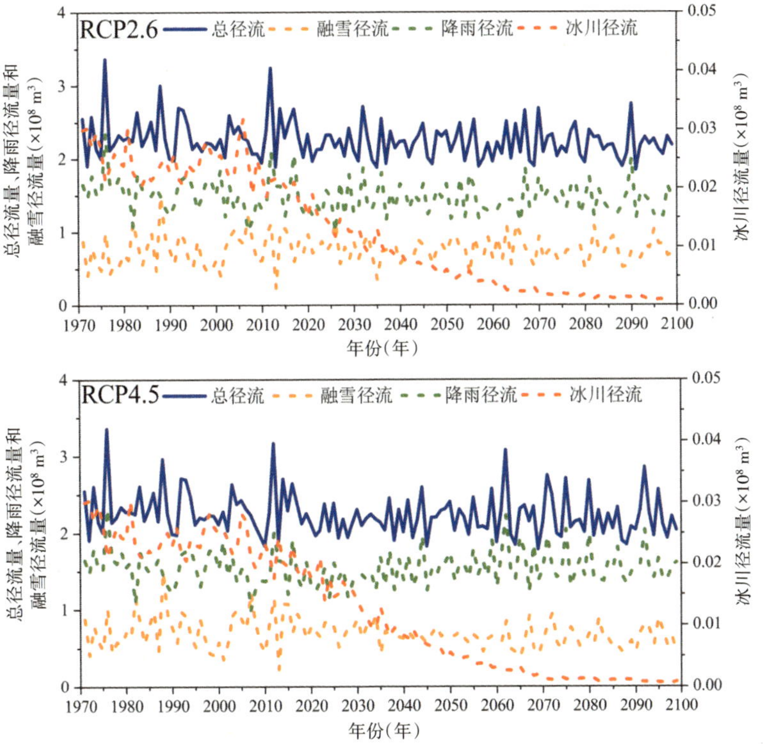

图2-9　石羊河干流杂木河流域径流量变化预估(1970—2099年)

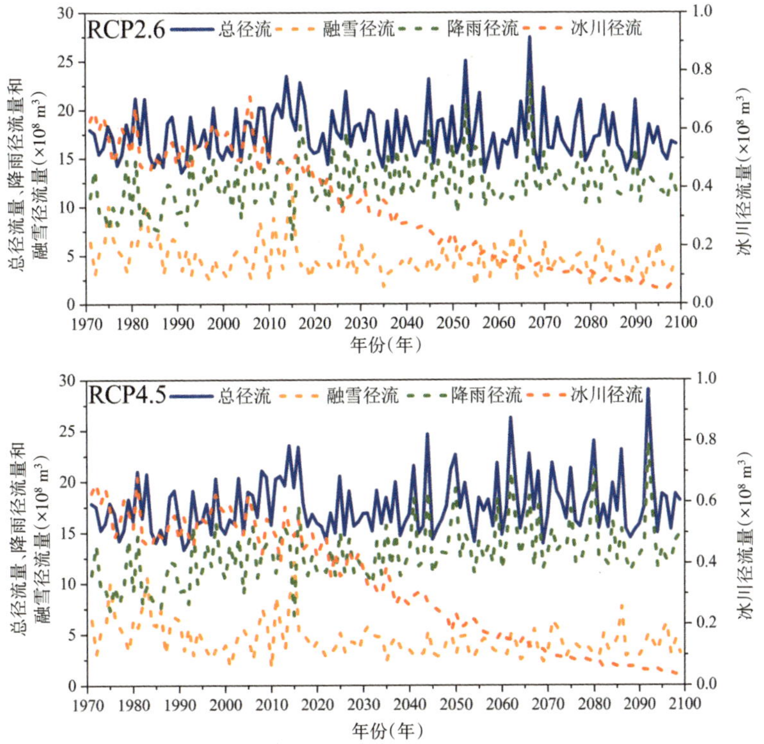

图2-10　黑河干流流域径流量变化预估(1970—2099年)

分别减少约10%。在此期间，冰川径流量持续缩减，2030年和2050年冰川径流量与21世纪10年代相比分别减少约34%和58%。2050年以后，冰川径流量继续减少，但在降水量增加的影响下，黑河流域径流量在2070年左右达到峰值，随后逐渐减少。到21世纪90年代，黑河总径流量和冰川径流量分别减少至16.7×10^8 m^{3}和0.06×10^8 m^3，与21世纪10年代相比分别减少约16%和94%。

在RCP4.5情景下，黑河干流在2030年属于平水期，其预估径流量为16.1×10^8 m^3，与21世纪10年代相比约减少16%；但是2030年以后径流量逐渐增加，其中2050年径流量与21世纪10年代几乎持平，约为19.2×10^8 m^3。与RCP2.6情景下不同的是，RCP4.5情景下，2050年以后流域径流量并未出现峰值，而是持续增加，到21世纪末，预估径流量约为19.1×10^8 m^3，其中冰川径流量约为0.05×10^8 m^3，总径流量和冰川径流量与21世纪10年代相比分别减少约1%和99%。

（3）疏勒河干流流域

疏勒河干流昌马河流域1960—2018年年均冰川径流量约占总径流量的23%，相比于石羊河和黑河，疏勒河的冰川融水对流域径流的影响更为显著。图2-11表明，2020年之前，疏勒河流域昌马堡径流量在冰川径流量和降雨径流量增加的背景下呈明显上升趋势；2020年之后，虽然冰川径流量有所减少，但减少速率远低于降雨径流量的增加速率，因此流域径流量持续增加至2050年左右，随后略微下降，趋于平稳。

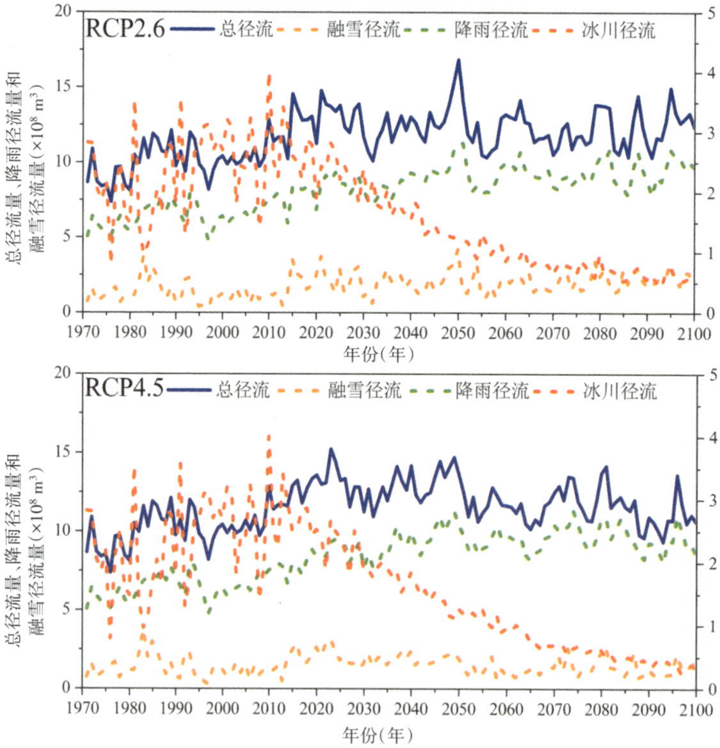

图2-11 疏勒河干流昌马河流域径流量变化预估(1970—2099年)

RCP2.6情景下，2030和2050年总径流量分别为12.0×10^8 m^3和14.4×10^8 m^3，与历史多年平均径流量相比分别增加了约17%和40%，但与21世纪10年代相比则分别减少了约18%和2%。

RCP4.5情景下，2030年和2050年总径流量分别为12.1×10^8 m^3和13.2×10^8 m^3，与历史多年平均径流量相比分别增加了约18%和28%，但是与21世纪10年代相比则分别减少了17%和10%。

到了21世纪90年代，两种情景下的多年平均径流量与历史平均值基本相当。冰川径流量在RCP2.6和RCP4.5情景下变化差异不明显，其中，2030年、2050年和2090年冰川径流量与21世纪10年代相比分别减少了约26%、56%和79%，这对疏勒河流域未来水资源有很大的影响，在远景水资源应用规划中需要引起重视。

需要说明的是，尽管预估的河西三大内陆河干流未来径流量与历史多年平均径流量基本持平，但与21世纪10年代相比均呈减少趋势。未来降水量预估不准是目前国内外面临的共同难题，河西走廊内陆河水系在冰川、积雪减少以后，如果未来降水量变化并非是现在预估的结果，那么未来河西走廊可用水资源总量可能会减少。即使目前预估结果相对可靠，但随着全球未来极端气候事件的增多，在失去冰冻圈的"固态水库"调节作用和水源涵养功能以后，未来河西走廊丰枯变化仍将可能极为剧烈，部分冰川融水补给率高的支流将会出现持续枯水甚至断流的情况，造成区域性水危机。

2.4.2　黄河流域典型河流径流量预估

（1）黄河干流

甘肃省内黄河干流未来变化趋势以唐乃亥水文站实测径流量为代表。由图2-12可以看出，唐乃亥水文站以上汇水区域内，冰川径流量占总径流量的比例不超过0.5%。因此，冰川径流量变化对唐乃亥站径流量的影响较小。

在RCP2.6情景下，到2030年、2050年和21世纪90年代，唐乃亥站径流量分别为161.5×10^8 m^3、178.6×10^8 m^3和181.7×10^8 m^3，与21世纪10年代的170.7×10^8 m^3相比，变化率分别为-5.7%、4.6%、6.4%；在RCP4.5情景下，到2030年、2050年和21世纪90年代，唐乃亥站径流量分别为166.3×10^8 m^3、174.0×10^8 m^3和186.0×10^8 m^3，与21世纪10年代相比，变化率分别为-5.6%、-1.2%和5.6%。

整体来看，未来黄河流域上游水资源量主要受降水量变化影响，未来短期内径流量年际波动较大，但总体趋势平稳；远期来看，径流量呈微弱增加趋势。

（2）黄河支流

由于收集到的径流观测资料有限，甘肃省境内黄河流域产生的地表水资源量以渭河为例进行分析。

对渭河流域内北道水文站及天水水文站控制流域水资源量进行的预估表明（图2-13），即使在同一黄河支流流域内，北道水文站与天水水文站控制区域未来水资源的变化差异也很明显。其中，北道水文站未来径流量在不同气候情景下差异不显著，河道径流量整体呈平稳变化趋势，只有在RCP8.5情景下，2050年之后径流量才有减少趋势。

天水水文站径流量在2020—2050年间也呈平稳变化趋势，并且年际变化较小；但是在RCP8.5情景下，2050年之后天水水文站径流量呈明显增加趋势；至21世纪末，年径流量几乎与21世纪60年代持平，甚至超过21世纪60年代，与2020—2040年相比，径流量增加了一倍多。

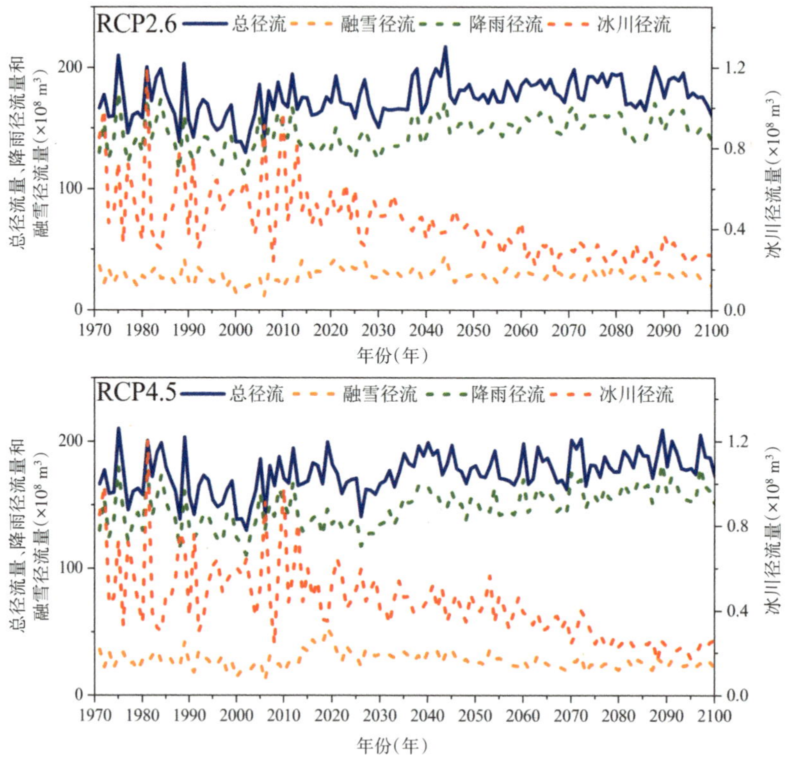

图2-12 黄河源(唐乃亥)冰川及流域径流量变化预估

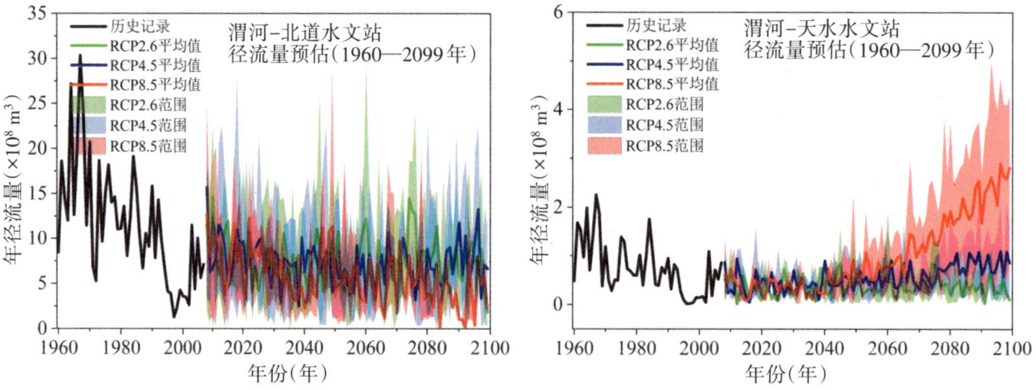

图2-13 黄河流域典型流域——渭河径流量变化预估

由此可知，未来径流的区域差异十分显著，而这种差异来源于不同流域间产汇流过程的差异。此外，预估模型的适用性差异也有可能造成上述结果。

本次预估仅考虑了气候变化，未考虑未来植被、人类活动等变化的影响。根据目前经济、人口等发展趋势，随着未来蒸散发量的增加，植树造林和经济发展规模的扩大，未来渭河流域水资源形势不容乐观。

2.4.3 长江流域典型河流径流量预估

长江流域典型河流以白龙江为例。白龙江径流量未来变化趋势与甘肃省内其他流域截然不同（图2-14）。虽然降水量是长江流域唯一补给来源，但在未来区域内降水量呈增加趋势的背景下，其径流量却呈减少趋势。其中，2050年以前，在RCP2.6和RCP4.5情景下，未来径流量减少幅度不明显，且二者差异较小，但是在RCP8.5情景下，至2050年，白龙江年径流量减少量则接近1.0×10^8 m^3。2050年之后，在RCP2.6情景下白龙江径流量继续稳定，但在RCP4.5情景下缓慢减少；在RCP8.5情景下，至21世纪末，白龙江年径流量可能减少至2010年的一半或者更少。

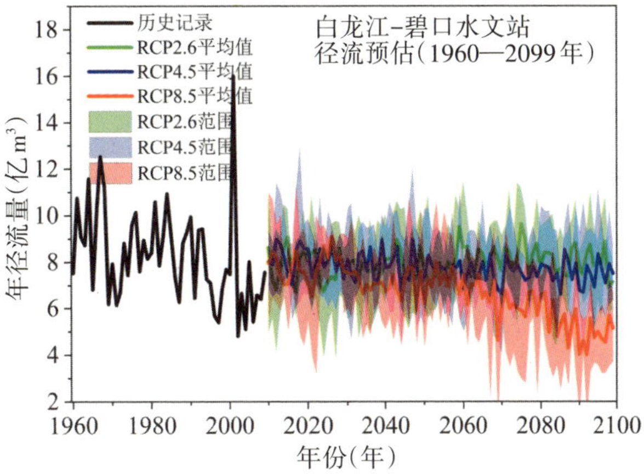

图2-14　白龙江碧口水文站径流量变化预估

2.5 行政分区地表水资源预估分析

可利用降雨-资源量转化率的方法估算各行政区地表水资源量，预估水资源量的可信度参照1999—2012年历史数据与模拟数据的契合度。

2.5.1 河西5市

甘肃省内共14个市、州，其中，酒泉市、嘉峪关市、张掖市、金昌市、武威市从西向东分布在河西走廊。这5个市的水资源主要来源于河西三大内陆河。

由预估结果（图2-15、表2-8）可以看出，除金昌市外，其余4个市在历史阶段（1999—2012年）的模拟结果与《甘肃省水资源公报》所记录结果的分布区间和发展趋势相同。未来河西5市地表水资源特征相近。

在RCP2.6情景下，各市在未来短期（2030年）、中期（2050年）内地表水资源量基本呈减少趋势，21世纪10年代可能是21世纪水资源量的高峰。但是在RCP4.5情景下，未来地表水资源量均呈增加趋势，至2050年，5市地表水资源增加量预计分别达到21世纪10年代的12%～21%。在RCP8.5情景下，短期内地表水资源量也会增加，至2030年，河西5市地表水资源量预计分别增加16%、14%、15%、10%和15%，但是在2030—2050年，地表水资源量呈回落趋势，至2050年，除金昌外的其余4个市地表水资源又均比21世纪10年代多13%～14%。

从预估数据的可能范围看，5市未来地表水资源量的不确定性很大，并且在预估过程中没有考虑冰川、积雪、冻土变化对地表水资源量的影响。结合前面对疏勒河、黑河和石羊河径流模拟的预估结果可知，冰雪融水对未来区域水资源可能会产生较大影响，而河西5市地表水资源中，冰雪融水都是重要组成部分。因此，未来水资源的变化趋势仍需持续研究和关注。

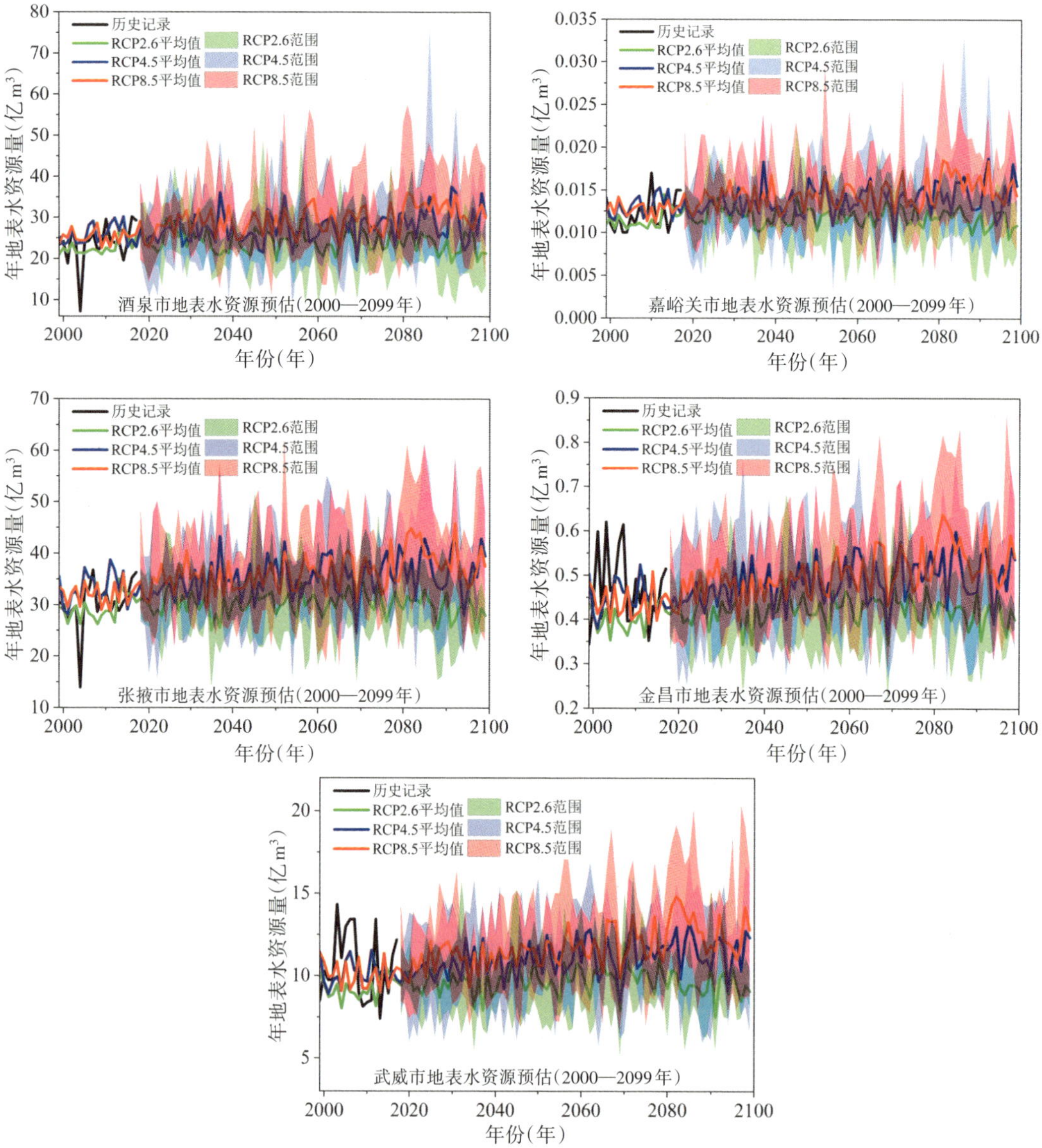

图2-15 河西5市地表水资源预估

表2-8　甘肃省内河西5市地表水资源量阶段变化

5市	年代	地表水资源量(亿m³)			5市	年代	地表水资源量(亿m³)		
		RCP2.6	RCP4.5	RCP8.5			RCP2.6	RCP4.5	RCP8.5
酒泉市	2000—2010年	22.04	22.04	22.04	张掖市	2000—2010年	29.24	29.24	29.24
	2010—2020年	25.62	25.62	25.62		2010—2020年	31.80	31.80	31.80
	2020年	23.84	25.04	25.76		2020年	29.76	32.10	33.07
	2030年	26. 05	25.36	29.65		2030年	30.62	33.30	36.45
	2050年	24.27	30.47	29.19		2050年	30.56	38.40	36.17
	2090—2100年	13.76	29.56	31.00		2090—2100年	23.05	37.20	37.65
嘉峪关市	2000—2010年	0.011	0.011	0.011	金昌市	2000—2010年	0.498	0.498	0.498
	2010—2020年	0.013	0.013	0.013		2010—2020年	0.453	0.453	0.453
	2020年	0.012	0.012	0.013		2020年	0.414	0.437	0.444
	2030年	0.012	0.013	0.015		2030年	0.420	0.458	0.498
	2050年	0.012	0.016	0.015		2050年	0.425	0.508	0.491
	2090—2100年	0.007	0.015	0.015		2090—2100年	0.340	0.505	0.526
武威市	2000—2010年	11.22	11.22	11.22					
	2010—2020年	10.06	10.06	10.06					
	2020年	9.60	9.97	10.20					
	2030年	9.71	10.39	11.58					
	2050年	9.79	11.44	11.33					
	2090—2100年	7.84	11.46	12.29					

注：表中2020年表示2018—2022年，2030年表示2028—2032年，2050年表示2048—2052年。

2.5.2　黄河流域6州市

甘肃省黄河流域共包括省会兰州市在内有6个地、市、州，即白银市、兰州市、临夏州、定西市、平凉市、庆阳市，它们自西向东分别分布在河西走廊以东至秦岭西端的黄河及其子流域内。

相比于河西5市，黄河流域6州市除面积较小的白银市外，其余5州市历史地表水资源年际差异大，预估数据仅能反映地表水资源量的变化趋势，而对年际变化的模拟较差。

由预估结果（图2-16、表2-9）可知，兰州市未来水资源量呈明显的增加趋势，到2030年和2050年，区域内地表水资源量在不同情景下较21世纪10年代分别增加24%～38%和24%～37%。其中，在RCP2.6情景下，2030—2050年地表水资源量基本不变。2070年前后，地表水资源量将达到21世纪最大值，到21世纪末将回落至21世纪10年代的水平。

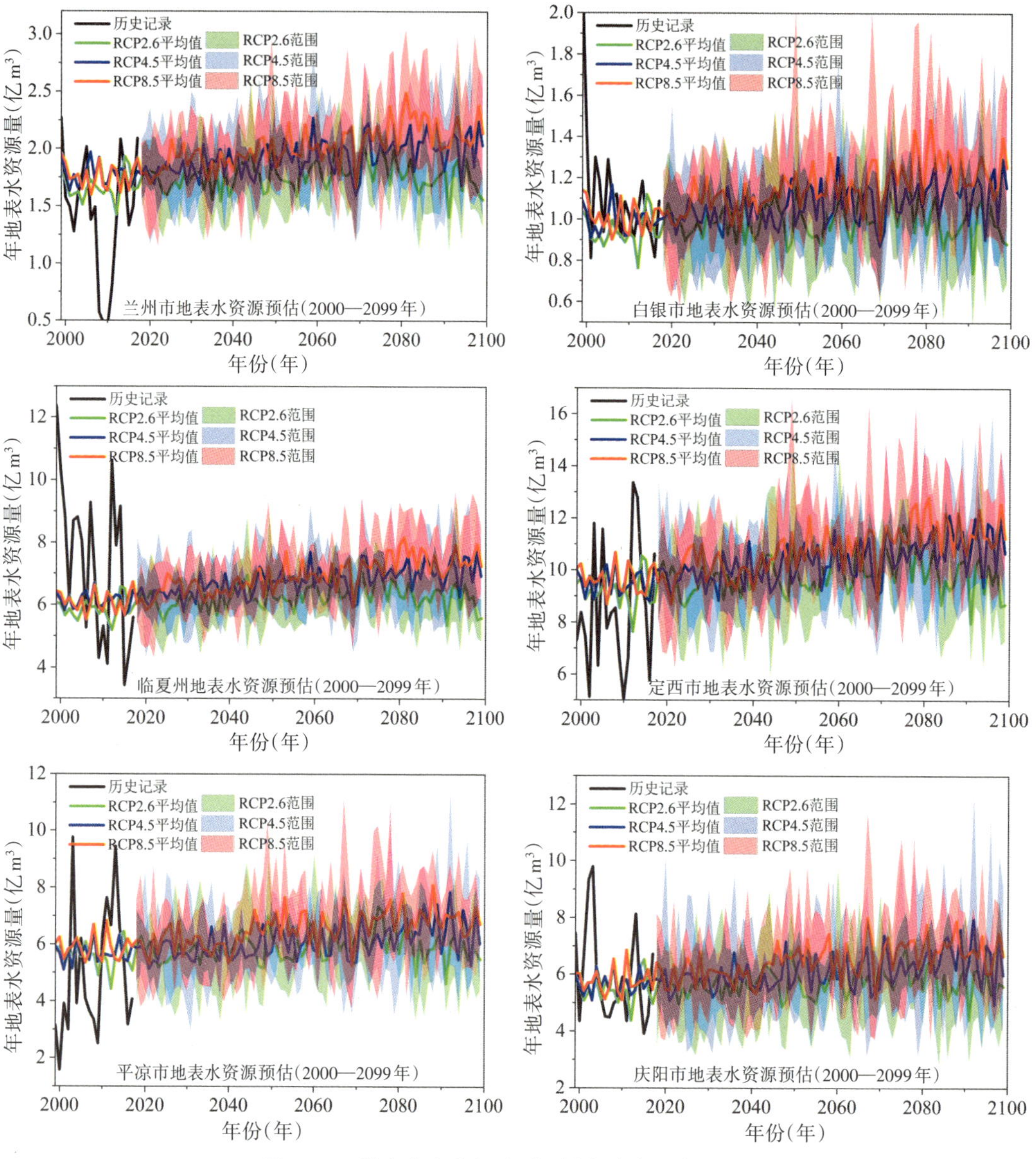

图2-16 甘肃省内黄河流域6州市地表水资源预估

白银市未来水资源量在不同情景下差异较为明显，至2030年和2050年，在RCP2.6情景下预估水资源量与21世纪10年代相比几乎不变；而在RCP8.5情景下，与21世纪10年代相比分别增加13%和16%。

地理位置更偏南的临夏州与定西市，未来地表水资源量差异明显，其中临夏州短期内径流量有可能略微减少，而定西市从2030年、2050年至21世纪末，不同情景下的预估结果表明，未来水资源量都呈增加趋势。

平凉市未来水资源量变化趋势与临夏州相近。在RCP2.6和RCP4.5情景下，未来水资源量有可能呈减少趋势，减少量占21世纪10年代的4%～6%。

庆阳市近期水资源量变化较为稳定，2030年后水资源量有可能出现增加趋势，但是增加总量有限。

表2-9　甘肃省内黄河流域6州市地表水资源量阶段变化

6州市	年代	地表水资源量(亿m³)			6州市	年代	地表水资源量(亿m³)		
		RCP2.6	RCP4.5	RCP8.5			RCP2.6	RCP4.5	RCP8.5
兰州市	2000—2010年	1.37	1.37	1.37	白银市	2000—2010年	1.11	1.11	1.11
	2010—2020年	1.42	1.42	1.42		2010—2020年	0.99	0.99	0.99
	2020年	1.78	1.79	1.76		2020年	1.01	1.00	1.01
	2030年	1.76	1.79	1.96		2030年	1.01	1.00	1.13
	2050年	1.77	1.95	1.95		2050年	1.00	1.09	1.15
	2090—2100年	1.45	2.02	2.13		2090—2100年	0.75	1.13	1.22
临夏州	2000—2010年	7.67	7.67	7.67	定西市	2000—2010年	8.19	8.19	8.19
	2010—2020年	6.32	6.32	6.32		2010—2020年	9.07	9.07	9.07
	2020年	6.26	6.27	6.04		2020年	9.94	9.68	9.43
	2030年	6.15	6.25	6.62		2030年	9.73	9.46	10.32
	2050年	6.30	6.81	6.66		2050年	9.75	10.42	10.56
	2090—2100年	5.27	7.11	7.39		2090—2100年	7.92	10.94	11.41
平凉市	2000—2010年	4.20	4.20	4.20	庆阳市	2000—2010年	6.04	6.04	6.04
	2010—2020年	6.18	6.18	6.18		2010—2020年	5.67	5.67	5.67
	2020年	5.97	5.64	5.92		2020年	5.64	5.64	5.96
	2030年	5.83	5.58	6.17		2030年	5.65	5.65	6.15
	2050年	5.94	6.26	6.64		2050年	5.85	6.31	6.66
	2090—2100年	4.49	6.43	6.82		2090—2100年	4.12	6.40	6.73

注：表中2020年表示2018—2022年，2030年表示2028—2032年，2050年表示2048—2052年。

2.5.3　黄河-长江流域3州市

从变化趋势来看，纵跨黄河流域和长江流域的甘南州、陇南市及天水市未来水资源量均呈增加趋势。但是历史阶段地表水资源量波动剧烈，而21世纪10年代又是历史时期地表水资源的高峰期，因此，与21世纪10年代相比，3州市在2030年和2050年地表水资源量都呈减少趋势。其中，天水市在RCP2.6、RCP4.5情景下，2030—2050年地表水资源量分别减少约10%、14%。与2020年相比，甘南州地表水资源量在2030年减少，到2050年增加。而陇南市在RCP2.6情景下，地表水资源量将持续减少，至21世纪末，减少量约占21世纪10年代的20%；其余两种情景下，2050年后地表水资源量呈增加趋势，但是增加量较小（图2-17、表2-10）。

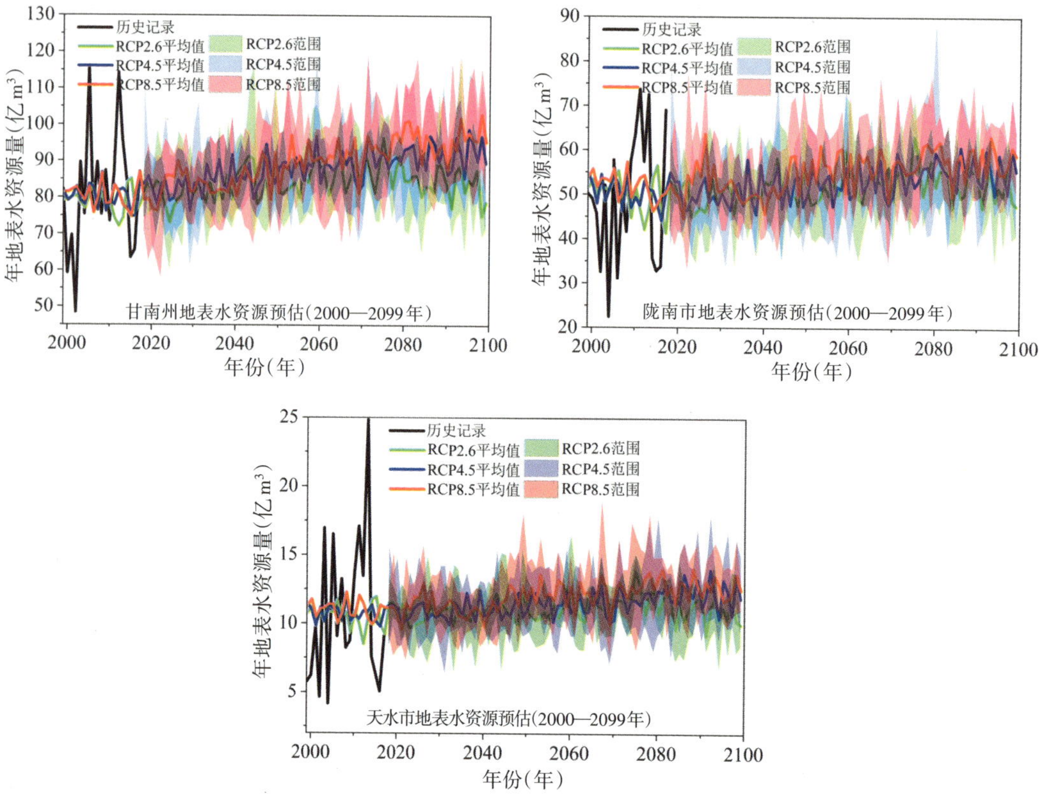

图2–17　甘肃省内黄河–长江流域3州市地表水资源预估

表2–10　甘肃省内黄河–长江流域3州市地表水资源量阶段变化

3州市	年代	地表水资源量(亿 m³)		
		RCP2.6	RCP4.5	RCP8.5
甘南州	2000—2010年	78.76	78.76	78.76
	2010—2020年	83.92	83.92	83.92
	2020年	82.95	82.48	78.54
	2030年	81.72	81.72	84.04
	2050年	83.36	87.48	85.90
	2090—2100年	73.33	91.69	96.23
天水市	2000—2010年	9.75	9.75	9.75
	2010—2020年	12.15	12.15	12.15
	2020年	11.22	10.71	10.76
	2030年	10.96	10.40	11.38
	2050年	10.88	11.58	11.97
	2090—2100年	8.87	12.11	12.57

续表2–10

3州市	年代	地表水资源量(亿m³)		
		RCP2.6	RCP4.5	RCP8.5
陇南市	2000—2010年	44.11	44.11	44.11
	2010—2020年	54.83	54.83	54.83
	2020年	52.30	50.54	50.17
	2030年	51.08	48.37	52.76
	2050年	50.22	52.13	54.07
	2090—2100年	43.06	55.03	57.76

注：表中2020年表示2018—2022年，2030年表示2028—2032年，2050年表示2048—2052年。

2.6 小　结

2.6.1 甘肃省气候呈“暖湿化”变化趋势，但区域差异明显

甘肃省从北至南分别分布有内陆河、黄河和长江流域的14个小流域，省内气温和降水量由北向南逐渐增加。自1960年以来，三大区域气温均呈上升趋势，但降水量变化趋势具有明显区域差异：河西内陆河地区降水量增加，黄河流域变化平稳，而长江流域降水量则呈微弱减少趋势。

在全球气候变化背景下，未来三个区域的气温均呈上升趋势，低排放情景下（绿色发展），气温将于2040年前后趋于稳定，而高排放情景下，到21世纪末气温有可能在21世纪10年代的基础上升高6～10 ℃。未来降水量同样呈增加趋势，增加幅度从北向南逐渐增加，其中长江流域降水量增量最大，而与21世纪10年代的降水量相比，河西地区和黄河流域增幅更大。

2.6.2 历史阶段（20世纪60年代至21世纪10年代）径流量变化趋势

河西地区疏勒河和黑河干流径流量呈明显增加趋势，而石羊河干流则呈微弱减少趋势。黄河和长江流域径流量在过去60年间呈减少趋势，2000年后径流量趋于稳定或略微抬升。降水量波动和冰雪融水量变化是河西内陆河径流量变化的主要原因，黄河和长江流域径流量变化则主要受降水量变化的影响，同时人类活动也是影响径流量特别是黄河支流径流量的主要原因。

河西三大内陆河历史径流量变化差异明显。1960—2018年，石羊河干流径流量呈减少趋势，黑河和疏勒河干流径流量则呈增加趋势。21世纪10年代为三大流域丰水期，疏勒河、黑河径流量与2000—2010年相比分别增加了18.4%和17.8%；石羊河径流量虽

然持续减少，但在21世纪10年代下降速率明显减缓。石羊河、黑河和疏勒河流域冰川径流量分别占总径流量的1.1%、3.4%和23.0%。由于区域内冰川面积较小，冰川消融速率快，河西内陆河冰川径流总体拐点已经在2010年左右出现。

需要说明的是，本次工作仅评估了河西三大内陆河水系的干流流域，而河西地区共有河流58条，部分河流的冰川融水比例较大，随着全球变暖，冰川萎缩甚至消失，会直接对区域水资源造成很大的影响，尚需进一步精细化评估。

黄河流域（无论是干流上游来水，还是甘肃省内洮河、泾河、渭河）径流量在1960—2000年呈减少趋势，2000年以后径流量呈平稳状态或者略微增加态势。21世纪10年代黄河上游来水约为144.2×10^{8} m^{3}，与2000—2010年相比增加了约17%。洮河、泾河和渭河流域径流量在1960—2000年减少了约50%，2010年以后径流量增加量不超过20%。同期内黄河流域降水量略微减少，因此降水量变化仅是影响径流量的原因之一，但不是主要原因。甘肃省境内黄河支流径流量变化最主要的原因还是人类活动的影响。

长江流域径流量变化趋势与黄河流域类似，其中，嘉陵江、白龙江在1960—2000年径流量减少，2000年以后趋于稳定或者略微上升；白龙江在21世纪10年代的径流量比2000—2010年增加了约40.0%。

2.6.3 未来（2020—2090年）径流量变化预估

河西地区石羊河流域未来径流量变化呈平稳态势，黑河和疏勒河流域则整体呈一定的增加趋势。石羊河和黑河干流流域内的冰川径流分别于21世纪70年代、21世纪90年代完全消失，疏勒河流域冰川径流量到21世纪末则减少至21世纪10年代的20%左右。未来黄河上游来水量也呈增加趋势，但是发源于甘肃省内的支流流域水资源量变化存在区域差异。长江流域未来径流量有可能呈微弱减少趋势。

绿色发展路径下（RCP2.6情景下），石羊河、黑河和疏勒河干流2030年径流量与历史平均值相比分别增加约4%、8%和17%，黄河上游来水量则减少3%，黄河支流变化差异较大，其中，北道站和天水站径流量都处于整个模拟预估期的枯水期，而长江流域径流量几乎与历史时期持平；2050年石羊河、黑河、疏勒河以及黄河干流径流量与历史阶段相比预计分别增加6%、6%、28%和7%，黄河流域渭河北道站、天水站径流量则持续减少，长江流域白龙江碧口站径流量与历史平均值相比则基本保持不变。到2050年，疏勒河干流流域冰川径流量约占总径流量的7%，黑河和石羊河干流流域冰川径流量的占比则都低于1%。因此，到2050年以后两大支流流域总径流量变化受冰川影响较小。

一般排放路径下（RCP4.5情景下），未来黄河北道站径流量呈增加趋势，长江碧口站径流量则呈减少趋势，其余流域径流量变化趋势与RCP2.6情景下基本相同，但是变化幅度有微略差异，整体变化率都高于RCP2.6情景下的变化率。

值得注意的是，未来流域径流量变化不仅受自然因素的影响，也受人类活动的干扰。因此，仅根据区域气候和历史径流变化预估未来水资源的可信度具有区域差异。其中，受人类活动影响小的河西地区及黄河干流上游预估结果的可信度较高，而黄河及长江支流由于人口较为密集、人类活动频繁，预估结果的可信度较低，还需结合区域经济发展、水利设施建设和人口变化等综合评估。

此外，未来降水量变化的预估存在较大的不确定性，这也是当前相关领域的世界难题，影响了径流量预估结果的可信度。利用降水-地表水转化率关系，并结合未来气候变化情景对甘肃省各行政区未来地表水资源进行预估，结果表明，绿色发展情景下（RCP2.6情景下），河西5市及黄河流域6州市2010—2050年地表水资源量与21世纪10年代相比，可能出现微弱的下降趋势。而在全球中、高排放水平气候情景下，未来水资源则呈增加趋势。此外，纵跨黄河-长江流域的3州市，未来地表水资源量仍有可能上升，但丰枯变化剧烈。但该结论受限于未来降水量预估结果的可信度，以及自身方法的局限性。

第3章 甘肃省生态系统健康评估

生态系统是人类生活和进行生产的场所，尤其是城市和农田生态系统，与人类生存和发展息息相关，受人类活动的影响最大。对各类生态系统的健康状态和变化趋势进行分析，根据因地制宜和科学合理的原则，加强对不同区域生态系统的保护和管理，对于保障人类正常生产生活具有十分重要的意义。

3.1 方法与数据

3.1.1 BPSR模型

BPSR（基础-压力-状态-响应）模型是在传统PSR（压力-状态-响应）模型的基础上增加一个基础层，而形成的用来判断系统健康状况的数学模型。本书依据BPSR模型，经过多方比较，根据数据资料的属性和收集的难易程度，综合选取了描述社会经济、气象状况和土地利用方式等的14个指标，建立了如图3-1所示的甘肃地区区域生态系统健康评价体系。

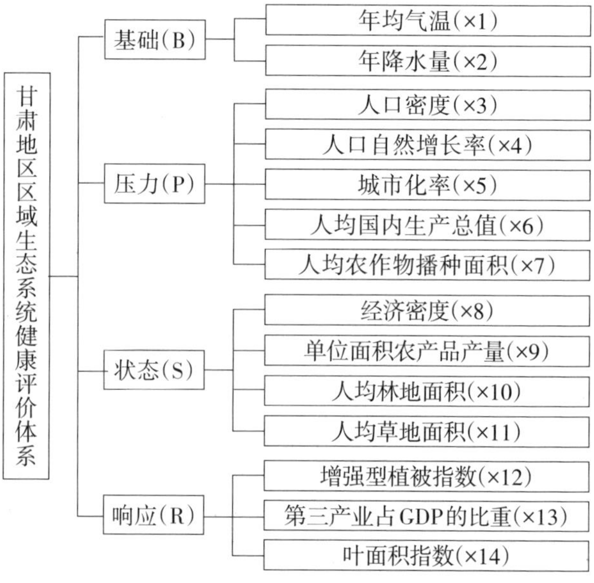

图3-1 甘肃地区区域生态系统健康评价体系

3.1.2　数据及其预处理

（1）社会经济数据

本书中使用的人口自然增长率、城市化率、经济密度、人均农作物播种面积和单位面积农产品产量等数据，来自甘肃省统计局编写的《甘肃省发展年鉴》（2010—2018年），部分缺失数据采用线性插值方法进行补充。人口密度数据来源于国际学术组织World Pop，时间分辨率为1年，空间分辨率为1 km。

（2）遥感数据

中分辨率成像光谱仪（moderate-resolution imaging spectroradiometer，MODIS）是对地观测系统（earth observation system）系列卫星Terra和Aqua上的一个重要传感器。本书使用了MODIS的MOD13A3数据，该数据包含时间分辨率为1个月、空间分辨率为1 km的增强型植被指数（EVI）数据。包含甘肃区域的影像一共有7幅，编号为h24v04、h24v05、h25v04、h25v05、h26v04、h26v05和h27v05，数据格式为EOD-HDF，投影为SIN（sinusoidal projection）。使用MRT和ArcGIS等软件对其进行批量拼接、重投影，输出甘肃区域EVI数据。叶面积指数（LAI）数据来源于北京师范大学基于MODIS地表反照率数据（MOD09A1）生成的时间分辨率为8天、空间分辨率为1 km的数据产品，使用ArcGIS和MATLAB软件对其进行裁剪和归一化处理。林地面积和草地面积数据来源于欧洲航天局气候变化行动的土地覆盖类型产品，该产品的分类依据联合国粮食及农业组织土地覆盖分类系统（LCCS），时间分辨率为1年，空间分辨率为300 m。根据林地、草地ID，计算得出甘肃省各县林地和草地面积。

（3）气象数据

本书使用了甘肃省2009—2017年的年均气温、年降水量数据，这些数据来源于国家青藏高原科学数据中心，时间分辨率为1个月，空间分辨率为1 km。运用ArcGIS和MATLAB软件对其进行裁剪和处理，最终得到甘肃省年均气温和年降水量数据。

3.1.3　生态系统健康值（HI）的计算

（1）BPSR模型综合评价公式

$$HI = \sqrt[3]{10*(1-P)*S*R} + B \tag{3-1}$$

$$B = W_1X_1 + W_2X_2 \tag{3-2}$$

$$P = W_3X_3 + \cdots + W_7X_7 \tag{3-3}$$

$$S = W_8X_8 + \cdots + W_{11}X_{11} \tag{3-4}$$

$$R = W_{12}X_{12} + \cdots + W_{14}X_{14} \tag{3-5}$$

式中，HI为生态系统健康值，B为基础层综合值，P为压力层综合值，S为状态层综合值，R为响应层综合值，$W_1 \cdots W_{14}$为各指标值对应的权重，$X_1 \cdots X_{14}$为各指标归一化值。

(2) 指标归一化

数据归一化可以消除不同指标之间量纲的影响，将各指标值统一到一定的范围内，便于不同属性指标之间进行比较和计算。本书采用Min-Max归一化方法对评价指标进行归一化处理，该方法将指标经过线性变换转化到0～1的范围内。变换公式如下：

$$X' = \frac{X - X_{min}}{X_{max} - X_{min}} \tag{3-6}$$

3.1.4 指标权重的计算

本书中指标权重的计算采用熵权法。其原理是，某个指标内各数据间离散程度越小，其提供的信息就越少，效用值越低，信息熵越大，则该项指标的权重就越小；反之，数据间离散程度越大，该项指标的权重就越大。

设生态系统健康综合评价模型一共有 m 个评价对象、n 个评价指标，则该评价体系的初始矩阵为：

$$X = \{X_{ij}\} \quad (i=1,\ 2,\ \cdots,\ m;\ j=1,\ 2,\ \cdots,\ n) \tag{3-7}$$

计算熵值：

$$e_j = -k\sum_{i=1}^{m} f_{ij} \cdot \ln f_{ij} \tag{3-8}$$

其中：

$$f_{ij} = (1 + x_{ij}) / \sum_{i=1}^{m} (1 + x_{ij}) \tag{3-9}$$

$$k = 1/\ln m \tag{3-10}$$

计算指标权重：

$$w_j = (1 - e_j)/(n - \sum_{j=i}^{n} e_j) \tag{3-11}$$

3.1.5 指标体系的合理性

本书根据BPSR模型，综合选取了社会经济指标（城市化率、人均国内生产总值、经济密度和第三产业占GDP的比重）、人口指标（人口密度和人口自然增长率）、农业指标（人均农作物播种面积和单位面积农产品产量）、气象指标（年均气温和年降水量）和生态指标（人均林地面积、人均草地面积、增强型植被指数和叶面积指数）在内的诸多指标，考虑的因素比较多，对甘肃省生态系统的评价也较全面，且在众多指标中，权重较大的5个指标依次为人均草地面积、人均国内生产总值、年降水量、城市化率和人均林地面积，较好地体现了植被状态、气象状况和经济发展水平对生态系统健康状态的影响。通过熵权法计算各指标权重，避免了指标权重选取的主观性和随意性。

在BPSR模型中，各指标被分为基础层、压力层、状态层和响应层这4层，其中压力层和状态层所占权重较大，其余两层较小。重压力和状态、轻基础和响应的模型结构，易于展现出生态系统的各类问题。但是，甘肃省面积广大，包含内陆河、黄河和长江三大流域，生态系统差异巨大，针对不同生态系统，采用同一指标权重计算生态系统健康值并对其进行评价不甚合理。城市生态系统作为人类主要聚集地，其土地利用方式、能量流动方向、信息传递过程和其他生态系统有相当大的区别。在城市生态中采用草地面积、林地面积等指标来评价生态系统的健康状态和变化趋势，会造成结果与实际情况有较大偏差。因此，针对城市生态系统，仅需关注年均气温、年降水量、人口密度、人口自然增长率、城市化率和人均国内生产总值等指标，一些衡量植被动态的指标不需要特别考虑。评价结果如表3-1所示，数值经过四舍五入，可能与实际有出入。

表3-1　甘肃省城市生态系统健康评价指标权重

目标	准则	指标	权重	排序
甘肃省城市生态系统健康评价指标体系	基础	年均气温	0.007	10
		年降水量	0.125	3
	压力	人口密度	0.046	7
		人口自然增长率	0.054	6
		城市化率	0.315	1
		人均国内生产总值	0.093	5
	状态	经济密度	0.201	2
	响应	增强型植被指数	0.021	9
		第三产业占GDP的比重	0.100	4
		叶面积指数	0.038	8

3.2　分类生态系统健康状态评价

综合考虑其他论文中的分级标准和本书中计算得出的*HI*数据后，得出的甘肃地区区域生态系统健康分级标准如表3-2所示。

表3-2　甘肃地区区域生态系统健康分级标准

分级标准	生态系统健康状态	面积占比
$HI \leqslant 0.12$	低健康水平	4.14%
$0.12 < HI \leqslant 0.17$	较低健康水平	31.43%
$0.17 < HI \leqslant 0.31$	中等健康水平	30.24%
$0.31 < HI \leqslant 0.39$	较高健康水平	29.55%
$HI > 0.39$	高健康水平	4.64%

3.2.1 草地生态系统健康评价

草地生态系统包括草地、灌木、稀疏植被，以及草本面积大于50%的混合覆被。

根据生态系统健康分级标准，结合草地生态系统*HI*值，可将甘肃省草地生态系统健康状况分为低健康、较低健康、中等健康、较高健康和高健康水平（图3-2）。甘肃省草地生态系统在高健康至低健康上均有分布，占比较多的为较低健康面积和中等健康面积，这表明甘肃省草地生态系统总体上处在中等健康甚至较高健康水平。

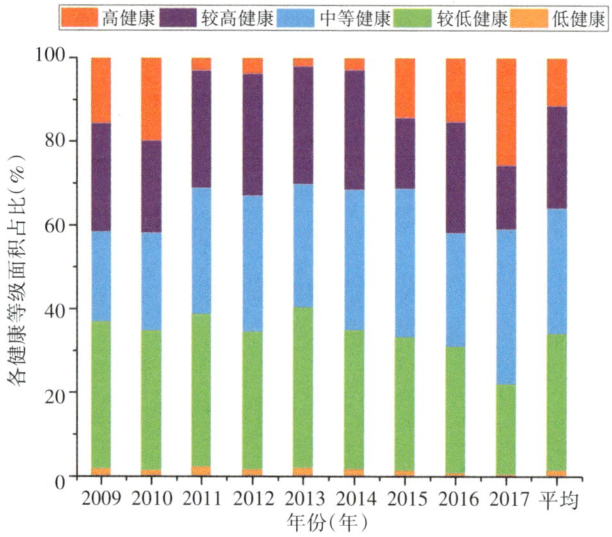

图3-2 2009—2017年甘肃省草地生态系统各健康等级面积占比

从时间上看，甘肃省草地生态系统在2009—2010年呈现较好状态，在2011—2014年呈逐步恶化的趋势，在之后的2015—2017年，草地生态系统的健康状况有所恢复。但总的来说，草地生态系统的改善主要体现在一部分较高健康转化为高健康、一部分较低健康转化为中等健康上，中等健康和较低健康所占的比例仍在60%左右。

从空间上看，甘肃省草地生态系统健康等级表现为南高北低。总体上，高健康出现在阿克塞县、肃北县、肃南县和迭部县，虽然阿克塞县和肃北县降水稀少、气温较低，但其本身受到外界（尤其是人类活动）的干扰较少，各项指标未超过其生态承载力，故表现为高健康状态；低健康出现在嘉峪关市、金塔县、金川区和平川区（图3-3）。

从2017年甘肃省草地生态系统B（基础）、P（压力）、S（状态）、R（响应）的空间分布（图3-4）可以看出，低健康的区县呈现出基础差、压力大、状态差、响应值低的特点；较低健康的区县呈现出基础不好、压力较大、状态差、响应值不高的特点，尤其是酒泉地区的部分区县，其基础层和状态层数值明显更低；中等健康的部分地区虽然状态层数值也较低，但其基础层和响应层数值较好，压力层数值不高；健康状况较好的地区，其表现各有不同，甘南州主要表现为压力较小，基础层、状态层和响应层数值较好，而肃南县尽管基础层、响应层数值不高，压力较大，但其状态表现较好；高健康草地生态系统中，除迭部县呈现出基础好、压力小、状态值和响应值大的特点外，其余地区基础值均不高，压力较大，响应层数值也不高，但这些地区明显是高状态层分布地区，使得这些地区的草地生态系统呈现出高健康状态。

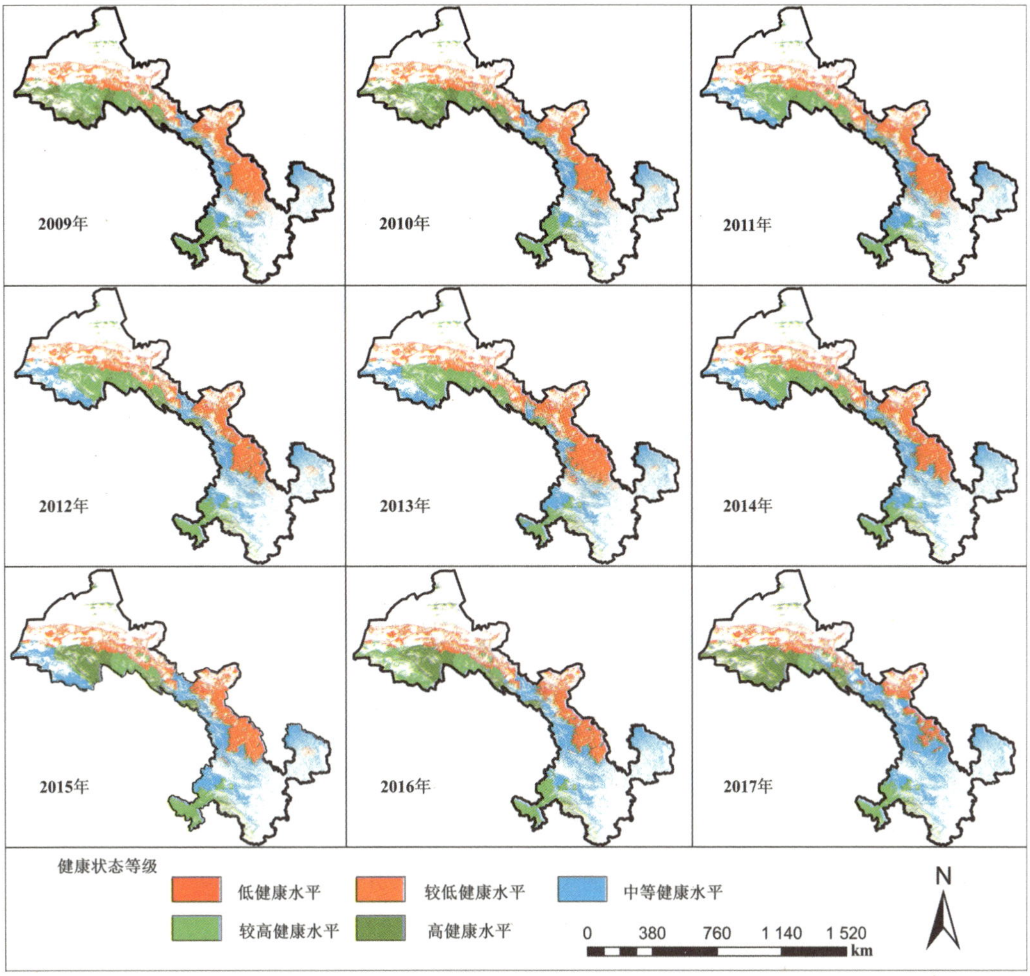

图3-3　2009—2017年甘肃省草地生态系统健康空间分布

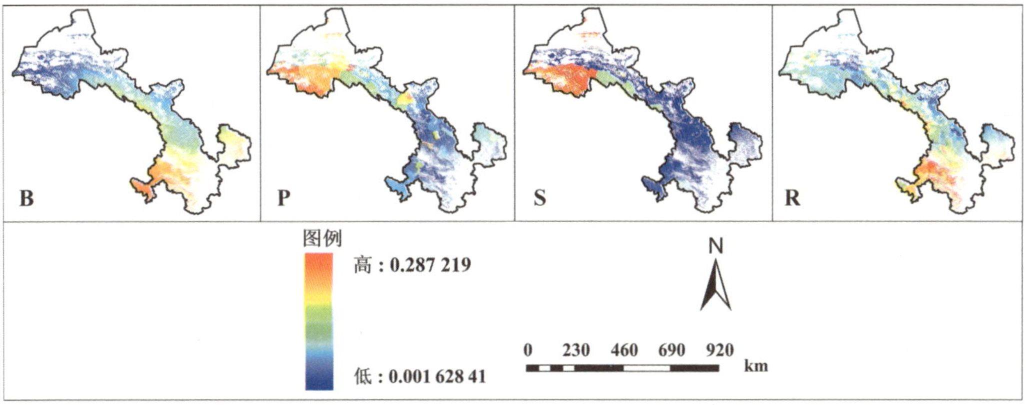

图3-4　2017年甘肃省草地生态系统B、P、S、R空间分布

3.2.2 森林生态系统健康评价

森林生态系统包括林地（阔叶林、针叶林、常绿林、落叶林和针阔混交林）和林地面积大于50%的自然林。

甘肃省森林生态系统在高健康和低健康间均有分布，较高健康和中等健康面积所占比例具有明显优势，其次是高健康，较低健康和低健康面积所占比例很小（图3–5），这表明甘肃省森林生态系统总体上健康状况较好。

从时间上看，甘肃省森林生态系统健康状况随时间变化发生的变化较小，各健康等级面积占比相对固定。在2009年、2011年和2013年，甘肃省森林生态系统健康状况有所恶化，表现为高健康林地面积减少，较高健康林地面积增大，中等健康林地面积减少，较低健康林地面积有所增加。

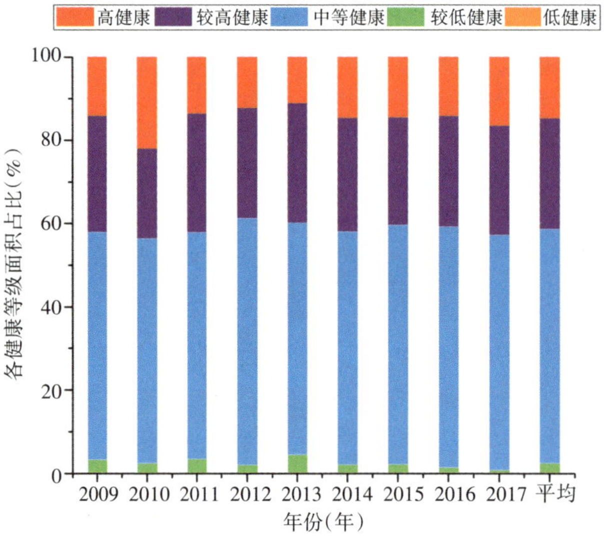

图3–5　2009—2017年甘肃省森林生态系统各健康等级面积占比

从空间上看，甘肃省森林生态系统主要分布在甘南地区的东南部、陇南地区、天水地区的东部、平凉地区的中部、庆阳地区的东部和北部、兰州地区的西南部、武威地区和张掖地区的南部，此外，在酒泉地区也有零星的森林分布。高健康主要分布在甘南地区的迭部县、陇南地区的徽县和张掖地区肃南县的零星地区；较高健康主要分布在陇南地区的东部和南部、庆阳地区东部的合水县；中等健康主要分布在陇南地区的西和县、礼县和武都区，定西地区的西南部，平凉地区的东部和西部，庆阳地区的东部和北部，以及武威地区的南部等；较低健康主要分布在定西地区的安定区、白银地区的会宁县及武威地区的古浪县境内。甘肃省内基本上没有低健康水平的森林生态系统（图3–6）。

从2017年甘肃省森林生态系统B、P、S、R的空间分布（图3–7）可以看出，较低健康的区县降水稀少，表现出更差的基础层，状态层和响应层数值较低，压力较大；中等健康主要表现为压力较大，状态层和响应层数值较低；较高健康的森林生态系统，除庆阳地区东部外，其余地区基础好，响应层数值较大，状态层数值不大的同时压力也不大，相比之下，合水县基础层、状态层和响应层数值较低，压力较大；高健康森林生态系统的基础层、状态层和响应层数值均较大，压力不高。

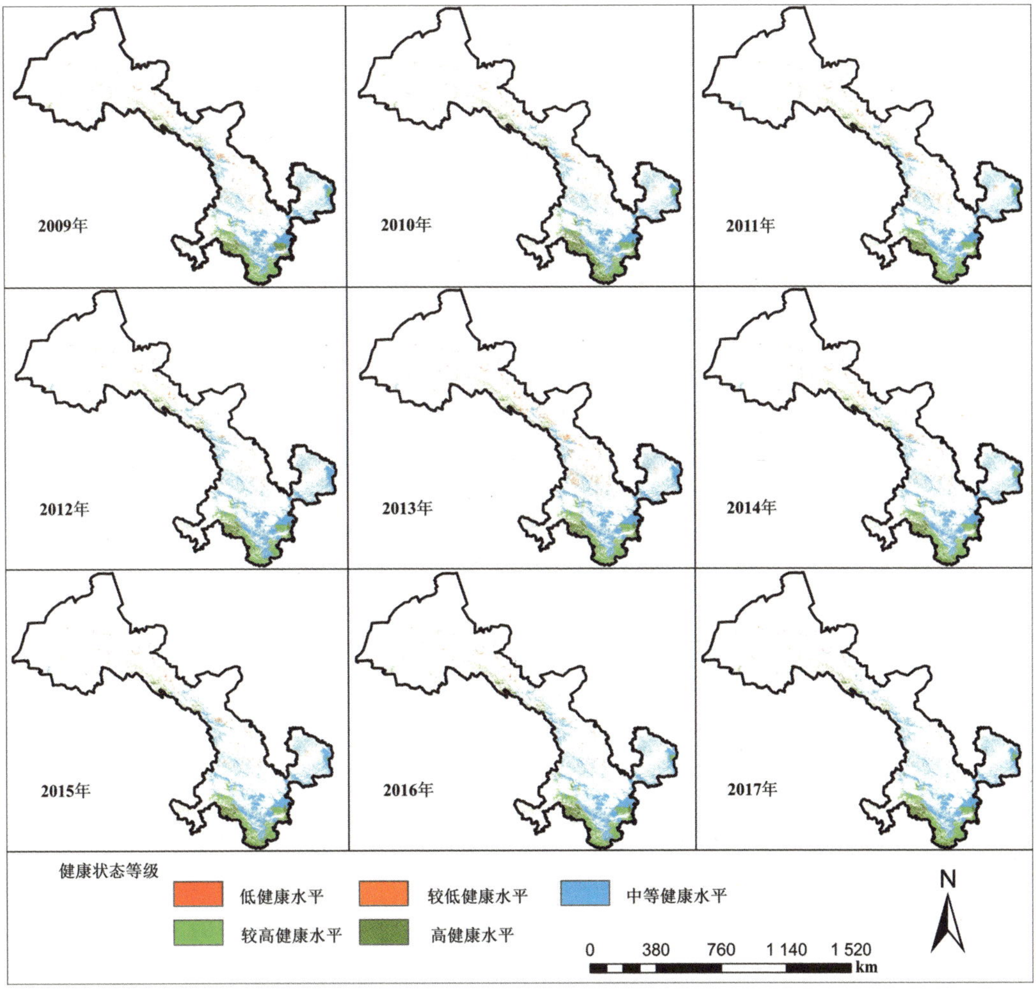

图3-6　2009—2017年甘肃省森林生态系统健康空间分布

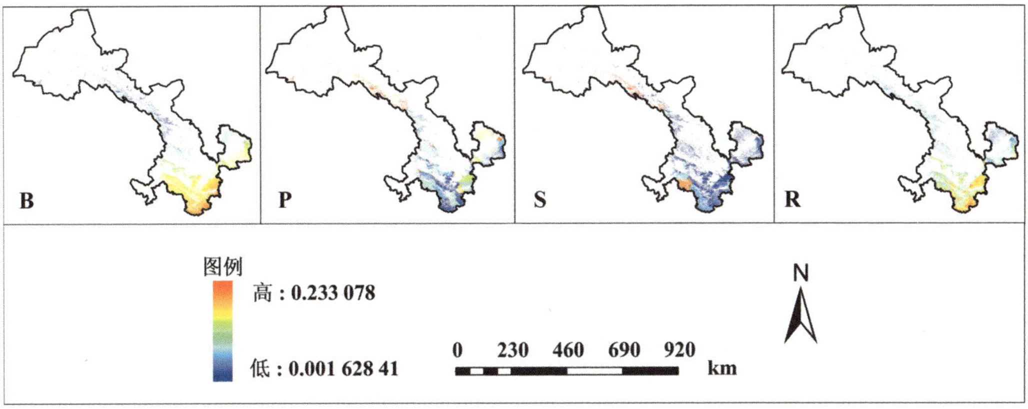

图3-7　2017年甘肃省森林生态系统B、P、S、R空间分布

3.2.3 湿地生态系统健康评价

湿地生态系统主要包括湿地、河流和湖泊等水域。

甘肃省湿地生态系统在高健康和低健康间均有分布。其中，较高健康和较低健康面积所占比例最大，其次是中等健康，高健康和低健康面积所占比例接近，均在4%左右（图3-8）。这表明甘肃省湿地生态系统健康状况一般，中等健康面积所占比例不大，生态环境还有较大改善空间。

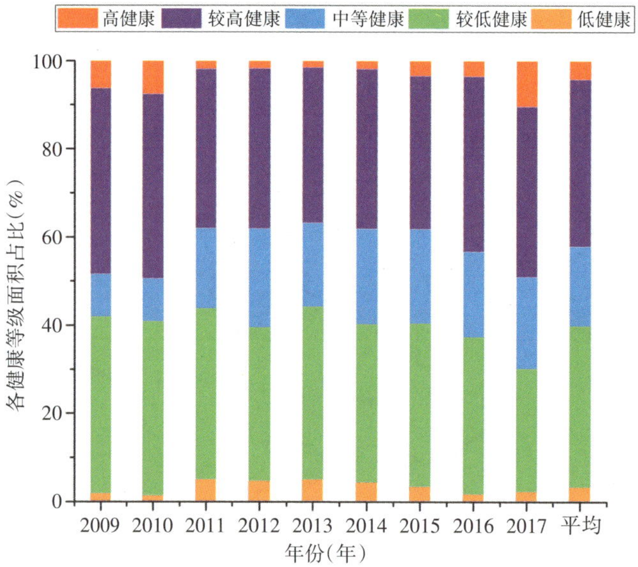

图3-8 2009—2017年甘肃省湿地生态系统各健康等级面积占比

从时间上看，甘肃省湿地生态系统健康状况在2011年、2012年、2013年和2014年有所恶化，表现为低健康面积所占比例增加，较高健康和高健康面积所占比例减少。

从空间上看，甘肃省湿地生态系统呈零星状态，主要分布在碌曲县、永靖县、民勤县和肃州区。其中，碌曲县健康状态较好，为较高健康；永靖县次之，为中等健康；民勤县和肃州区为较低健康。

甘肃省湿地生态系统面积小且分布不集中，难以在省级尺度上展现。分布在碌曲县的部分湿地生态系统基础层和响应层数值较大，压力层和状态层数值较小；永靖县与碌曲县情况类似；民勤县的基础层、压力层、状态层和响应层数值都较小；肃州区的基础较差，压力较大，状态层和响应层数值都较小。

3.2.4 城市生态系统健康评价

甘肃省城市生态系统在高健康和低健康间均有分布。其中，中等健康和较高健康面积所占比例最大，其次是高健康，低健康和较低健康面积所占比例很小（图3-9），这表明甘肃省城市生态系统健康状况较好。

从时间上看，甘肃省城市生态系统健康状况在2011年和2014年有所恶化，表现为较低健康面积所占比例增加。

从空间上看，甘肃省城市生态系统呈零星状态，在各行政区都有一定分布，在兰州市市辖区分布最为集中。其中，嘉峪关市市辖区和金昌市市辖区处于低健康状态，兰州市城关区、安宁区和临夏市处于高健康状态。嘉峪关市和金昌市降水稀少，基础较差，压力层数值较高，这些综合因素导致该地区呈现出低健康状态。

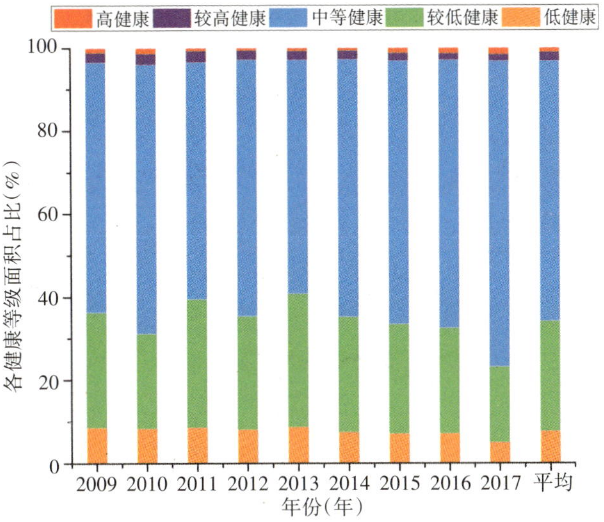

图3-9 2009—2017年甘肃省城市生态系统各健康等级面积占比

3.2.5 农田生态系统健康评价

甘肃省农田生态系统表现为中等健康面积所占比例有相当大的优势，所占比例多年平均值为74%，在2017年甚至超过了85%。其他健康等级所占面积相对较少，按所占比例从大到小依次为较低健康、较高健康和高健康，低健康面积所占比例相当小（图3-10）。

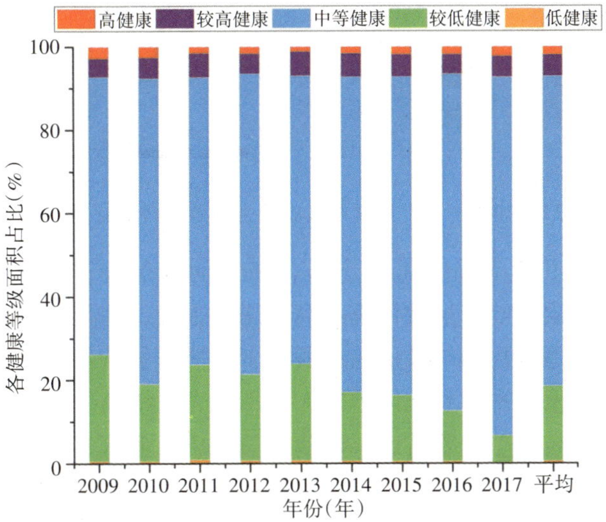

图3-10 2009—2017年甘肃省农田生态系统各健康等级面积占比

从时间上看，2009年、2011年和2013年甘肃省农田生态系统健康状况有所恶化，表现为较低健康面积所占比例增大，中等健康和高健康面积所占比例减少。

从空间上看，高健康主要分布在甘南地区的迭部县、陇南地区的文县和张掖地区的肃南县，低健康主要分布在嘉峪关市市辖区和金昌市的金川区（图3-11）。

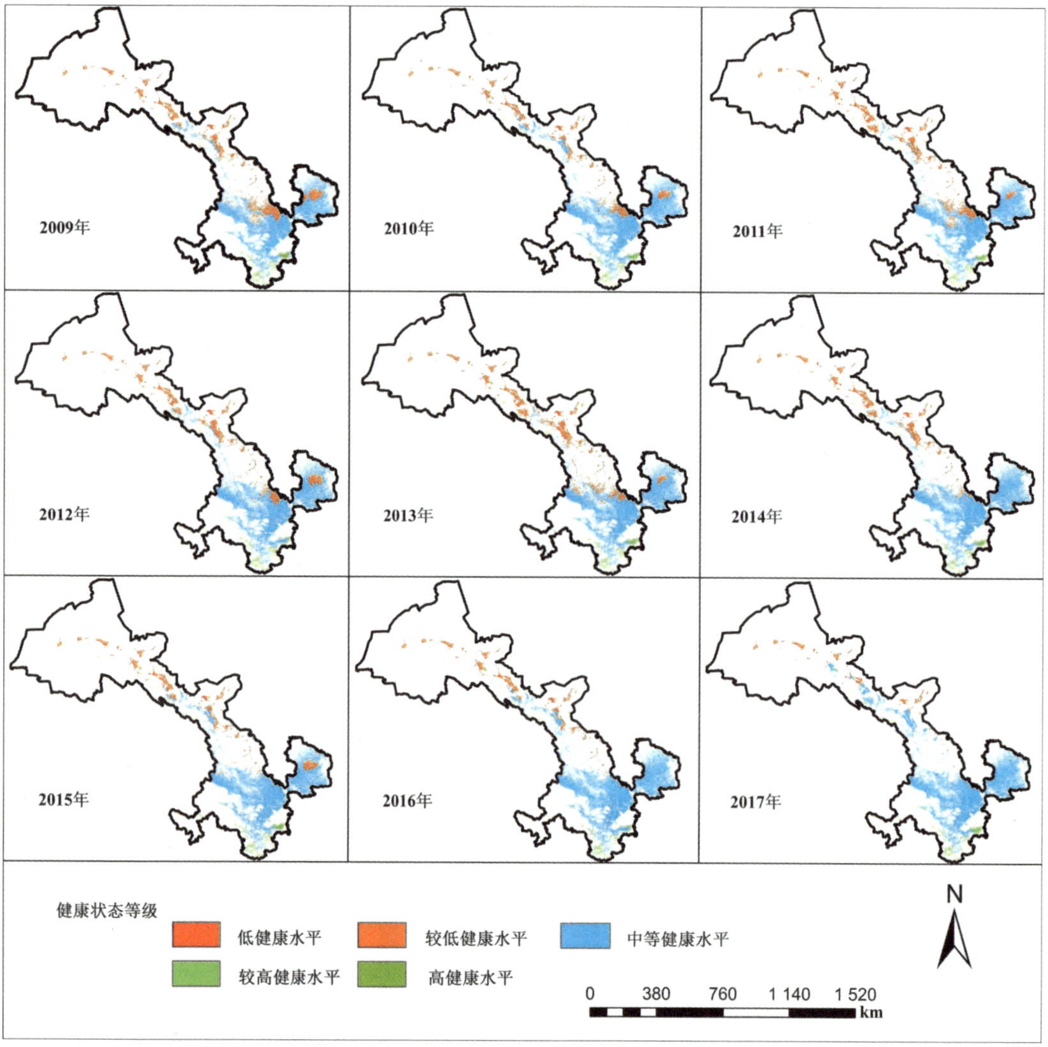

图3-11　2009—2017年甘肃省农田生态系统健康空间分布

从2017年甘肃省农田生态系统B、P、S、R的空间分布（图3-12）可以看出，低健康的地区基础层、状态层和响应层数值都不高，压力很大，尤其是金昌市金川区；除玉门市外，其他较低健康地区压力层数值均有所减少，民乐县的基础层和响应层数值有所增加；临夏、定西、天水、平凉和庆阳地区，农田生态系统处于中等健康水平，这些地区基础层和响应层数值较好，尽管状态层数值普遍较小，但除西峰区外，其他区压力都不大；在较高健康和高健康的地区，基础层和响应层数值较高，压力小，且这些地区基本上是状态层数值最大的分布地区。

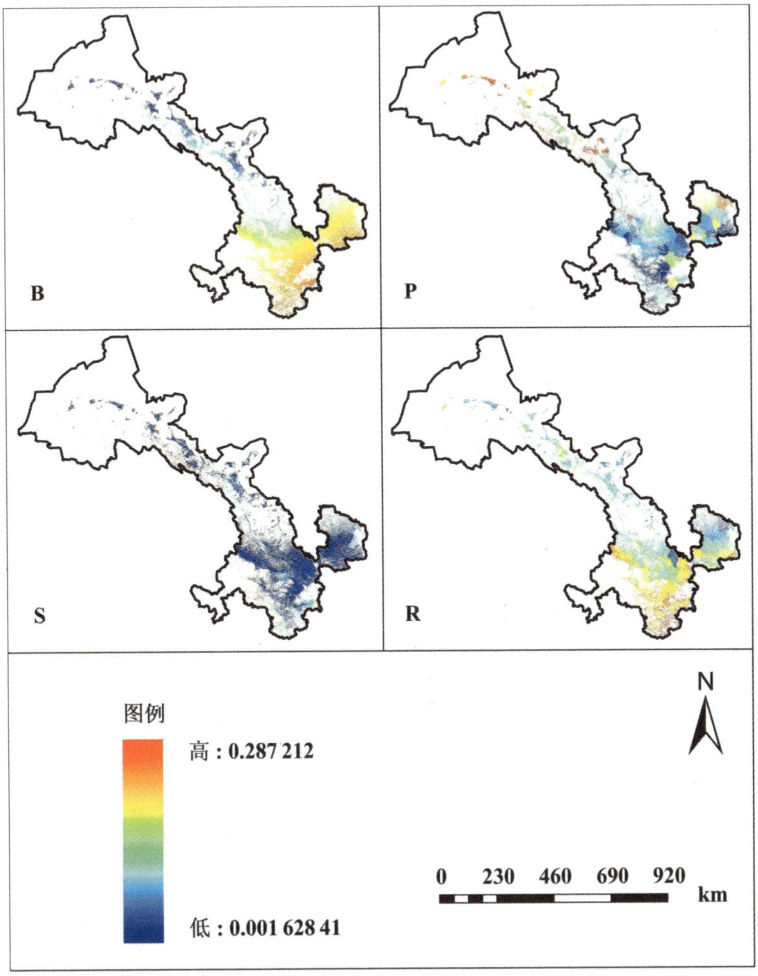

图3-12　2017年甘肃省农田生态系统B、P、S、R空间分布

3.2.6　荒漠生态系统健康评价

荒漠生态系统主要包括裸地、永久积雪和冰川。

在甘肃省荒漠生态系统中，较低健康面积所占比例相当大，其次是较高健康和低健康，中等健康面积所占比例很小，高健康面积所占比例波动很大（图3-13）。

从时间上看，甘肃省荒漠生态系统健康状况在2014年之前较差，低健康和较低健康面积所占比例在60%以上，高健康面积所占比例微乎其微，其后呈现剧烈波动状态，最大时（2017年）接近40%。但是，在高健康面积所占比例激增的同时，较高健康面积所占比例在急剧减少。

从空间上看，荒漠生态系统主要分布在武威地区的北部、张掖地区的北部和酒泉地区。其中，低健康主要分布在金塔县和嘉峪关市市辖区。2014年之前，较高健康主要分布在肃北县，2014年之后，肃北县荒漠生态系统的健康状态由较高健康转变为高健康。此外，高健康还分布在阿克塞县（图3-14）。

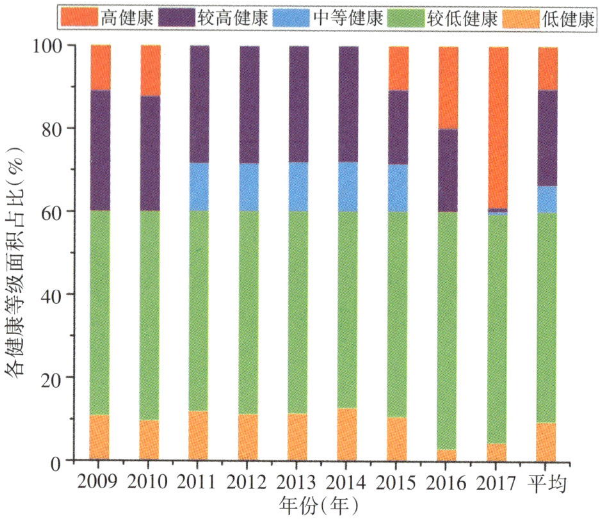

图3-13 2009—2017年甘肃省荒漠生态系统各健康等级面积占比

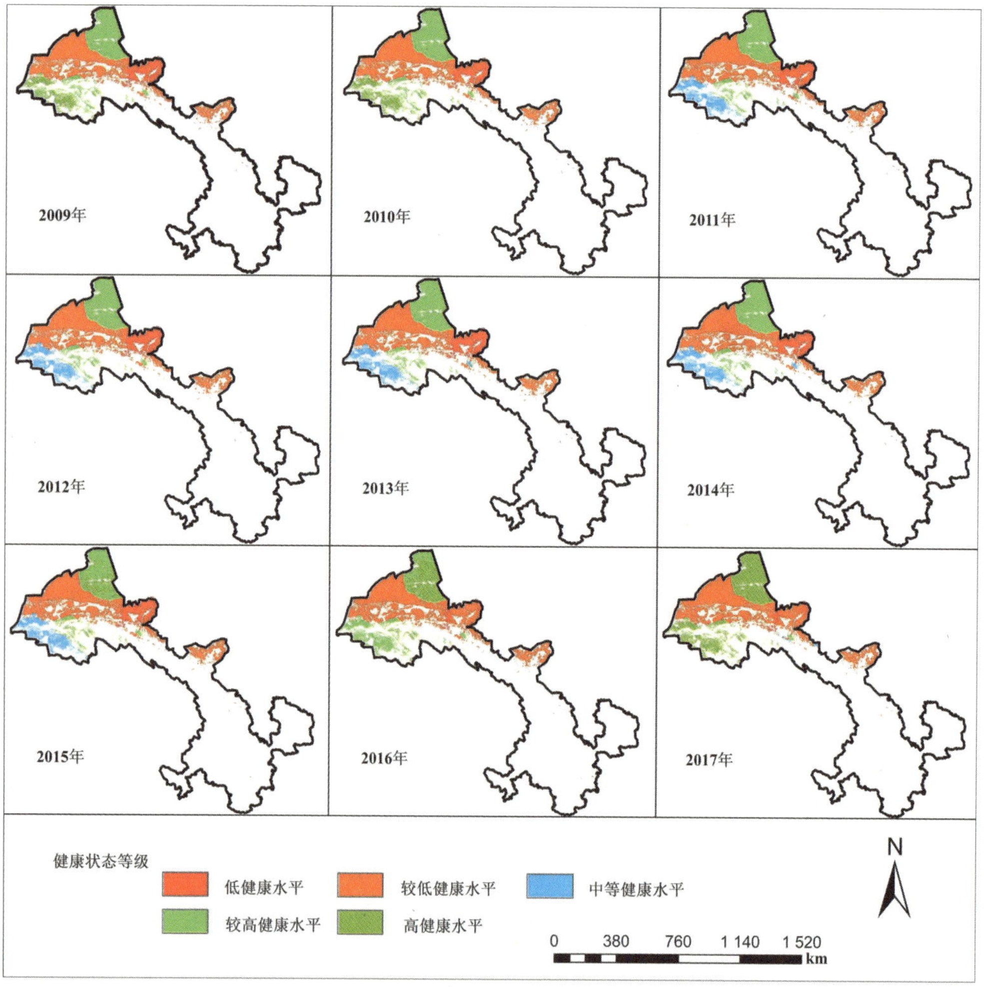

图3-14 2009—2017年甘肃省荒漠生态系统健康空间分布

从2017年甘肃省荒漠生态系统B、P、S、R的空间分布（图3-15）可以看出，低健康的金塔县和嘉峪关市市辖区，基础层和响应层数值不高，状态层数值属最低的之一，并且压力较大，尤其是嘉峪关市市辖区；较低健康的地区中，除临泽县和高台县之外，其余地区基础层数值均不高（尤其是敦煌市），压力较大（尤其是民勤县、临泽县和高台县），状态层数值相当低，除敦煌市外，其余地区响应层数值均不大。中等健康、较高健康和高健康主要分布在阿克塞县和肃北县，除阿克塞县西南部外，其余地区基础层数值均较大。尽管阿克塞县和肃北县压力较大，但其状态层和响应层数值也较大，尤其是肃北县北部，是甘肃省荒漠生态系统中状态值最大的地区。

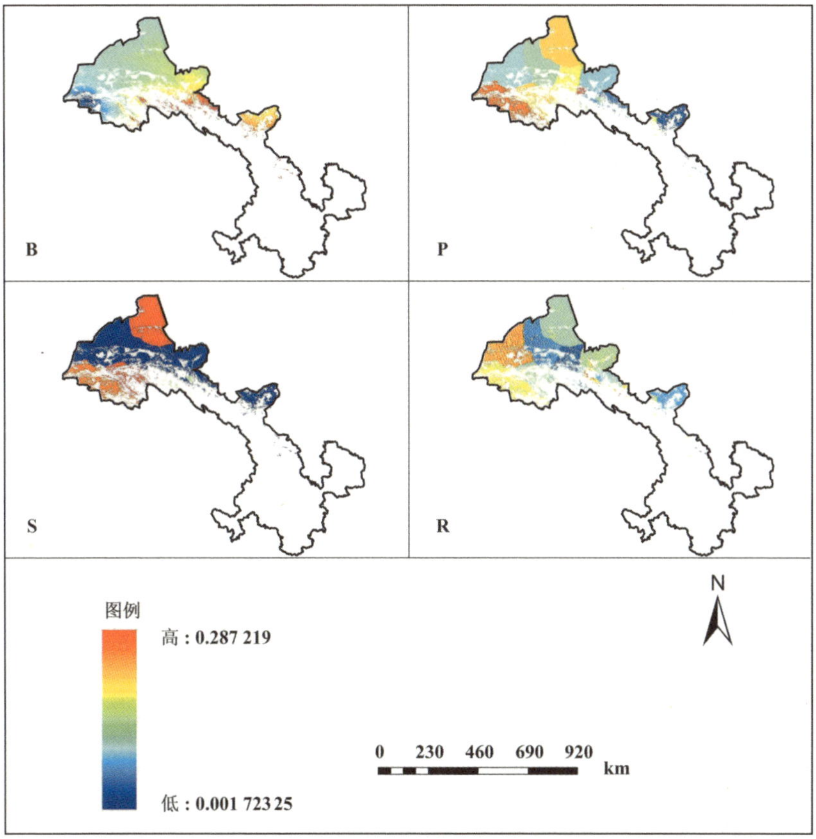

图3-15　2017年甘肃省荒漠生态系统B、P、S、R空间分布

3.3　各类准恶化和恶化生态系统分布

3.3.1　slope分析方法和变化程度分级

slope分析方法可直观反映等时间序列数据的空间变化趋势。本书采用slope方法分析甘肃省各类生态系统健康状况的空间变化趋势。slope值的计算公式如下：

$$S = \frac{n\sum_{i}^{n} i \times s_i - \sum_{i}^{n} i \sum_{i}^{n} s_i}{n \times \sum_{i}^{n} i^2 - (\sum_{i}^{n} i)^2} \tag{3-12}$$

式中：S为slope值，s_i为生态系统健康值，i为时间序列中的第i年，n为年数。

根据计算得到的slope数值，结合相关文献，制定出的甘肃省生态系统健康状况变化程度分级如表3-3所示。

表3-3　甘肃省生态系统健康状况变化程度分级表

分级标准	生态系统健康状况变化趋势
$S \leqslant -0.002$	恶化
$-0.002 < HI \leqslant 0$	准恶化
$0 < HI \leqslant 0.002$	基本不变
$0.002 < HI \leqslant 0.004$	改善
$HI > 0.004$	明显改善

注：表中S代表slope值。

3.3.2　草地生态系统健康状况变化趋势

甘肃省草地生态系统健康状况变化程度如图3-16所示。健康状况恶化的地区主要包括阿克塞县、肃南县、卓尼县和迭部县等，但恶化的面积不大。健康状况准恶化的地区为阿克塞县、瓜州县、肃南县、夏河县、碌曲县、玛曲县和环县的北部等。健康状况呈准恶化状态的区域较大，且在甘肃省内从南到北、从东到西均有分布。此外，肃北县、榆中县的部分地区，草地生态系统健康状况呈明显改善状态。

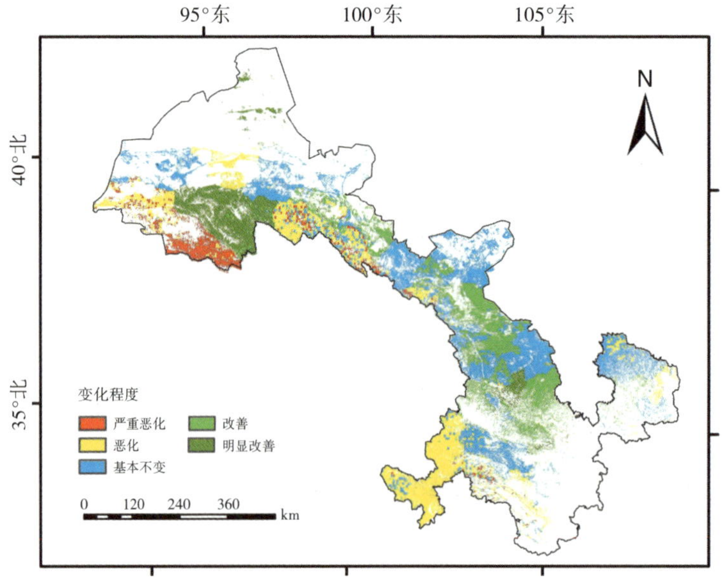

图3-16　甘肃省草地生态系统健康状况变化程度

3.3.3　森林生态系统健康状况变化趋势

甘肃省森林生态系统健康状况较好，但变化趋势还有提高的空间。健康状况恶化的区域有徽县、迭部县、舟曲县和肃南县等。恶化面积所占比例较小，且除徽县外，其余多呈零星分布。健康状况准恶化的地区有卓尼县、迭部县、宕昌县、舟曲县、武都区、麦积区、灵台县和合水县等。准恶化面积所占比例较大，且多呈连续分布。健康状况呈改善和明显改善状态的面积所占比例较小，明显改善的区域主要包括两当县、榆中县的南部及庄浪县的东部等（图3-17）。

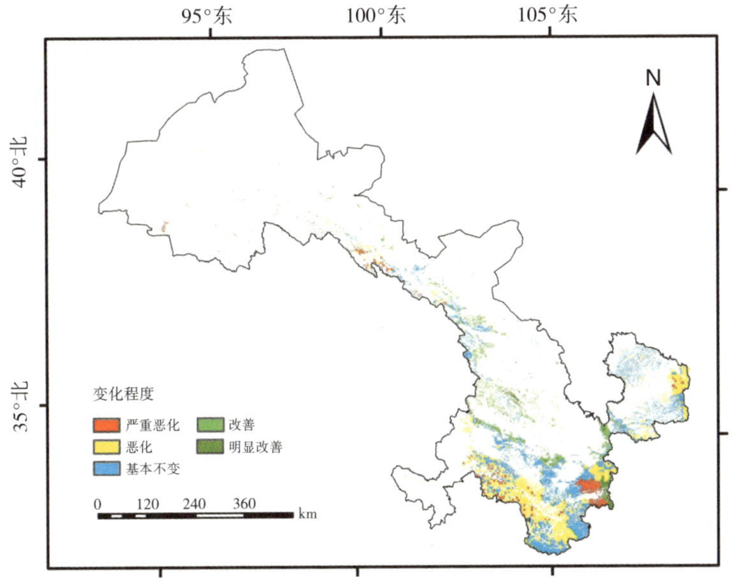

图3-17　甘肃省森林生态系统健康状况变化程度

3.3.4　湿地生态系统健康状况变化趋势

甘肃省湿地生态系统中，玛曲县健康状况呈恶化状态，永靖县健康状况呈改善或明显改善状态，民勤县健康状况基本不变，肃州区健康状况呈改善或明显改善状态（图3-18）。

3.3.5　城市生态系统健康状况变化趋势

甘肃省城市生态系统中，陇中、陇东健康状况呈基本不变状态，部分河西地区健康状况呈准恶化状态，兰州市和临夏州的部分地区健康状况呈改善状态（图3-19）。

3.3.6　农田生态系统健康状况变化趋势

甘肃省农田生态系统中，生态系统健康值总体上呈基本不变或改善状态。健康状况呈恶化状态的主要有陇南地区的徽县，呈准恶化状态的有陇南地区的宕昌县、武都区，平凉地区的灵台县，庆阳地区的合水县等，此外，准恶化状态在甘南州的夏河县、玛曲县、碌曲县、舟曲县及陇南地区的文县也有零星分布。健康状况基本不变的地区有陇南地区东北部、定西地区西南部、平凉地区东部、庆阳地区南部、武威地区、张掖地区和酒泉地区局部等。健康状况改善的地区有定西地区北部、平凉地区北部和庆阳地区西部，此外，在武威和张掖局部也有健康状况呈改善状态的地区。健康状况明显改善的地区主要有天水的武山县、甘谷县和秦安县，平凉的庄浪县，临夏的临夏县、广河县和康乐县，兰州的榆中县、七里河区，以及酒泉的肃州区等（图3-20）。

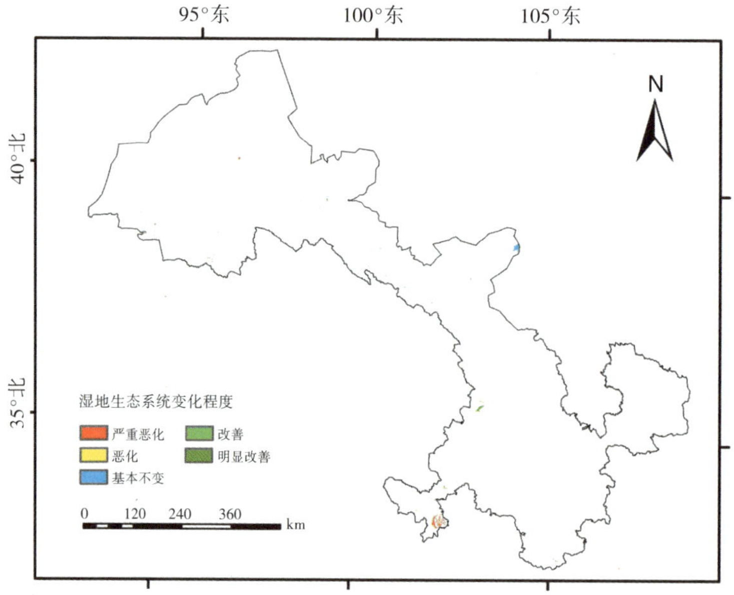

图3-18　甘肃省湿地生态系统健康状态变化程度

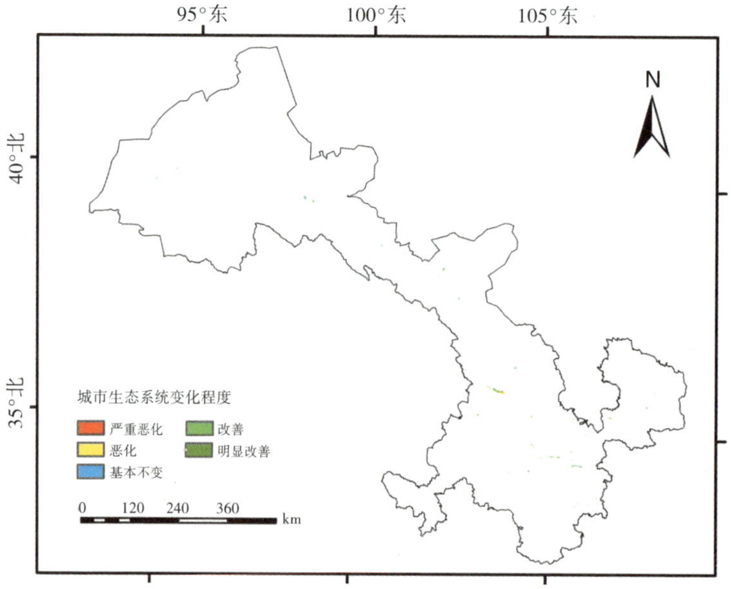

图3-19　甘肃省城市生态系统健康状态变化程度

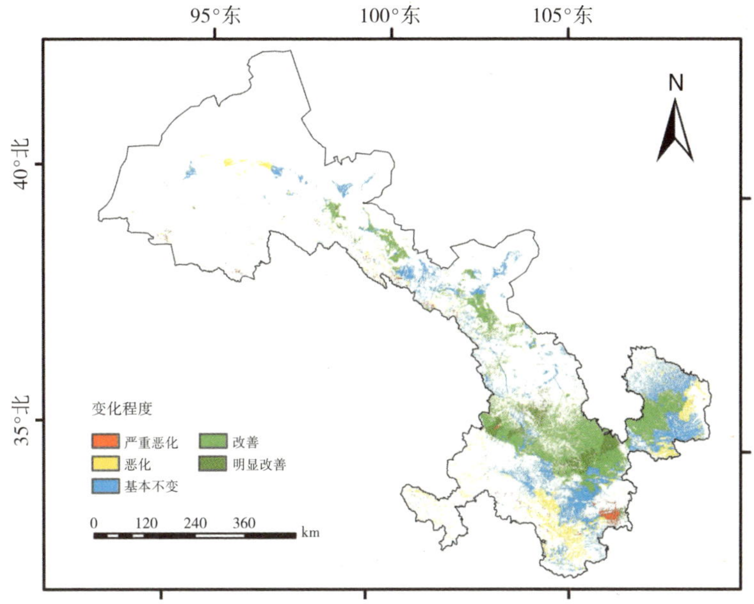

图3-20　甘肃省农田生态系统健康状况变化程度

3.3.7　荒漠生态系统健康状况变化趋势

甘肃省荒漠生态系统健康状况总体上呈基本不变或明显改善状态。恶化区域主要分布在肃南县和阿克塞县，且阿克塞县恶化面积较大；准恶化区域较大，主要分布在瓜州县和阿克塞县；基本不变的区域包括敦煌市、玉门市、金塔县和民勤县；改善的区域有高台县、临泽县、甘州区和肃州区等；明显改善的区域主要有肃北县（图3-21）。

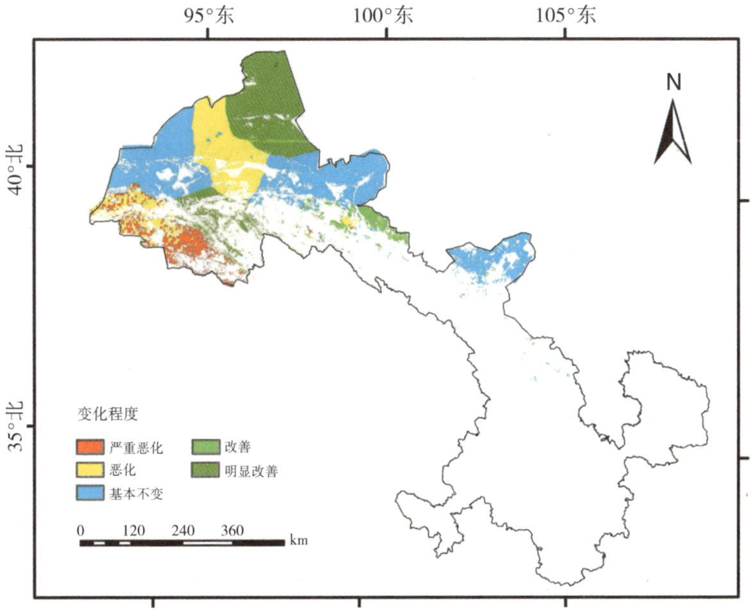

图3-21　甘肃省荒漠生态系统健康状况变化程度

3.4 生态系统健康状况变化趋势及原因分析

基于多元线性回归分析方法分析生态系统健康值（*HI*）与各指标之间的回归关系，由此确定生态系统健康状况恶化的原因。

在甘肃省的不同区域，导致生态环境准恶化或恶化的原因各不相同，几乎每一项指标都存在影响最大的地区。但在全省范围内，影响最大的前4项指标依次为人均林地面积、LAI、年降水量和城市化率，这4项指标影响的地区面积占所有面积的80.61%（图3-22）。苏干湖流域主要受人均林地面积的影响；黑河流域南部、讨赖河流域南部和洮河流域南部等主要受LAI的影响，LAI变小也可看作是植被受到破坏的结果；白龙江流域和嘉陵江流域交汇处主要受年降水量的影响；大夏河流域和玛曲至河源地区主要受城市化率的影响。

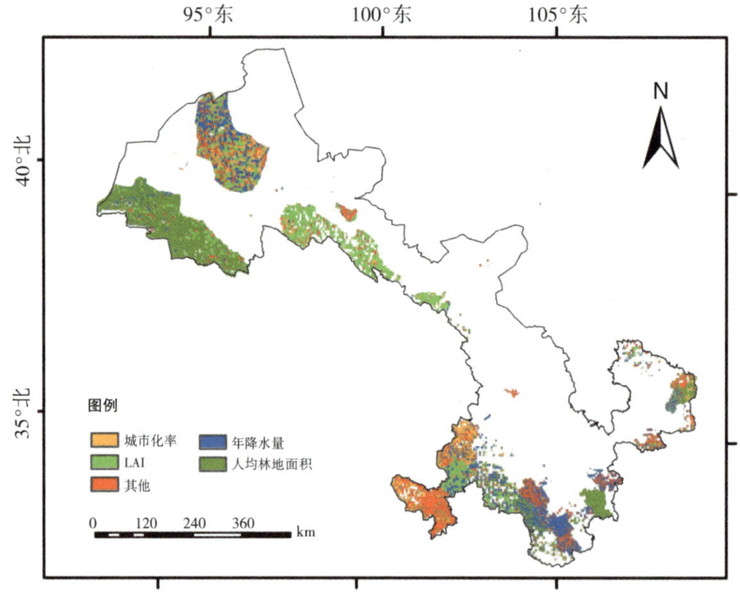

图3-22 生态系统健康状况恶化归因(影响最大)

对甘肃省生态系统健康状况影响第二大的指标中，前4项依次为年降水量、第三产业占GDP的比重、城市化率和LAI，这4项指标影响的地区面积占所有面积的81.92%（图3-23）。大夏河流域、嘉陵江流域和泾河流域等主要受年降水量的影响；苏干湖流域、黑河流域和讨赖河流域主要受第三产业占GDP的比重的影响；苏干湖流域东部和洮河流域主要受LAI的影响。

对甘肃省生态系统健康状况影响第三大的指标中，前4项依次为第三产业占GDP的比重、EVI（增强型植被指数）、年降水量和LAI，这4项指标影响的地区面积占所有面积的78.58%（图3-24）。苏干湖流域和白龙江流域西部主要受第三产业占GDP的比重的影响；洮河流域和白龙江流域与嘉陵江流域交界处主要受EVI的影响；黑河流域和讨赖河流域主要受降水量的影响；大夏河流域、玛曲至河源以及泾河流域东部主要受LAI的影响。

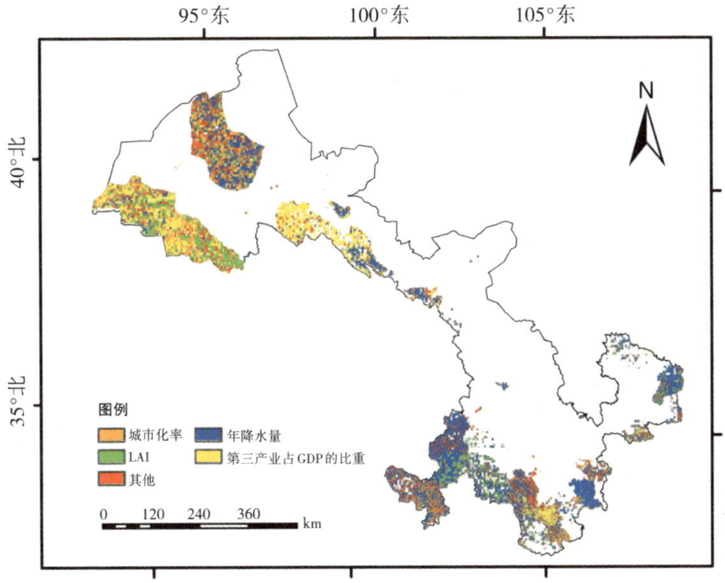

图3-23　生态系统健康状况恶化归因(影响第二大)

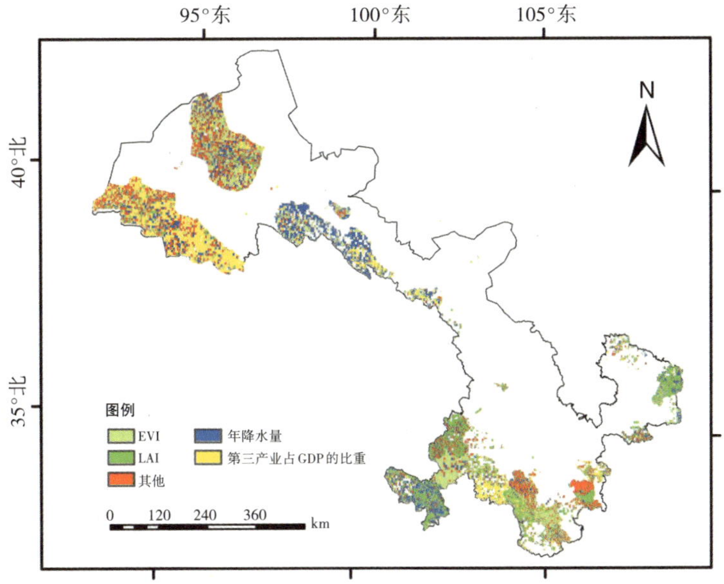

图3-24　生态系统健康状况恶化归因(影响第三大)

通过计算各指标回归系数，得出了影响甘肃省生态系统健康状况变化程度的主要因子。但甘肃省地域广大，生态系统类型众多，所以造成甘肃省生态系统健康状况恶化的原因除上述列出的指标因子外，还可能有以下两个方面：祁连山和甘南采矿，甘南草原退化。

祁连山地拥有河西走廊中范围最广的森林生态系统以及野生动物保护区，并为大通河、石羊河和黑河等50多条河流的发源地，以及水源涵养、径流形成区。祁连山地生态区被称为河西走廊的“湿岛”，起着供应和涵养水源的作用，是河西走廊生产和发展的生命线。但是一段时间以来，祁连山地区开山挖矿现象屡禁不止，对生态环境造成了巨大的破坏。祁连山地区矿产资源丰富，采矿历史悠久，长时间开采（尤其是掠夺式开采）对矿区及其周围区域生态环境的影响较大。矿山开采占用大量的土地，破坏矿区及其周围区域的植被，导致生态环境恶化，引起水土流失、土地沙化和荒漠化，并造成和诱发一系列环境污染和地质灾害问题，影响着矿区及其周围区域人们的身心健康和生产生活秩序。例如，地下开采导致地下形成大面积的“采空区”，尤其是历史遗留矿区，露天开采会破坏岩石或边坡原有的平衡状态，导致地面塌陷、产生裂缝及发生变形，影响山体和斜坡的稳定性，诱发崩塌和滑坡；固体废弃物的不合理堆放，如废弃矿渣的超负荷堆放和沿沟堆放，会引发滑坡和崩塌，并造成土壤污染，一旦有充足的水源补给，就会形成泥石流；煤矸石堆、尾矿库等产生的粉尘、扬尘和挥发性气体，会造成矿区及其周围区域的大气污染或者形成酸雨；选矿厂或洗矿厂排放的未处理废水会直接或间接造成地表水、地下水及土壤的污染。

甘南地区生态破坏的问题也十分严重。甘南草原和祁连山相似，也存在采矿问题，但更为紧迫的生态问题在于草场退化。近年来的甘南气象台资料显示，甘南草原许多地方的温度都在逐渐上升，尤其是夏河和玛曲，与此同时，夏河和玛曲地区的降水量在逐年降低，冬季极少有雨水，春季和夏季较以前而言降水量显著减少。对于高寒草甸来说，草地生长状况极易受到气候因素的影响，温度增加和降水量减少会对草地的生长起到抑制作用。仅就目前看来，气候对甘南草地的影响还比较小。

草地减少的主要原因是人为因素。近几十年来，我国经济发展迅速，人们的生活水平逐年提高，对牛奶的需求量也越来越大。出于迫切改变落后经济现状的需求，甘南牧区的牧民大量养殖大型牲畜，导致草地面积逐渐减少，草地遭到严重的破坏。被破坏的草皮难以通过自我调节恢复到原来的状态，导致次裸草地大量出现，“黑土滩”飞速发展（“黑土滩”是甘南草原退化的典型现象）。草场退化还会引起鼠害，草地上开阔的视野使鼠类易于躲避天敌追捕，再加上其强大的繁殖能力，最终导致草原上所有植被均遭受鼠虫威胁。鼠虫不仅会破坏草原的植被，还会破坏草原的土壤，使优质土地变为劣质土地，最终难以调理与恢复。

第4章　甘肃省生态系统恢复力评价

4.1　生态系统恢复力研究进展

生态恢复是指帮助恢复和管理生态完整性的过程，生态完整性包括生物多样性、生态过程和结构、区域和历史关系以及可持续文化实践的变异性的关键范围。生态系统恢复力（resilience）是指生态系统在受到外界干扰，偏离平衡状态后所表现出的自我维持、自我调节及抵抗外界各种压力和扰动的能力，包括维持其重要特征，如生物组成、生态系统结构与功能（闫海明等，2012；杨庚等，2019）。生态系统恢复力相关理论的发展大致经过了3个阶段，即工程恢复力、生态恢复力和社会-生态系统恢复力。相应理论为生态修复提供了理论支撑，也提供了缓解生态系统状态转化的措施，是制定管理措施时要考虑的重要因素。对区域生态系统恢复力进行评估，有利于规划者和管理者清晰了解区域生态的本地特征，提高生态修复的有效性，提升区域精细化管理水平。

影响生态系统恢复力的因素众多，一般通过建立多层指标体系来研究。目标层为生态系统恢复力；准则层根据目标层不同生态系统的影响因素选取相应指标，比如植被、气候、水文、生物多样性等（赵强等，2015；杨庚等，2019）；指标层在准则层的基础上选取，指标权重可通过主成分分析法（PCA）、变异系数法、组合赋权法等确定。

目前，遥感与GIS技术在生态系统恢复力评价中得到了广泛应用。遥感通常用于评估生态系统功能，中分辨率成像光谱仪（MODIS）在评价生态系统恢复力中发挥着巨大作用，MODIS GPP和NPP产品是第一个连续的、卫星驱动的监测植被初级生产的数据集，用来监测植被的初级生产力，并提供植被生长指标。先根据GPP与NPP数据生成生态系统恢复力指数，利用高分辨率的卫星图像，参照地理信息对卫星图像进行预处理，再利用ENVI软件计算归一化植被指数（NDVI），得出的评价结果可用来划分区域生态系统恢复力等级（Frazier A E，2013）。在ArcGIS软件的支持下，运用其空间分析工具中的分区统计功能，对选取的参数及搜集到的数据进行分区统计，从而分析和评价生态系统恢复力的时空演变与分区特征（刘晓平等，2016）。毕云龙等（2015）基于城市化进程中资源、环境利用的可控性，突发灾害时生存、适应及恢复能力的城市生态文明建设的理念，将城市生态系统恢复力综合评价体系分为9个子体系，即城市治理、社会抗逆性、经济恢复力、城市自然环境、城市能源、基础设施及服务、交通运输、住房建设、商业及工业，并将其展开到101项指标进行分析研究。

当前已经开展的生态系统恢复力评价相关研究中，大多通过构建指标体系展开单一生态系统恢复力评价，指标体系如森林（李丽，2017）、草原（侯彩霞，2018）、农田（肖秀英，2019）、城市（梁立新，2017）等，或以植被指数（徐雅晴，2020）、土地利用类型变化（廖柳文，2015）等单一指标评估省域生态系统恢复力水平。而借助遥感影像、GIS空间分析，结合气候、植被、景观及土地利用等数据，针对省域开展的综合生态系统恢复力评价还较少。本章在综合考虑数据可获得性、模型可推广性、时间可保证性及评估结果客观易读性的基础上，展开甘肃省生态系统恢复力评价工作。

4.2 生态系统恢复力评价模型

由于不同区域自然本底和人类活动存在较大差异，同时评价生态恢复力时要结合国土空间规划的“三生空间”，因此省域尺度的生态系统恢复力评价显得尤为复杂。本节本着尽可能识别出甘肃全省范围内不同类型区生态系统恢复力状态，为国土空间生态修复提供科学参考，为国土开发强度和方式提供数据支撑的原则，综合考虑数据可获得性、模型可推广性、时间可保证性及评估结果客观易读性，从生态恢复强度与生态恢复限度，即生态系统恢复力的大小与恢复范围两个方面，展开甘肃省生态系统恢复力评价研究。具体评价基于评价结果横向可比性、模型可推广性、恢复能力提升持续性原则展开。具体计算方法如下：

生态系统恢复力指数（刘晓平，2016）计算公式如下：

$$E = \lambda \cdot \mu \cdot F \tag{4-1}$$

式中，E为生态系统恢复力指数；λ为调节系数；μ为生态系统恢复强度系数；F为生态系统恢复限度。

$$\mu = \frac{H \cdot V}{C_1 \cdot C_2} \tag{4-2}$$

式中，μ为生态系统恢复强度系数；H为景观多样性指数；V为归一化植被指数；C_1为年气温变率，C_2为年降水变率。

$$F = H\sum_{i=1}^{m} S_i \tag{4-3}$$

式中，F为生态系统恢复限度，m为该区域土地利用类型数量，S_i为土地利用类型i的恢复力分值。

4.2.1 景观多样性指数

景观多样性是指一定时空范围内景观生态系统类型的丰富性，以及景观要素在空间结构、功能机制和时间动态等方面的多样化和复杂性。景观多样性主要包括板块多样性、类型多样性和格局多样性这3种类型（傅伯杰，1995），其中板块多样性是指景观中板块的数量、大小、形状的多样性和复杂性；类型多样性是指景观中不同的景观类型（如农田、森林、草地等）的丰富度和复杂度；格局多样性是指景观类型空间分布的多样性，以及各类型之间、板块与板块之间的空间关系和功能联系的多样性。景观多样性指数的计算主要依赖于像元大小、地貌尺度、土地利用分类来进行。先运用GIS软件将土地利用现状图进行栅格处理，再运用Fragstats软件计算H值，计算公式为：

$$H = -\sum_{i=1}^{n} P_i \ln P_i \tag{4-4}$$

式中，P_i为景观类型所占比例；n为研究区域内景观类型数目。

4.2.2　植被指数

植被指数是根据植被的光谱特性，将卫星可见光和近红外波段进行组合而形成的，植被指数可以反映地表植被覆盖程度与生长活力。植被指数V通常使用NDVI（归一化植被指数）来表示，NDVI法是衡量植被是否健康的标准化方法（王正兴等，2003）。计算公式为：

$$\mathrm{NDVI} = \frac{\rho_{\mathrm{NIR}} - \rho_{\mathrm{RED}}}{\rho_{\mathrm{NIR}} + \rho_{\mathrm{RED}}} \tag{4-5}$$

式中，ρ_{NIR}为近红外波段反射率；ρ_{RED}为可见光的红光波段反射率；NDVI值介于-1～1之间，0以下为非植被覆盖区。

4.2.3　年气温变率与年降水变率

年气温变率（相对变率）是指气温的年际变化，反映了研究区域的气温变化速度（谢仁波等，2012），计算公式为：

$$C_1 = \frac{\frac{1}{n}\sum_{i=1}^{n}\left|T_i - T\right|}{T} \tag{4-6}$$

式中，C_1为研究区域多年气温平均相对变率；T_i为研究区域第i年平均气温，T为该区域多年平均气温。

年降水变率指降水量的年际变化，反映了研究区域的降水变化速度，计算公式为：

$$C_2 = \frac{\frac{1}{n}\sum_{i=1}^{n}\left|R_i - R\right|}{R} \tag{4-7}$$

式中，C_2为研究区域多年降水平均相对变率；R_i为研究区域第i年平均降水量；R为该区域多年平均降水量。

4.2.4　土地利用类型弹性分值

甘肃省不同土地利用类型中生态系统的恢复程度不同，因此对9大土地利用类型赋以不同的弹性分值。弹性分值的确定参考了相关学者和专家的研究，并结合了研究区域生态环境的基本特征，具体分值如表4-1所示。

表4-1 不同土地利用类型的弹性分值

序号	土地利用类型	分值	生态价值说明
1	林地	0.9	对维持生态系统的稳定性和保持生态系统的调节能力有着极其重要的作用
2	水域	0.8	决定生态系统健康与发展的重要因素,对生态系统的恢复起着重要的作用
3	草地	0.7	对区域生态可以起到增湿和改善微生物循环的作用
4	耕地	0.6	需要人类的灌溉维持,故所赋分值相对较低
5	灌木地	0.5	对维持生态系统的稳定性有着重要的作用
6	湿地	0.4	对维持生态系统的稳定性有着重要的作用,但如果利用不好,则容易退化而导致生态弹性度下降,对这类土地应谨慎利用
7	建筑用地	0.3	对区域生态系统的维护作用较小
8	荒漠	0.1	对区域生态系统的维护作用极小
9	永久积雪、冰川	0.1	对区域生态系统的维护作用极小

4.3 甘肃省生态系统恢复力强度与限度评价

4.3.1 甘肃省气候数据变化分析

本数据来自中国气象站点1996—2018年的气候数据整理，先将气象站点各气候数据的日数据（缺失数据补全）汇总为年数据，再将气候站点的数据运用ArcGIS软件进行空间插值、分区，从中截取甘肃省87个县（区）的年度气候数据。结果显示，陇南山地的年气温变率普遍较低，反映了其气温变化的稳定性较好；而甘南高原、祁连山地东部的年气温变率普遍较高，反映了其气温变化的稳定性较差。降水变化上，年降水变率较高的金塔县、敦煌市、玉门市、瓜州县、临泽县均处于河西走廊荒漠绿洲区，阿克赛县、肃北县处于祁连山-阿尔金山西部地区（安南坝），景泰县、环县、靖远县处于陇中陇东黄土高原区；年降水变化比较稳定的区域主要集中在甘南森林-草地草甸区。总体上看，甘肃南部的森林、山地、草原区域的年降水变率低于西北荒漠绿洲区域的年降水变率，东南区域降水量变化的稳定性更好。年降水变率与年气温变率值越小，说明气候状态越稳定，对生态系统恢复力的支撑度越高。

4.3.2 植被指数与景观多样性分析

（1）植被指数分析

从中国科学院资源环境科学与数据中心公布的中国NDVI数据中，截取甘肃省NDVI数据，结果如图4-1所示。

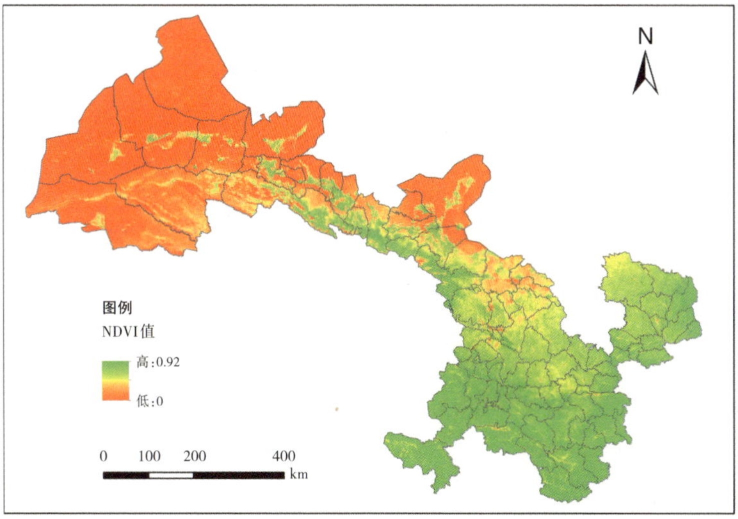

图4–1　甘肃省NDVI空间分布图

甘肃省植被从东南的林地、草甸向西北的荒漠、戈壁转变，NDVI变化符合植被变化规律，从东南部向西北部逐步降低，反映出甘肃省东南地区向西北地区的过渡中，植被生长状态逐步变差，植被覆盖度逐步降低。河西走廊因处于降水稀少和蒸发力强盛而极端干旱的、强度大陆性气候的地区或地段，其上生长的植被十分稀疏，种类贫乏、结构简单，当地的土壤中富含可溶性盐分，植被具有典型的荒漠植被特征。

（2）景观多样性指数分析

景观多样性指数是衡量区域生态系统景观多样性与复杂性的主要指标（布仁仓等，2005），在一定程度上反映了区域生态系统抵御外部干扰的能力。景观多样性指数越大，区域中景观板块形态越复杂、类型越丰富，景观空间分布越多样，该区域生态系统对外界干扰的抵御能力就越强。甘肃省景观多样性指数空间分布如图4–2所示。从甘肃省植

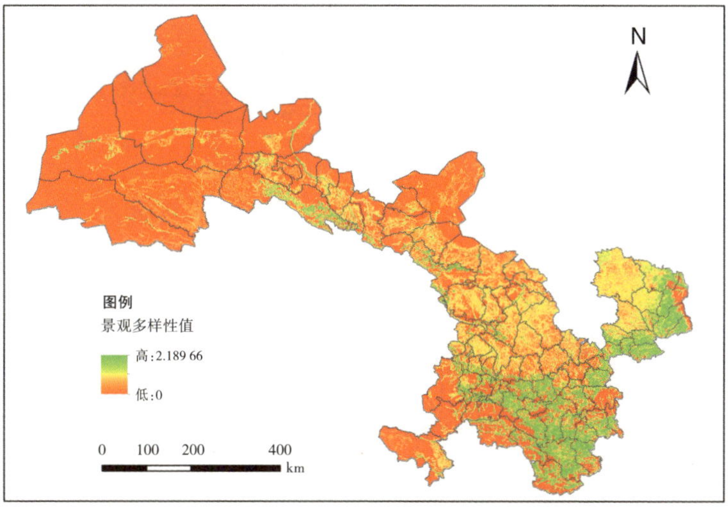

图4–2　甘肃省景观多样性指数空间分布图

被分布图（图4-3）可以看出，总体上，景观多样性指数从甘南森林草原草甸、陇南山地及陇东黄土高原区向陇中黄土高原、祁连山地、河西绿洲、河西荒漠区逐步减小，其中，甘南东部、陇南山地与陇东黄土高原区景观多样性指数最大，河西走廊荒漠绿洲区、甘南西部地区景观多样性指数较小。

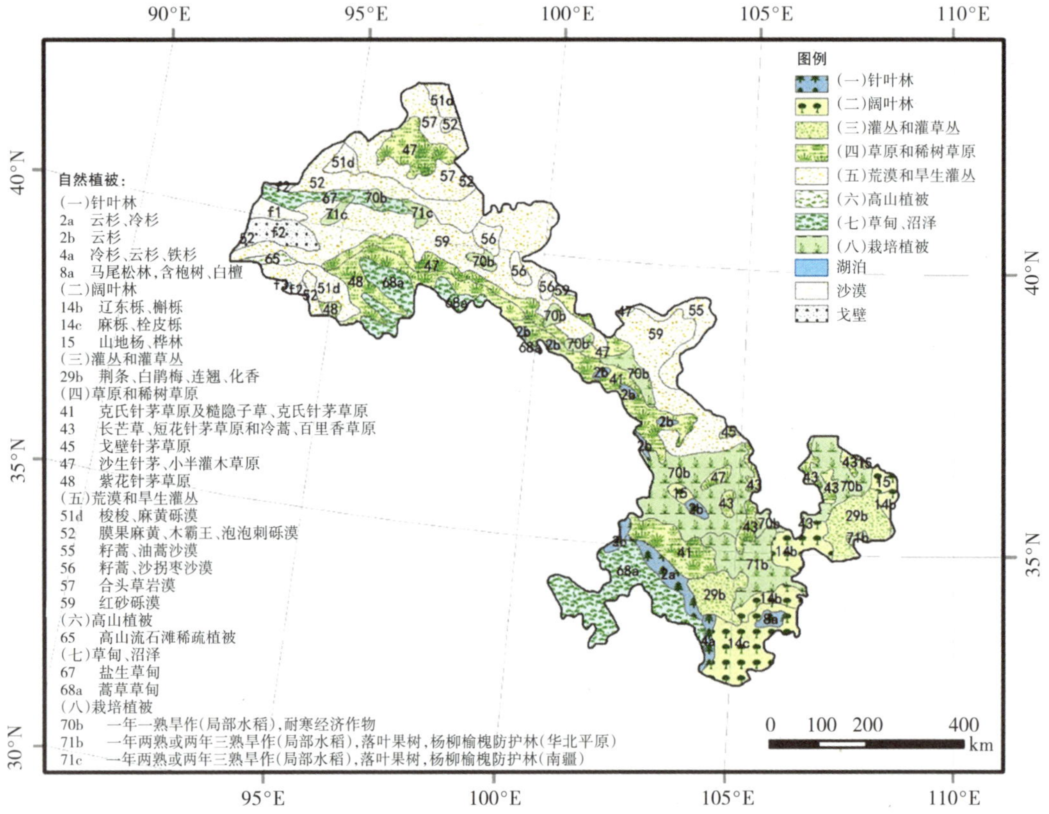

图4-3 甘肃省植被分布图(《甘肃省志·自然地理志》，2018版)

4.4 甘肃省生态系统恢复力综合评价结果

参考生态系统恢复力评价分析（刘晓平，2016），利用ArcGIS软件中的Raster Calculator工具进行计算，再使用Reclassify工具进行重新分类，最终可得到甘肃省生态系统恢复力分布图。根据计算出的生态系统恢复力指数大小，将甘肃省生态系统恢复力水平分为5个等级，如表4-2所示。其中，一级为生态系统恢复力最低等级，说明在受到外界干扰后，生态系统进行自我维持、自我调节及抵抗外界各种压力和扰动，从而实现自我恢复的能力最弱；而五级为生态系统恢复力最高等级，说明生态系统自我恢复的能力最强。

表4-2　生态系统恢复力等级表

序号	生态系统恢复力等级	生态系统恢复力指数	特征
1	一级	0.00～0.20	生态系统恢复力弱
2	二级	0.21～0.40	生态系统恢复力较弱
3	三级	0.41～0.60	生态系统恢复力一般
4	四级	0.61～0.80	生态系统恢复力较强
5	五级	0.81～1.00	生态系统恢复力强

测算结果显示，甘肃省生态系统恢复力指数均值为0.449 1，总体生态系统恢复力处于三级，反映出甘肃省整体生态系统恢复力水平一般。甘肃省生态系统恢复力指数空间分布如图4-4所示，由图可知，甘肃省生态系统恢复力指数空间分布呈现出自东南向西北逐步减小的特点。其中，陇南山地、陇东高原大部分区域生态系统恢复力最强，其次为甘南东部及陇中黄土高原，河西走廊的大部分区域生态系统恢复力最弱；祁连山-阿尔金山地区的生态系统恢复力水平明显高于周边的荒漠绿洲区；甘南西部地区的夏河、碌曲和玛曲等地虽然植被覆盖率很高，但其土地利用类型中的草地占绝对主要位置，导致该区域景观多样性水平低，最终使生态系统恢复力水平位于二级，总体偏低，反映出其抵御外界干扰的能力偏差。

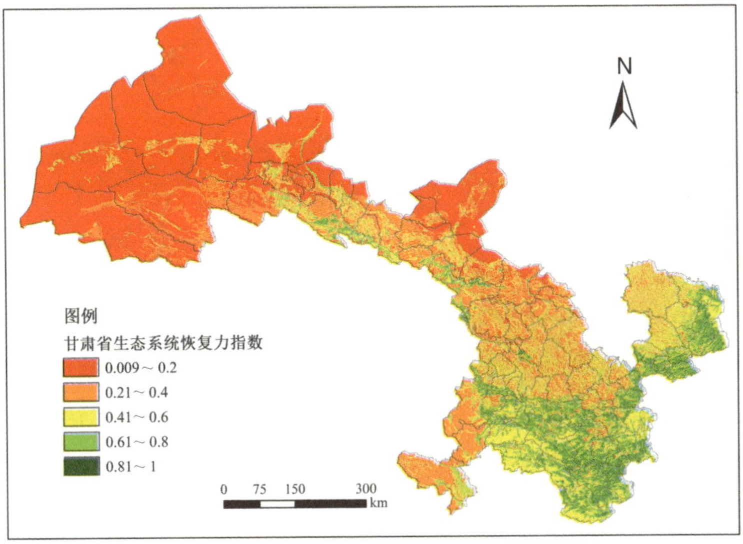

图4-4　甘肃省生态系统恢复力指数空间分布图

第5章　甘肃省生态环境安全评价

5.1　模型及计算方法

5.1.1　数据的标准化

采用的方法如下：

正向指标的表示：

$$X = \frac{X_i}{X_{\mathrm{ref}}} \tag{5-1}$$

负向指标的表示：

$$X = \frac{X_{\mathrm{ref}}}{X_i} \tag{5-2}$$

半正向指标的表示：

$$X = \begin{cases} \dfrac{X_i}{X_{\mathrm{ref}}}, \text{当} X_i \text{小于} X_{\mathrm{ref}} \text{时} \\ \dfrac{X_{\mathrm{ref}}}{X_i}, \text{当} X_i \text{大于} X_{\mathrm{ref}} \text{时} \end{cases} \tag{5-3}$$

式中，X为数据指标的标准化赋值；X_i为根据数据指标采集到的原始数据；X_{ref}为数据指标的参考标准值。

5.1.2　指标权重的确定——熵值法

本节采用熵值法来计算各指标的权重，为多指标综合评价提供依据。具体计算过程分以下三步：

（1）计算各指标的熵值

$$U_j = -\sum_{i=1}^{m} X_{ij} \ln X_{ij} \tag{5-4}$$

式中，m为样本数；U_j为第j个指标的熵值；X_{ij}为第i个样本第j个指标的实际值。

（2）将熵值逆向化

$$S_j = \frac{\max U_j}{U_j} \tag{5-5}$$

式中，S_j为第i个指标的逆向熵值。

（3）确定权重

$$W_j = \frac{S_j}{\sum_{j=1}^{n} S_j} \quad (j=1,\ 2,\ \cdots,\ n) \tag{5-6}$$

式中，W_j为第j个指标的权重。

5.1.3　综合指数的计算

要求取整个区域的国土空间生态环境安全综合指数，可通过综合各指标来计算，计算公式如下：

$$E(t) = \sum_{i=1}^{n} W_i(t) \times X_i(t) \quad (i=1,\ 2,\ \cdots,\ n) \tag{5-7}$$

式中，W_i为第i个评价指标的权重；X_i为第i个评价指标的标准化值；n为指标总数。

5.1.4　动态评价模型

假设生态环境安全评价可以用若干个指标j=1，2，…，m来描述，而采集的样本数据用i=1，2，…，n来表示，那么在t_k时刻，这些数据被无量纲化后用$C_{ij}(t_k)$来表示。

（1）梯度的概念

梯度表示某指标关于时间的变化强度，用下式计算：

$$\Delta_{ij}(t_k) = \frac{C_{ij}(t_{k-1}) - C_{ij}(t_k)}{t_{k-1} - t_k} \tag{5-8}$$

当梯度大于0时，说明该指标是增长的；反之，则说明该指标是下降的。

（2）变化率的概念

变化率同时也考虑了发展基础的因素，计算公式为：

$$R_{ij}(t_k) = \frac{\Delta_{ij}(t_k)}{C_{ij}(t_k)} \tag{5-9}$$

变化率概念的困境是，当数据$C_{ij}(t_k)$非常小时，结果会引起不稳定，这意味着描述失真。可持续发展也可以用变化率来描述，这与梯度类似。

（3）不稳定度的概念

不稳定度的这一概念用来描述某指标在时间段t_1到t_k中变化的不稳定性程度，计算公式为：

$$D_{ij}\left[t_1,\ t_k\right] = \frac{1}{k-1}\sum_{k}\left|\Delta_{ij}(t_k)\right| \tag{5-10}$$

不稳定度数值越大，表明该指标变化得越剧烈。

随着时间的变化，良好的生态安全系统将会非常稳定地演化，故而其不稳定度会越来越小，因此，如果我们要谋求国土空间生态环境安全不再恶化，其应满足的动态条件是：

$$\lim_{k \to \infty} D_{ij}\left[t_1,\ t_k\right] = 0 \tag{5-11}$$

注：上述条件是理想状况下的。

（4）国土空间生态环境系统良性演化的概念及指数

若国土空间生态环境系统安全的所有观测数据满足以下条件：

① $C_{ij}(t_k) \leqslant C_{ij}(t_{k+1}) \leqslant C_{ij}(t_{k+2})$ （5-12）

② $D_{ij}\left[t_1,\ t_k\right] \geqslant D_{ij}\left[t_1,\ t_{k+1}\right] \geqslant D_{ij}\left[t_1,\ t_{k+2}\right]$ （5-13）

则称该国土空间生态环境系统从时刻t_k到t_{k+2}是绝对良性演化的；否则，称为非稳态演化。

国土空间生态环境系统安全演化指数定义如下：

$$I_i = \sum_{j \in S} W_j \tag{5-14}$$

式中，集合S是满足条件①和②的所有指标；W_j是第j个指标的权重。

5.1.5 指标的量化标准

①统计出每个市（州）上年年底该指标的数值；

②计算出上述统计中的最大值max和最小值min；

③利用下式计算该指标的达标标准：

$$bzl = \lambda \max + (1 - \lambda)\min \tag{5-15}$$

式中，$0 \leqslant \lambda \leqslant 1$。

④计算上年年底该指标的达标标准：

$$bz = \frac{\dfrac{1}{bzl} - \dfrac{1}{\max} + 1}{\dfrac{1}{\min} - \dfrac{1}{\max} + 1} \tag{5-16}$$

5.2 城镇空间生态环境安全评价

5.2.1 指标体系及原始数据

城镇空间生态环境安全评价包括建成区绿化覆盖率、建成区绿地率、人均供水总量、空气质量达到及好于二级的天数、城市建设用地使用率等26项二级指标（表5-1）。

表5-1　城镇空间生态环境安全评价指标

一级指标	序号	二级指标	指标类型
城镇空间	1	建成区路网密度（km/km^2）	+
	2	建成区道路面积率（%）	+
	3	人均道路面积（m^2）	+
	4	人均人行道面积（m^2）	+
	5	建成区绿化覆盖率（%）	+
	6	建成区绿地率（%）	+
	7	人均公园绿地面积（m^2）	+
	8	污水处理率（%）	+
	9	供水普及率（%）	+
	10	燃气普及率（%）	+
	11	人均供水总量（m^3）	+
	12	空气质量达到及好于二级的天数（d）	+
	13	建成区比例（%）	−
	14	城市建设用地使用率（%）	−
	15	单位面积一般工业固体废物产生量（万t）	−
	16	单位面积危险废物产生量（t）	−
	17	单位面积废水排放量（万t）	−
	18	单位面积化学需氧量排放量（t）	−
	19	单位面积氨氮排放量（t）	−
	20	单位面积工业废气排放量（亿m^3）	−
	21	单位面积二氧化硫排放量（t）	−
	22	单位面积氮氧化物排放量（t）	−
	23	单位面积烟（粉）尘排放量（t）	−
	24	单位面积生活垃圾清运量（万t）	−
	25	单位面积民用汽车拥有量（万辆）	−
	26	城市人口密度（人/平方千米）	−

注：表中+表示正向指标，−表示负向指标。

所选指标中，建成区路网密度、建成区道路面积率、人均道路面积、建成区绿化覆盖率、建成区绿地率、人均公园绿地面积、污水处理率、供水普及率、燃气普及率、城市人口密度这10项指标数据来自《2019年城乡建设统计年鉴》；空气质量达到及好于二级的天数这项指标数据来自《2019年甘肃省生态环境状况公报》；单位面积一般工业固体废物产生量、单位面积危险废物产生量、单位面积废水排放量、单位面积化学需氧量排放量、单位面积氨氮排放量、单位面积工业废气排放量、单位面积二氧化硫排放量、单位面积氮氧化物排放量、单位面积烟（粉）尘排放量这9项指标通过公式污染物排放量/城区面积计算得到，单位面积民用汽车拥有量数据来自《2020甘肃发展年鉴》；其他5项指标为人均人行道面积（人行道面积/市区人数）、人均供水总量（供水总量/用水人数）、建成区比例（建成区面积/城区面积）、城市建设用地使用率（城市建设用地面积/城区面积）、单位面积生活垃圾清运量（生活垃圾清运量/城区面积），城区面积数据来自《2019年城乡建设统计年鉴》，其余数据来自《2019年城乡建设统计年鉴》。

5.2.2 数据处理及计算

（1）数据归一化处理

为消除不同评价指标之间的量纲影响，采用极差法对指标数据进行归一化处理，即对原始数据进行线性变换，使之处于同一数量级。

（2）评价指数计算

根据指标权重和归一化数据计算甘肃省14个市（州）的城镇空间生态环境安全评价指数，城镇空间生态环境安全评价指数权重见表5-2。

表5-2 城镇空间生态环境安全评价指数权重

序号	二级指标	指标熵值U_j	熵值逆向化S_j	指标权重	权重排名
1	建成区路网密度(km/km²)	3.435 7	1.304 9	0.015 3	14
2	建成区道路面积率(%)	3.324 1	1.348 7	0.015 8	13
3	人均道路面积(m²)	4.308 0	1.040 7	0.012 2	25
4	人均人行道面积(m²)	3.738 8	1.199 1	0.014 0	19
5	建成区绿化覆盖率(%)	1.399 2	3.204 1	0.037 5	6
6	建成区绿地率(%)	2.280 5	1.966 0	0.023 0	9
7	人均公园绿地面积(m²)	4.483 3	1.000 0	0.011 7	26
8	污水处理率(%)	0.343 7	13.043 9	0.152 5	2
9	供水普及率(%)	0.164 9	27.190 5	0.317 9	1
10	燃气普及率(%)	1.332 1	3.365 7	0.039 4	5
11	人均供水总量(m³)	3.579 2	1.252 6	0.014 6	15
12	空气质量达到及好于二级的天数(d)	0.627 9	7.139 8	0.083 5	3
13	建成区比例(%)	3.719 7	1.205 3	0.014 1	18
14	城市建设用地使用率(%)	3.812 7	1.175 9	0.013 7	22
15	单位面积一般工业固体废物产生量(万t)	3.158 2	1.419 6	0.016 6	11
16	单位面积危险废物产生量(t)	1.225 6	3.658 0	0.042 8	4

续表5-2

序号	二级指标	指标熵值U_j	熵值逆向化S_j	指标权重	权重排名
17	单位面积废水排放量(万t)	3.615 3	1.240 1	0.014 5	16
18	单位面积化学需氧量排放量(t)	1.921 6	2.333 2	0.027 3	8
19	单位面积氨氮排放量(t)	1.689 0	2.654 3	0.031 0	7
20	单位面积工业废气排放量(亿m^3)	3.314 9	1.352 5	0.015 8	12
21	单位面积二氧化硫排放量(t)	3.782 7	1.185 2	0.013 9	21
22	单位面积氮氧化物排放量(t)	4.150 2	1.080 3	0.012 6	24
23	单位面积烟(粉)尘排放量(t)	4.118 7	1.088 5	0.012 7	23
24	单位面积生活垃圾清运量(万t)	3.647 5	1.229 1	0.014 4	17
25	单位面积民用汽车拥有量(万辆)	2.708 2	1.655 5	0.019 4	10
26	城市人口密度(人/平方千米)	3.761 7	1.191 8	0.013 9	20

5.2.3　评价结果

由表5-3可知，甘肃省14个市（州）城镇空间生态环境安全等级由高到低依次为嘉峪关市、张掖市、武威市、平凉市、酒泉市、临夏州、天水市、金昌市、白银市、兰州市、陇南市、庆阳市、甘南州、定西市，排名前5的评价指数分别为0.886 6、0.813 6、0.791 4、0.783 0和0.771 8。

表5-3　城镇空间生态环境安全评价综合指数

序号	市(州)	城镇空间评价指数	指数排名
1	兰州市	0.711 1	10
2	嘉峪关市	0.886 6	1
3	金昌市	0.719 6	8
4	白银市	0.712 9	9
5	天水市	0.731 0	7
6	武威市	0.791 4	3
7	张掖市	0.813 6	2
8	平凉市	0.783 0	4
9	酒泉市	0.771 8	5
10	庆阳市	0.697 6	12
11	定西市	0.671 9	14

续表5-3

序号	市(州)	城镇空间评价指数	指数排名
12	陇南市	0.698 2	11
13	临夏州	0.762 1	6
14	甘南州	0.688 1	13

5.3 生态空间生态环境安全评价

5.3.1 指标体系及原始数据

生态空间生态环境安全评价包括林地面积比例、湿地面积比例、草地面积比例、自然保护区面积比例、公园面积比例等15项二级指标，指标原始数据来自《甘肃统计年鉴》《甘肃省生态环境状况公报》《甘肃省自然资源公报》《甘肃省水土保持公报》《甘肃省水资源公报》，以及各地市统计年鉴、各地市国民经济和社会发展统计公报等。另外，还有来自甘肃省生态环境厅、自然资源厅、林业和草原局以及各地市官方网站上的相关数据资料。生态空间生态环境安全评价指标见表5-4。

表5-4 生态空间生态环境安全评价指标

一级指标	序号	二级指标	指标类型
生态空间	1	林地面积比例(%)	+
	2	湿地面积比例(%)	+
	3	草地面积比例(%)	+
	4	自然保护区面积比例(%)	+
	5	公园面积比例(%)	+
	6	河流面积比例(%)	+
	7	年降水量(mm)	+
	8	森林覆盖率(%)	+
	9	人均生态环境用水量(m^3)	+
	10	人均水资源总量(m^3)	+
	11	单位面积地表水资源量(m^3/hm^2)	+
	12	生物多样性指数	+
	13	荒漠面积比例(%)	-
	14	水土流失面积比例(%)	-
	15	总耗水率(生态环境耗水+居民生活耗水)	-

注：表中+表示正向指标，-表示负向指标。

5.3.2　数据处理及计算

（1）数据归一化处理

为消除不同评价指标之间的量纲影响，采用极差法对指标数据进行归一化处理，即对原始数据进行线性变换，使之处于同一数量级。

（2）评价指数计算

根据指标权重和归一化数据计算甘肃省14个市（州）的生态空间生态环境安全评价指数，生态空间生态环境安全评价指数权重见表5–5，各市（州）指数排名结果见表5–6。

表5–5　生态空间生态环境安全评价指数权重

序号	二级指标	指标熵值 U_j	熵值逆向化 S_j	指标权重	权重排名
1	林地面积比例(%)	3.526 0	1.186 0	0.051 2	10
2	湿地面积比例(%)	3.887 0	1.075 8	0.046 4	14
3	草地面积比例(%)	3.624 8	1.153 6	0.049 8	12
4	自然保护区面积比例(%)	2.851 6	1.466 4	0.063 3	5
5	公园面积比例(%)	2.967 2	1.409 3	0.060 8	7
6	河流面积比例(%)	3.776 9	1.107 2	0.047 8	13
7	年降水量(mm)	3.185 6	1.312 7	0.056 6	8
8	森林覆盖率(%)	4.181 7	1.000 0	0.043 1	15
9	人均生态环境用水量(m^3)	1.806 7	2.314 5	0.099 9	3
10	人均水资源总量(m^3)	1.628 7	2.567 5	0.110 8	2
11	单位面积地表水资源量(m^3/hm^2)	2.930 1	1.427 1	0.061 6	6
12	生物多样性指数	3.537 7	1.182 0	0.051 0	11
13	荒漠面积比例(%)	1.612 4	2.593 4	0.111 9	1
14	水土流失面积比例(%)	3.475 1	1.203 3	0.051 9	9
15	总耗水率(生态环境耗水+居民生活耗水)	1.918 2	2.180 0	0.094 1	4

表5–6　生态空间生态环境安全评价综合指数

序号	市 州	生态空间评价指数	指数排名
1	兰州市	0.332 5	10
2	嘉峪关市	0.340 2	8
3	金昌市	0.254 9	14
4	白银市	0.275 1	13
5	天水市	0.425 1	5

续表5-6

序号	市 州	生态空间评价指数	指数排名
6	武威市	0.308 9	12
7	张掖市	0.372 0	6
8	平凉市	0.472 0	3
9	酒泉市	0.313 5	11
10	庆阳市	0.442 9	4
11	定西市	0.339 2	9
12	陇南市	0.548 6	2
13	临夏州	0.353 3	7
14	甘南州	0.634 1	1

5.3.3 评价结果

甘肃省各市（州）生态环境质量仍主要集中在一般及以下级别，说明甘肃省整体生态环境质量处在一般水平，总体表现为年降水量过低，人均水资源总量和生态环境用水量低，水土流失面积大，林地、草地覆盖率较低，水域、湿地面积较小等。甘南和陇南的生态空间评价较高，其评价指数分别达到了0.634 1和0.548 6，生态安全状态良好，说明这两个地区的生态服务功能基本完善。生态安全状态一般的是平凉、庆阳和天水，虽然其生态空间评价指数在均值0.38以上，但小于0.5，说明生态环境受破坏较小，生态服务功能较完善，生态恢复较容易。张掖和临夏的生态安全状态较差，虽然其生态空间评价指数接近均值，但在均值以下，说明生态环境遭到了一定程度的破坏，生态服务功能出现退化。酒泉、武威、白银、金昌的生态空间评价指数依次降低，尤其白银和金昌的生态环境受破坏严重，生态服务功能退化严重。评价结果真实地反映了甘肃省生态空间生态环境的基本状况。从总体上来说，甘肃省的生态环境安全不容乐观，这与该省的地理位置、生态环境特点等因素密切相关。

5.4 农业空间生态环境安全评价

5.4.1 指标体系及原始数据

农业空间生态环境安全评价包括农业人口比例、年降水量、农作物播种面积比例、有效灌溉面积比例、农村人口人均耕地面积等13项二级指标（表5-7）。

表5-7 农业空间生态环境安全评价指标表

一级指标	序号	二级指标	指标类型
农业空间	1	农业人口比例(%)	+
	2	年降水量(mm)	+
	3	农作物播种面积比例(%)	+
	4	有效灌溉面积比例(%)	+
	5	农村人口人均耕地面积(亩)	+
	6	农业机械化程度(kW/hm^2)	+
	7	单位耕地面积粮食产量(t/hm^2)	+
	8	农田灌溉亩均用水量(m^3)	+
	9	农产品人均占有量(kg)	+
	10	农林牧渔业总产值(万元)	+
	11	化肥使用强度	−
	12	农作物受灾面积成灾率(%)	−
	13	雨养耕地面积比例(%)	−

注：表中+表示正向指标，-表示负向指标。

5.4.2 数据处理及计算

（1）数据归一化处理

为消除不同评价指标之间的量纲影响，采用极差法对指标数据进行归一化处理，即对原始数据进行线性变换，使之处于同一数量级。

（2）评价指数计算

根据指标权重和归一化数据计算甘肃省14个市（州）的农业空间生态环境安全评价指数，农业空间生态环境安全评价指数权重见表5-8，各市（州）指数排名结果见表5-9。

表5-8 农业空间生态环境安全评价指数权重

序号	二级指标	指标熵值U_j	熵值逆向化S_j	指标权重	权重排名
1	农业人口比例(%)	3.243 2	1.396 4	0.086 0	3
2	年降水量(mm)	3.185 6	1.421 6	0.087 5	2
3	农作物播种面积比例(%)	3.414 8	1.326 2	0.081 7	5
4	有效灌溉面积比例(%)	3.243 8	1.396 1	0.086 0	4
5	农村人口人均耕地面积(亩)	3.841 1	1.179 0	0.072 6	8
6	农业机械化程度(kW/hm^2)	3.635 9	1.245 5	0.076 7	7
7	单位耕地面积粮食产量(t/hm^2)	4.177 4	1.084 1	0.066 8	11
8	农田灌溉亩均用水量(m^3)	3.950 1	1.146 5	0.070 6	9

续表5-8

序号	二级指标	指标熵值U_j	熵值逆向化S_j	指标权重	权重排名
9	农产品人均占有量(kg)	4.011 7	1.128 8	0.069 5	10
10	农林牧渔业总产值(万元)	3.516 7	1.287 8	0.079 3	6
11	化肥使用强度	4.201 1	1.078 0	0.066 4	12
12	农作物受灾面积成灾率(%)	4.528 6	1.000 0	0.061 6	13
13	雨养耕地面积比例(%)	2.925 8	1.547 8	0.095 3	1

表5-9 农业空间生态环境安全评价综合指数

序号	市(州)	农业空间评价指数	指数排名
1	兰州市	0.314 4	13
2	嘉峪关市	0.247 8	14
3	金昌市	0.341 7	12
4	白银市	0.479 3	6
5	天水市	0.505 2	5
6	武威市	0.552 1	2
7	张掖市	0.596 7	1
8	平凉市	0.429 7	8
9	酒泉市	0.380 7	11
10	庆阳市	0.526 5	3
11	定西市	0.512 3	4
12	陇南市	0.466 0	7
13	临夏州	0.398 4	9
14	甘南州	0.397 0	10

5.4.3 评价结果

本节通过熵值法得到了甘肃省农业空间生态环境安全评价指数权重，从表5-8中可以看出，雨养耕地面积比例权重在指标中为最高，达到了0.095 3，该值表明旱作农业发展对甘肃省农业空间生态环境安全至关重要，甘肃省农业的发展潜力主要在于旱作农业的发展。年降水量的权重为0.087 5，仅次于雨养耕地面积比例的权重，甘肃省干旱少雨，雨养耕地面积占比高，年降水量直接影响着农业生态环境安全。代表生态效益的指标化肥使用强度、农作物受灾面积成灾率的权重分别为0.066 4、0.061 6，为指标体系中最低的两个权重，表明在该指标体系中，这两项指标对甘肃省农业空间生态环境安全的影响相对最小，说明甘肃省在农业的绿色发展及对自然灾害的管理建设方面成效显著。

第6章 甘肃省生态廊道网络体系研究

6.1 甘肃省生态廊道建设评述

6.1.1 甘肃省生态廊道建设现状

甘肃省山脉、河流等资源丰富，有阿尔金山-祁连山天然生态廊道、秦岭天然生态廊道、黄河水系天然生态廊道、长江水系天然生态廊道、疏勒河水系天然生态廊道、黑河水系天然生态廊道及石羊河水系天然生态廊道等。在人造生态廊道方面，目前甘肃省人造生态廊道建设处于初级阶段，在省域层面缺乏整体架构，但部分县市为了提升人居环境质量，进行了局部性的生态廊道建设（李欣格，2018；廖永峰和沈晓燕，2020），比如以下县市的生态廊道建设：

（1）张掖市黑河绿色生态廊道建设

张掖市有祁连山和黑河湿地两个国家级自然保护区，这两个保护区是国家西部重要的生态安全屏障。张掖市坚持以恢复黑河沿岸“绿带贯通、林草护岸、绿化美化、林水相依”的自然生态景观为目标，按照《张掖市“一园三带”生态示范工程规划（2018—2020年）》，大力实施以水系连通、生态蓄水、生态护堤、生态供水、生态绿化等工程和关键河段修建生态丁坝等导控工程为主要内容的黑河流域生态综合治理工程，累计投资13.87亿元，治理河道43.2千米、排洪沟56.1千米，修建生态护岸26.4千米，新建分洪溢流堰1座、气动闸坝3座，并形成了水域面积1 629亩的3个人工湖。规划期三年（2018—2020年）完成营造林83万亩，修复“三化”草地170万亩，带动全市这三年每年造林面积达50万亩以上。

（2）白银市会宁县生态廊道建设

会宁县按照“三山绿化生态化、城区绿化园林化、道路绿化林荫化、庭院绿化景观化”的模式，提高整体绿化、美化质量，努力改善城区生态环境。会师大道道路总长约12千米，宽60米，总绿化面积33万平方米，共种植了5条绿化带，主要有丁香、水蜡、红叶李、金叶榆等几十种花卉植物。目前，栽植常青树3 000棵，乔木2.1万棵，花灌木300万株。

（3）张掖市肃南县生态廊道建设

近年来，肃南县以创建“国家级园林城市”为契机，紧紧围绕“建设宜居宜游高原生态旅游县城”这一主题，牢固树立“绿水青山就是金山银山”的理念，按照市委、市政府关于黑河生态带、交通大林带、城市景观带和祁连山国家公园“三带一园”建设的总体部署，绿化工作采取点、线、面结合，城乡联动、整体推进的方法，重点围绕“一廊两带六片区”的建设思路进行布局实施，通过高起点规划、全方位布局，突出肃南特色，融入现代元素，依山造景，构建多层次、立体化的绿化景观带，建设特色鲜明、功能完备的生态山城，本着新建绿地与现有绿地改造同步、基础设施完善与高标准绿化同步的原则，在提升县城绿化美化档次上下功夫，高起点设计、高质量建设、高水平管理，用更好的园林绿化成果服务全县，营造美丽绿色肃南。

6.1.2 甘肃省生态廊道建设存在的问题

（1）生态略显破碎化

甘肃省城市化、农业化和工业化的发展加重了自然承受的压力，这些进程一定程度上破坏了一些重要的生态空间，也使一些地区的景观和自然区域略显破碎化，生态系统的整体性和连通性减弱。破碎化过程会导致动物栖息地减少、动物伤亡、屏障效应减弱、噪声和照明干扰以及地区污染，特别是纵横交错、四通八达的交通基础设施（公路、铁路、水道），会将原有的大规模的自然生态空间分割成许多分散的、零星的自然斑块，一定程度上对森林生态系统、湿地生态系统、农田生态系统和城市生态系统的物质循环和能量交换产生了阻隔作用，降低了种群在不同区域栖息地之间扩散和迁移到潜在栖息地的能力。尤其是那些依赖广阔栖息地生存、对活动场地面积有着较大需求的哺乳动物，它们无法生存于小型、孤立的栖息地内，否则会快速灭绝，从而导致生物多样性下降。同时，生态破碎化会导致濒危动物由于基数少而产生近亲繁殖的现象。

（2）立地较困难，绿化难度大

甘肃省存在大量的难造林地，山地多、平地少，山地和丘陵面积占土地面积的78.2%，尚未利用的土地占到42.05%，包括沙漠、戈壁、高寒石山、裸岩等，其中，沙漠化土地造林成本高，植被恢复和生态治理难度大，造林成果难以巩固。这些问题是甘肃省全面推动国土绿化、实现生态强省目标需攻克的难题。

（3）森林质量有待提升，景观效果有待加强

经过多年的努力，甘肃省的森林资源在数量上实现了较大幅度增长，但森林的总体质量却一直不高。水系、交通沿线生态廊道范围内森林群落结构相对简单，树种结构也不尽合理，许多林相层次单一，这种情况会导致森林生态系统防护功能减弱、抵御自然灾害的能力下降。同时，森林也较容易遭受病虫害和火灾的威胁，这些问题制约着森林生态系统的健康发展。此外，道路沿线的森林景观单调、树种单一，缺乏美和景，影响着当地的区域形象。无论是从生态角度，还是从景观角度来看，这些区域都应是生态廊道建设的重点。

(4)“景观廊道”占据廊道功能需求的主导地位

尽管廊道的理论研究中已提出廊道对生物多样性的保护具有至关重要的意义，政府编制的规划中也明确了生态功能的主导地位，但廊道的建设仍存在将人的需求视为主导原则的问题，这个问题导致甘肃省目前建设的生态廊道更像景观游憩道。尽管人们要求廊道具有多元化的功能，但自然子系统仍是维持城市持续稳定的基础，因此，保障廊道生态效能的切实发挥才是空间建设的重点。

(5)河流生态环境有待改善

甘肃省位于黄河上游地带，多山地，是水利建设的重点地区。20世纪80年代以来，众多水库在不同级别的河流展开建设。这些水库的建设，使河道水量减少明显，部分河段甚至完全干涸，这对水生生物来说，水库的上下游之间隔断，需要洄游繁殖的鱼类繁殖遇难，同时，水量的减少也增加了人类对鱼类的捕捞。调查表明，我国大量河流中的鱼类数量和种类减少明显，其中尤以小型河流中的鱼类减少最为明显。除了水利设施的建设外，河流水质的下降也使大量河流的生态环境有待改善，流域范围内的农业、工业和生活污水大量排放到河流，使水生生物的生境被破坏，一定程度上减弱了水生生物的生态廊道作用。

6.2 甘肃省生态廊道网络体系构建

6.2.1 总体布局

甘肃省按照“保护和维持现有良好的生态廊道，构建生物多样性保护网络，促进三类空间的统筹协同和融合共生”的思路，遵循“分区、分级、分类”原则，综合优化形成“一廊、四区、多支、多点”的多层次、成网络、功能复合的生态廊道空间布局（图6-1）。

一廊，即沿黄生态廊道。该廊道一方面是甘肃省重要的人居环境塑造示范带，另一方面也是黄河及其支流中水生物种和两栖物种的重要栖息繁殖地和交流通道。甘肃省贯彻落实黄河流域生态保护与高质量发展战略，以甘肃省内黄河干流为依托，统筹生态保护、自然景观和城市风貌建设，塑造以绿色为本底的沿黄城市风貌，打造一条生态优先、绿色发展的生态文明示范带，以及集生态屏障、文化弘扬、休闲观光、高效农业于一体的人、河、城和谐统一的沿黄生态廊道。

四区，即河西走廊片区、黄土高原片区、甘南高原片区和陇南山地片区。甘肃省根据该省发展战略定位和主体功能区规划，围绕发挥重要生态功能，按照“整体性、分区分级”原则，推进四大生态功能板块生态建设，努力打造生态安全大屏障。

多支，即以重要水系山脉为脉络，衔接大江大河保护治理，以保护野生动物的栖息地、连接破碎化生境并扩大栖息地为重点，以优化人居环境为辅，在“四区”下构建多条生态廊道，包括阿尔金山-祁连山廊道、祁连山-合黎山廊道、甘肃安南坝野骆驼国家级自然保护区-甘肃敦煌西湖国家级自然保护区-北山廊道、疏勒河支廊道组、黑河支廊道组、石羊河支廊道组、洮河支廊道组、渭河支廊道组、泾河支廊道组、嘉陵江支廊道组、白龙江支廊道组及陇南山地地区绿道等。

多点，即以甘肃省内自然保护区为主，囊括省境内斑块状分布的林地、草地和湿地，构建以保护重要野生动物栖息地为主的生境走廊和生物通道，确保野生动物能够在其中生活、移动和扩散。“多点”的自然保护区包括祁连山国家级自然保护区、盐池湾国家级自然保护区、连城国家级自然保护区、兴隆山国家级自然保护区、秦州珍稀水生野生动物国家级自然保护区、民勤连古城国家级自然保护区、张掖黑河湿地国家级自然保护区、太统-崆峒山国家级自然保护区、安西极旱荒漠国家级自然保护区、安南坝野骆驼国家级自然保护区、敦煌阳关国家级自然保护区、漳县珍稀水生动物国家级自然保护区、裕河国家级自然保护区、白水江国家级自然保护区等22个国家级自然保护区，以及35个省级自然保护区。

图6-1 甘肃省生态廊道空间布局

注：该图基于国家地理信息公共服务平台公布的审图号为GS（2019）3333号的标准地图制作，地图无修改。

6.2.2　沿黄生态廊道

沿黄生态廊道指的是甘肃陇中黄土高原区域的黄河干流及其支流段。生态廊道沿黄河干流构建，由青海循化县横穿积石山入境，经临夏、永靖，在西固区岔源村进入兰州市区，由西向东穿越兰州市，出桑园峡，过大峡、红山峡、乌金峡，从靖远县黑山峡出境（图6–2）。汇入的主要支流有银川河、大夏河、庄浪河、洮河、湟水、宛川河、祖厉河。区域面积为30 535 km²，年平均径流量为64.7亿m³。沿黄生态廊道分布的生态源有哈思山省级自然保护区、寿鹿山省级自然保护区、连城国家级自然保护区、崛吴山省级自然保护区、兴隆山国家级自然保护区和黄河三峡省级自然保护区，涉及的野生动物有黑颈鹤、林麝、猞猁、岩羊、红腹锦鸡、大天鹅、苍鹰、鸢、猫头鹰等。

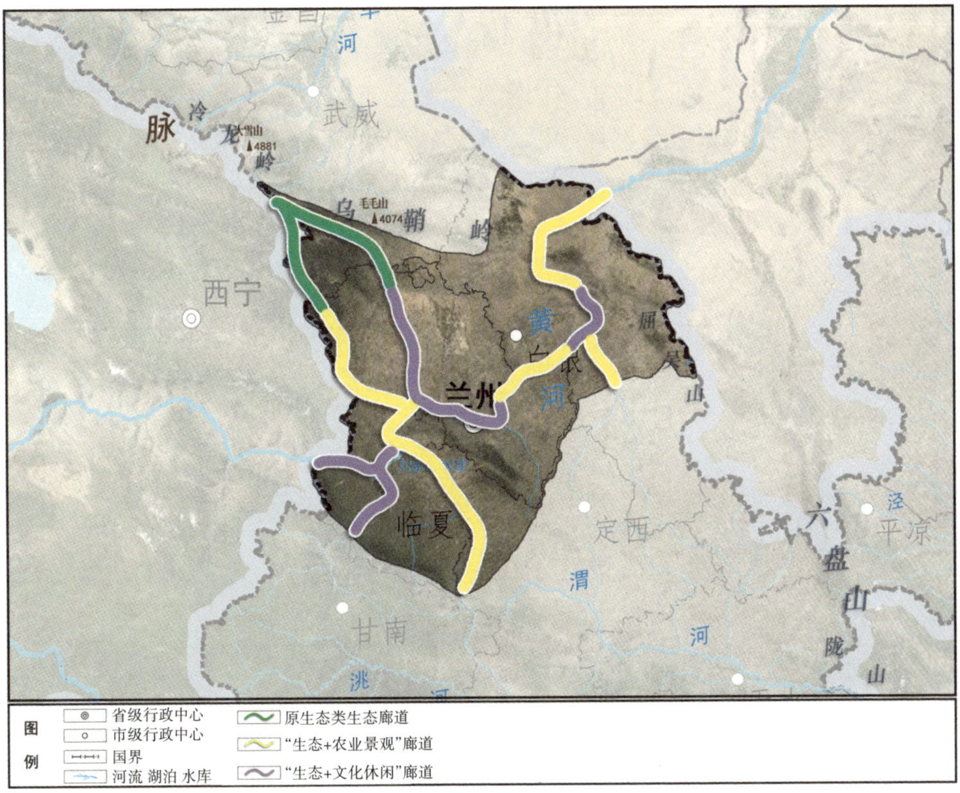

图6–2　沿黄生态廊道

中部沿黄生态廊道是国家“两屏三带”生态安全屏障的重要组成部分，是我国西北地区重要的生态屏障和战略通道，该地的生态环境具有多样性、脆弱性和战略性等特征。沿黄生态廊道是黄河干流在甘肃省境内中部地区的主要流经区域，包括兰州市、白银市大部分县（区）及临夏州永靖县，是全国“两横三纵”城市化战略格局中陆桥通道的重要支点，也是全省产业和人口聚集度最高的核心经济区，对维护甘肃省中部地区黄河流域生态安全有重要作用。建设沿黄生态廊道是甘肃省深入贯彻落实黄河流域生态保护与高质量发展战略的重要举措，甘肃省通过优化国土空间格局、实施分区分类修复治理、强化资源环境约束和构建绿色发展理念，打造以河流为骨架，以人工渠系、管网、湖泊、湿地为补充的生态廊道体系，将沿黄生态廊道打造成坚持生态优先、绿色发展的生态文明示范带和集生态屏障、休闲观光、高效农业于一体的复合型生态廊道样板。

6.2.3 河西走廊片区

河西走廊片区位于甘肃省西北部乌鞘岭以西，南高北低、东高西低，包括酒泉、嘉峪关、张掖、金昌、武威等5市，自然区划为北山山地区、河西走廊区、阿拉善高原南缘区、阿尔金山-祁连山地区和柴达木盆地北缘区，总面积约2 912 km^2（图6-3）。河西走廊是以山地、绿洲、荒漠为主体的复合系统，该区域为发源于祁连山的疏勒河流域、黑河流域、石羊河流域及哈尔腾苏干湖水系组成的内陆河地区。河西走廊片区包括祁连山国家级自然保护区、盐池湾国家级自然保护区、东大山省级自然保护区、龙首山省级自然保护区、民勤连古城国家级自然保护区、安南坝野骆驼国家级自然保护区、安西极旱荒漠国家级自然保护区、疏勒河中下游省级自然保护区、武威沙生植物县级荒漠生态自然保护区、张掖黑河湿地国家级自然保护区、大苏干湖省级自然保护区、小苏干湖省级自然保护区、干海子省级自然保护区、昌马河省级自然保护区、马鬃山北山羊省级自然保护区、敦煌西湖国家级自然保护区、敦煌阳关国家级自然保

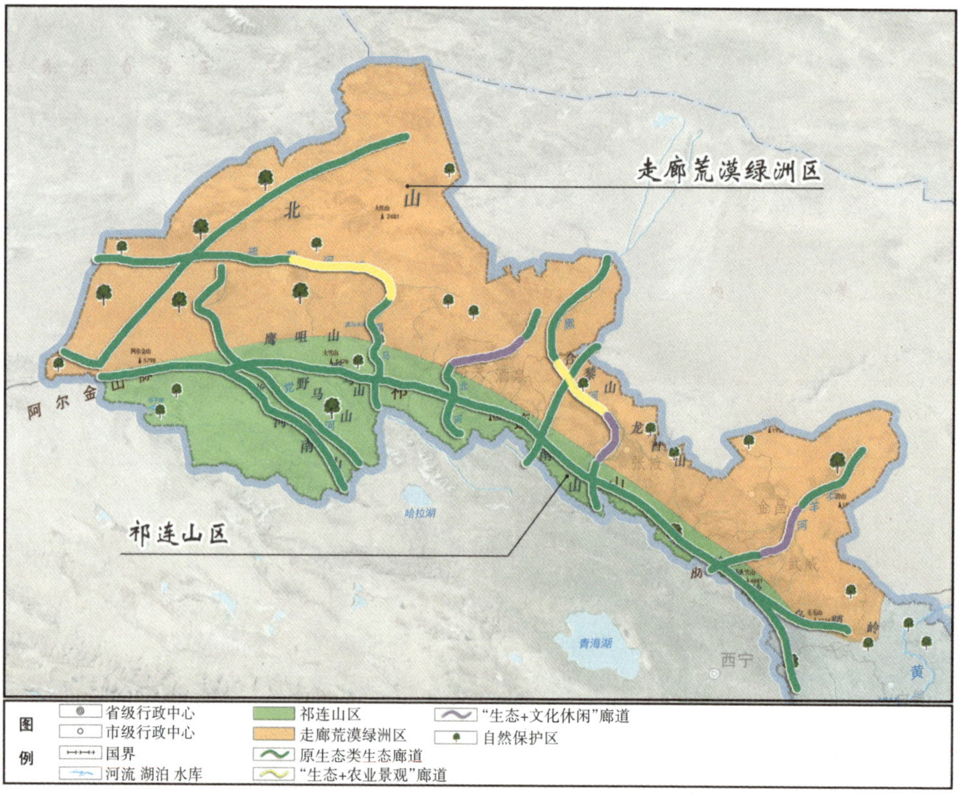

图 6-3 河西走廊片区

护区、金昌市苃苃泉省级自然保护区、玉门南山省级自然保护区及金塔县沙枣园子省级自然保护区等生态源。涉及的野生动物包括雪豹、野骆驼、野驴、岩羊、盘羊、黄羊、雪鸡、鹅喉羚、猞猁、草原雕、金雕、北山羊及马鹿等，主要分布在阿尔金山-祁连山脉及北山地区，该山脉本身就为生态廊道。其中，甘肃张掖黑河湿地国家级自然保护区是中国候鸟三大迁徙的西部路线之一，也是全球8条候鸟迁徙通道之一的东亚-印度通道的中转站，更是西北地区重要的生态安全屏障，是以黑鹳为代表的湿地珍禽及鸟类迁徙的重要通道和栖息地。

6.2.4　黄土高原片区

黄土高原片区处于全国东部季风区、西北干旱区及青藏高原区交会处，包括庆阳市、平凉市、定西市及白银市所辖会宁县共23县区，面积约9.4万km²，占甘肃省面积的20.7%（图6-4）。黄土高原片区包括铁木山省级自然保护区、崛吴山省级自然保护区、太统-崆峒山国家级自然保护区、子午岭国家级自然保护区、漳县珍稀水生动物国家级自然保护区等以保护区为主的生态源，以及渭河、泾河等水系生态廊道。这里分布的野生动物包括金钱豹、黑鹳、金雕、秃鹫、雀鹰、红腹锦鸡、豺、水獭、鸳鸯、灰鹤、大天鹅、红脚隼、燕隼、红隼、长耳鸮、雉鸡、猫头鹰、啄木鸟及秦岭细鳞鲑等。子午岭国家级自然保护区被称为黄土高原上的天然物种“基因库”和陕北生态安全的“桥头堡”。以六盘山

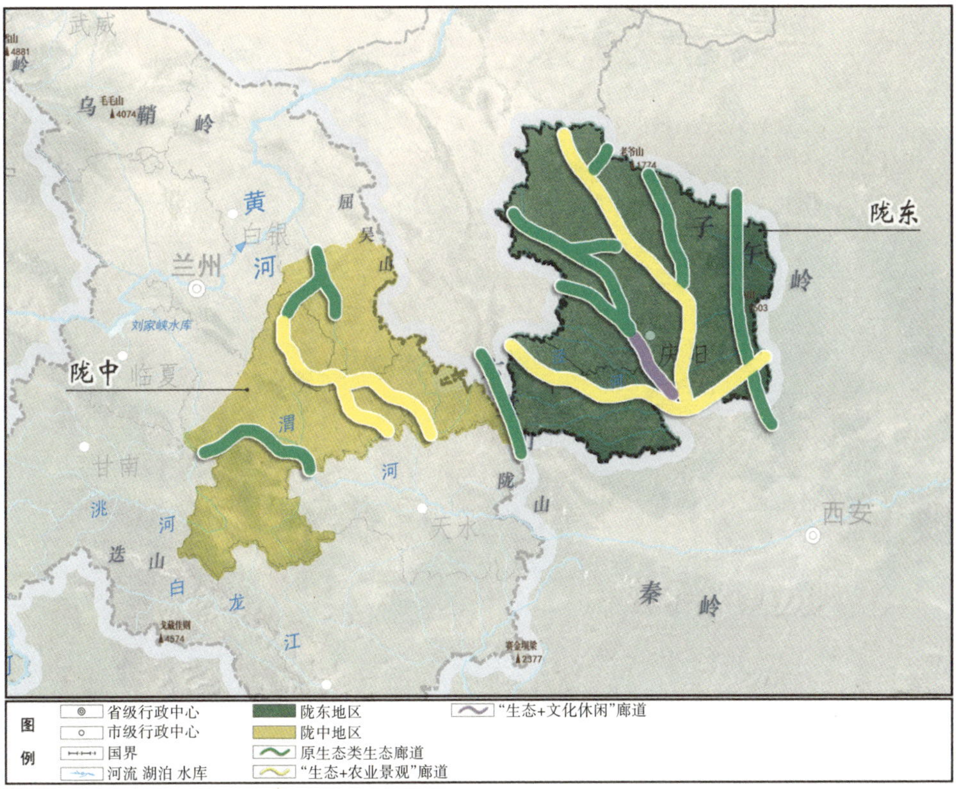

图6-4　黄土高原片区

为界，黄土高原片区被分为陇东黄土高原子片区和陇中黄土高原子片区。

在黄土高原区，金钱豹主要分布在六盘山和子午岭区域（位于甘肃省庆阳市）。六盘山是金钱豹在陕西-甘肃-内蒙古段的重要迁移通道；子午岭国家级自然保护区曾是金钱豹的活动区域之一，但自20世纪五六十年代以来，该区域内就很少再发现金钱豹活动的踪迹，金钱豹现在已属极小濒危种群。近年来，甘肃省子午岭林区已连续几年发现金钱豹的踪迹，因此，有必要对甘肃省内金钱豹的生境廊道和生物廊道进行保护和构建，以保证金钱豹的迁移和繁衍。由此，甘肃省协同陕西省在黄土高原片区构建了六盘山和子午岭省际生态廊道。

6.2.5 甘南高原片区

甘南高原片区包括甘南、临夏两州的大部分市县，地处青藏高原东北边缘与黄土高原西部过渡地段，是我国青藏高原东端最大的高原湿地和黄河上游重要的水源补给区（图6-5）。甘南高原片区包括太子山国家级自然保护区、莲花山国家级自然保护区、洮河国家级自然保护区、尕海-则岔国家级自然保护区、黄河首曲国家级自然保护区、阿夏省级自然保护区、郭札沟省级自然保护区、朵儿国家级自然保护区及双燕省级自然保护区等。分布在这里的野生动物中，属于国家级重点保护的野生动物有大熊猫、金钱豹、雪豹、林麝、苏门羚、胡兀鹫、苍鹰、蓝马鸡、马麝、斑羚、岩羊、梅花鹿、鬣

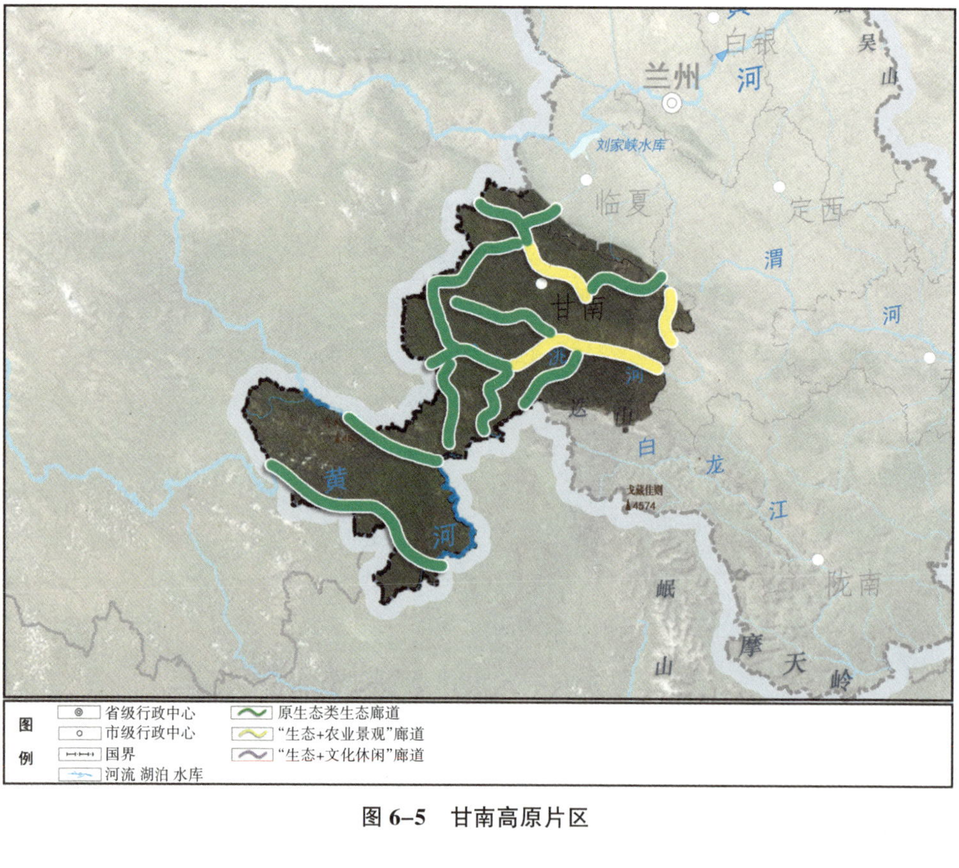

图6-5 甘南高原片区

羚、斑尾榛鸡、金雕、黑颈鹤、黑鹳、黑山溪鲵、水獭、盘羊、白尾海雕、藏雪鸡等。此外，甘南高原片区还包括洮河水系生态廊道。

从动植物区系来看，该区属于中国-日本、中国-喜马拉雅及青藏高原三个植物亚区的交会区，也是中国北方鸟类和陆生脊椎动物多样性的“偏高值区”，该区的物种组成具有明显的区系过渡性。

甘南高原原生生态环境脆弱，在全球环境变化与人类活动的交互胁迫下，其生态环境日趋退化。水土流失导致植被的覆盖率开始下降，尤其在一些江河周边，灌丛的数量更是日趋减少。同时，物种的分区开始缩小，野生动物的数量也在逐渐减少，致使生物的多样性受到了一定程度的破坏。近年来，甘南区域的尕海-则岔自然保护区内发现了雪豹、岩羊、赤狐等野生动物，因此，亟须加强甘南区域的生态建设，为雪豹等野生动物构建天然的生态廊道。

6.2.6　陇南山地片区

陇南山地片区处于长江上游的甘肃“两江一水”地区，境内高山、河谷、丘陵、盆地交错，属于秦岭褶皱系，位于我国阶梯地形的过渡带，是甘肃省唯一属于长江水系并拥有亚热带气候的地区（图6-6）。该地区内生长的天然植被较好，该地区是甘肃省最大的原始林区，是我国秦巴山生物多样性生态功能区的重要组成部分，是长江上游水源涵

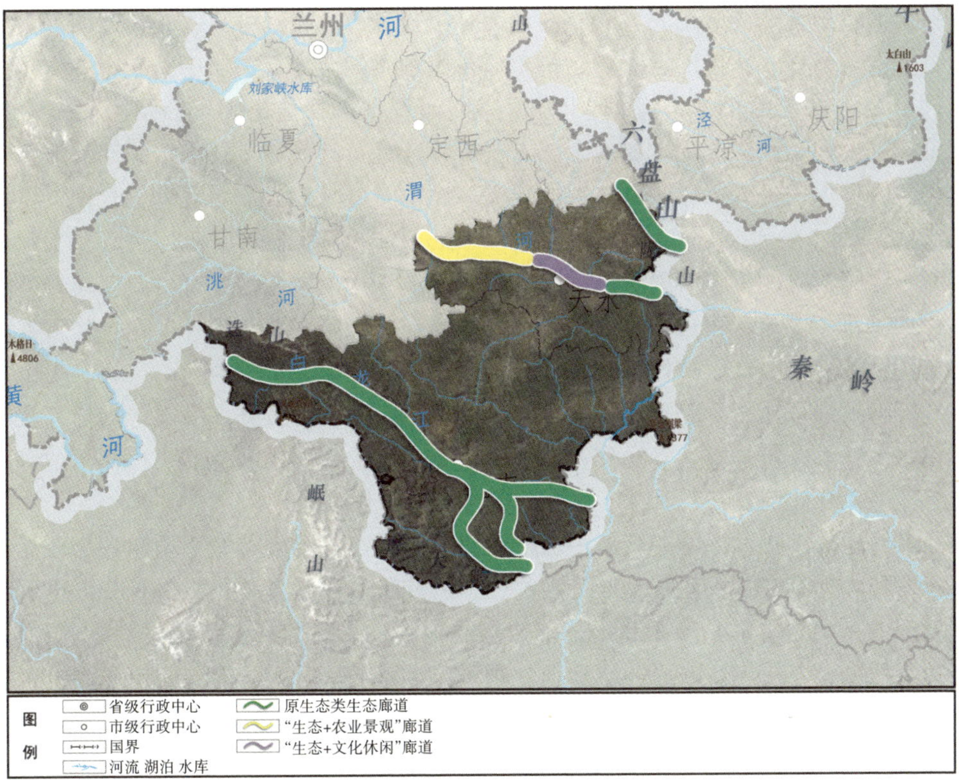

图6-6　陇南山地片区

养区。陇南山地片区包括香山国家级自然保护区、鸡峰山省级自然保护区、白水江国家级自然保护区、龙神沟省级自然保护区、裕河省级自然保护区、小陇山国家级自然保护区、灵官峡省级自然保护区及麦草沟省级自然保护区等生态源，同时还包括白龙江水系生态廊道。有多达300多种野生动物分布栖息在这里，其中，大熊猫、金丝猴、扭角羚、红腹锦鸡等国家一级、二级保护动物达20多种。

白龙江流域属于干热河谷区，其气候条件与陇南其他地方不一致，影响着植被及野生动物的分布，因此，要在陇南山地片区的白龙江流域构建一条生态廊道。从野生动物角度来说，陇南山地本身就是良好的天然廊道，因此，在保护和维持生态现状的同时，还应加强对陇南山地区域人居环境的建设。

6.3 跨省域生态廊道构建

6.3.1 构建省际生态廊道，推动区域协调发展

甘肃省位于中国西部，地处黄河中上游，地域辽阔。邻接省份较多，东接陕西，南邻四川，西连青海、新疆，北靠内蒙古、宁夏。

河西走廊片区位于祁连山以北，祁连山是亚洲中部著名的高大山系之一，与阿尔金山呈弧形绵亘于青藏高原东北边缘，并成为甘肃与青海的自然分界线，祁连山以南地区属于青海省。另外，祁连山国家公园位于甘肃和青海的交界处，属于甘肃省的面积占祁连山国家公园面积的68.5%，而属于青海省的面积则占祁连山国家公园面积的31.5%。祁连山国家公园是我国西部重要的生态安全屏障，是黄河流域重要的水源产流地，是我国生物多样性保护优先区域，所以在构建生态廊道时，甘肃省需与青海省合作，做好协调工作。

河西走廊的北侧近腾格里沙漠和巴丹吉林沙漠，这里风急沙大，山岩裸露，荒漠连片，是难以耕作之地，而且这里人烟稀少，国家在此实施三北防护林工程。甘肃省需与内蒙古自治区协作，在保护好现有森林、草原植被的基础上，采取人工造林、飞机播种造林、封山封沙育林育草等方法，营造防风固沙林、水土保持林、农田防护林、牧场防护林、薪炭林及经济林等，打造乔、灌、草植物相结合，林带、林网、片林相结合，多种林、多种树合理配置，农、林、牧协调发展的防护林体系。

甘南高原位于青藏高原的东部边缘，地势高耸，有广阔的天然草场和大片森林，甘南高原的野生动物较多，尤其是珍贵动物的种类和数量在全省动物中占有较大比重。甘南州境内的雪鸡、雪豹分布于高山草甸、裸岩地区，主要的野生动物包括麝、蓝马鸡、苏门羚、猞猁、毛冠鹿、藏原羚、马鹿、水獭、天鹅等。甘肃省需与四川省等地区进行紧密合作，共同构建良好的省际生态廊道，避免野生动物在迁徙过程中受到影响。

陇南片区地处西秦岭东西向褶皱带发育的陇南山地，东部与西秦岭和汉中盆地连接。西秦岭和岷山两大山系分别从东西两方伸入全境，境内形成了高山峻岭与峡谷、盆

地相间的复杂地形。秦岭是中国中部东西向延伸的巨大山系，构成了长江、黄河两大水系的分水岭，其水资源丰富，有渭河、嘉陵江流经此处。秦岭地区的野生动物有大熊猫、金丝猴、羚牛等珍贵品种，鸟类有国家一级保护动物朱鹮和黑鹳。所以，在构建陇南地区的生态廊道时，甘肃省需与秦岭中段所属的陕西省做好衔接，在相对孤立的栖息地斑块之间建立合理的生态廊道，增加生态系统的连通性，为物种的交流和信息贮存提供渠道，提高物种和基因的交流速率和频率，增强种群的抗干扰能力和稳定性。同时，陇南地区优良的生态环境还给缺乏空间扩散能力的物种提供了一个连续的栖息地网络，以增加这些物种重新迁入的机会，进而将孤立的栖息地斑块与大型的种源栖息地相连接。

6.3.2 健全生态补偿机制，开展跨省域生态保护

甘肃省是黄河上游流域的重要地区，要保护好黄河上游生态屏障，甘肃省需要国家层面的支持，需由国家层面牵头，明确建设国有生态公益基础工程，以国家和地方共建的方式，支持甘肃省开展以黄河为主的生态廊道建设工程；由国家层面牵头成立生态环境转移支付机构，突破地方行政辖区界限，开展跨省域生态补偿支付，实现良好的生态保护效果。

6.3.3 强化联防联控和区域共治，建立跨省域生态补偿机制

在构建生态廊道的过程中，应该贯彻落实创新、协调、绿色、开放、共享的新发展理念，促进黄河上、中、下游协同发展，东、中、西部互动合作，实行严格的资源节约和环境保护制度，尤其要强化甘肃省、青海省、陕西省等相邻省份的联防联控和区域共治，建立跨省域的生态补偿机制。

第7章　甘肃省陆地生态系统固碳能力研究

7.1　甘肃省陆地生态系统固碳能力研究进展

土壤碳库和植被碳库共同组成了陆地生态系统碳库（Wang等，2022）。土壤作为陆地生态系统最大的碳库，其有机碳总储量达1 500 Pg，是大气碳库有机碳总储量的2倍，是植被碳库有机碳总储量的2～3倍，土壤碳库的微小变化，将对碳循环-气候变化反馈产生重要影响（方精云等，2015）。理解和表征土壤碳库的时空变化规律是土壤固碳科学的核心任务，也是评估和合理发挥气候变化背景下土壤储碳功能的重要前提。然而，土壤有机碳库时空动态的准确评估一直以来是土壤学中的难点，这与土壤异质性、样点代表性及模型不确定性关系密切（李若玮等，2021；Lal，2004）。植被碳库是陆地生态系统的第二大碳库，与土壤碳库相比，植被碳库可以通过遥感手段和地面样地监测相结合的方法实现长期动态反演，但这依赖于较为翔实的地面植被样方清查数据（《中国森林植被生物量和碳储量评估》）。

当前主要使用基于过程的机理模型和基于土壤/植被-环境关系的数据驱动模型模拟区域尺度上土壤碳库和植被碳库的时空变化，进而确定省域尺度上陆地生态系统的固碳能力（孔君洽等，2018）。目前用到的相关模型包括Biome-BGC、LPJ-GUESS、CASA、CENTURY、RothC、DNDC、CANDY等数十种，以及以这些模型核心过程为子模块的地球系统模式（吴佩君等，2016；杨洁等，2021；史名杰等，2021）。大多数模型适用于单点或典型生态系统模拟，与GIS技术结合后可用于模拟区域或流域尺度上有较高分辨率的陆地生态系统碳库动态。机理模型可以在单点或者典型生态系统中取得较好的模拟效果，但在景观类型复杂的地区，下垫面的异质性会给模型在区域尺度上的模拟带来很大的不确定性（刘洋等，2021；邹文涛等，2021）。在这种情况下，基于多源环境协变量、原始土壤有机碳和植被生物量观测的数据驱动模型可以较好地模拟特定区域的土壤有机碳时空变化规律，特别是在环境梯度特别大的区域，土壤-植被-环境关系的复杂性为发挥数据驱动模型的优势奠定了基础（解宪丽等，2004）。

7.2　甘肃省气候变化特征分析

7.2.1　气温的时空变化特征

（1）气温随时间的变化特征

由1969—2018年甘肃省的50年年平均气温变化可知，甘肃省年平均气温整体以0.40 ℃/10 a的速率逐渐增加，多年年平均气温为7.41 ℃，最高年平均气温为2016年的8.68 ℃，较历年平均值高1.27 ℃；最低年均温为1976年的6.08 ℃，较历年平均值低1.35 ℃。

甘肃省春季、夏季、秋季、冬季的平均气温分别为8.60 ℃、18.87 ℃、7.33 ℃、-5.16 ℃，四季气温差异明显。与历年相比，四季气温均有上升趋势，上升率分别为0.46 ℃/10 a、0.40 ℃/10 a、0.35 ℃/10 a、0.33 ℃/10 a，春、夏季气温增长较快，秋、冬季气温增长较慢（图7-1）。

（2）气温的突变性检验

利用M-K突变检验法对甘肃省1969—2018年这50年的年平均气温进行分析，显著性水平为0.05。由1969—2018年甘肃省年平均气温M-K检验曲线（图7-2）可知，年平均气温的*UF*值在1989年后大于0，说明甘肃省的年平均气温在1989年后呈上升趋势；*UF*曲线在1998年后超过0.05显著性水平临界线，说明甘肃省的年平均气温在1998年后呈显著升高趋势；*UF*曲线与*UB*曲线在1997年左右相交于临界线内，说明甘肃省的年平均气温在1997年发生突变，突变前

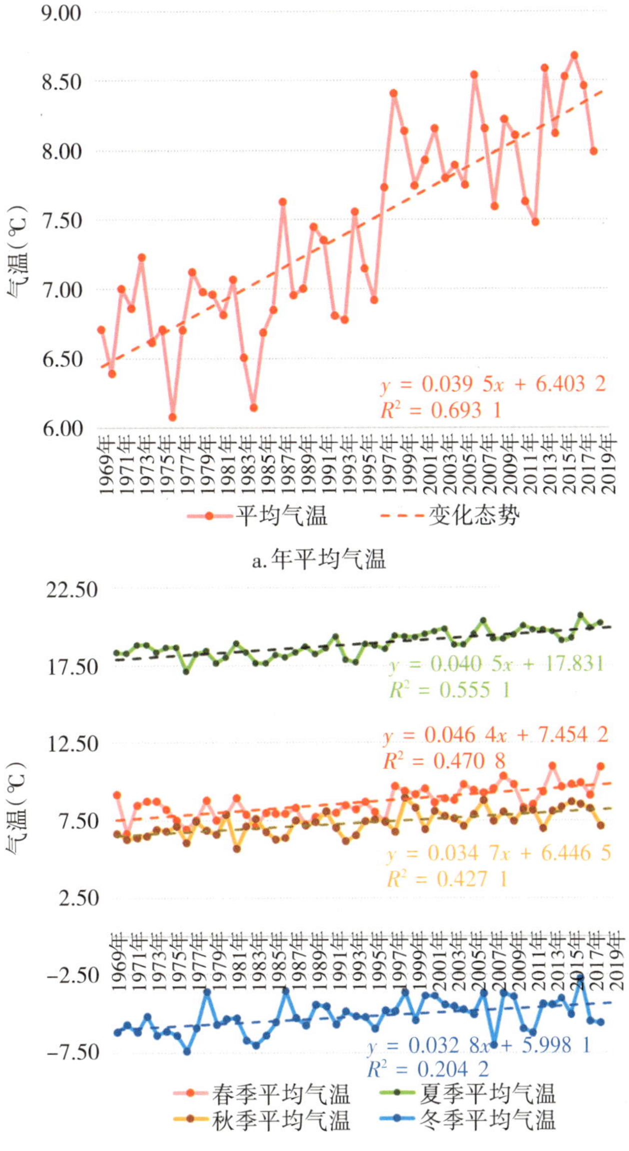

a.年平均气温

b.季节平均气温

图7-1　1969—2018年甘肃省平均气温变化

年平均气温为6.92 ℃，突变后上升为8.09 ℃。

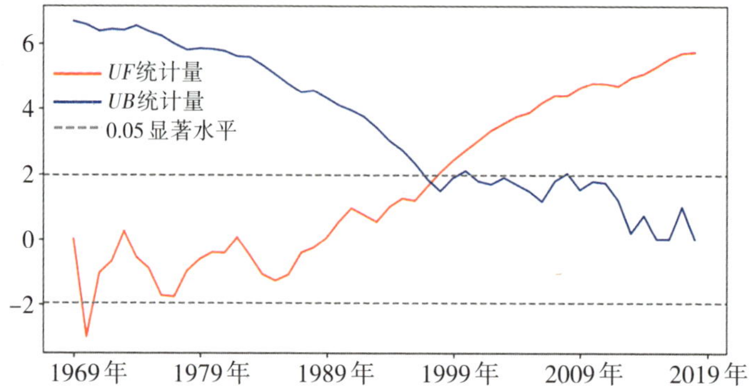

图7-2 1969—2018年甘肃省年平均气温M-K检验曲线

（3）年平均气温的空间格局

1969—2018年，甘肃省年平均气温在空间上呈南北部低、东西部高的分布特征（图7-3）。海拔较低的地区年平均气温普遍相对较高，均在10 ℃以上，如靖远、武都、天水、麦积等地区。甘肃省大部分地区年平均气温在5～10 ℃之间，如榆中、临夏、临洮、会宁等地区。高海拔地区年平均气温在5 ℃以下，如玛曲、乌鞘岭等地区。

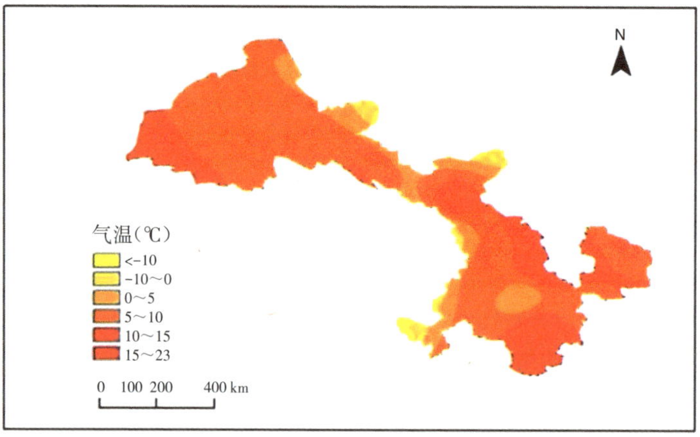

图7-3 1969—2018年甘肃省年平均气温的空间分布

7.2.2 降水量的时空变化特征

（1）降水量随时间的变化特征

由1969—2018年甘肃省平均降水量的年际变化可知，甘肃省年平均降水量总体上呈现以3.66 mm/10 a速率上升的趋势，甘肃省多年年平均降水量为355.85 mm，最多年平均降水量出现在2018年（为479.61 mm），最少出现在1997年（为269.23 mm），极差达210.38 mm，表明甘肃省降水量变幅较大。

1969—2018年，甘肃地区1月、2月、11月、12月平均降水量较少，均在10.00 mm以下，其中12月的降水量是最少的，为1.74 mm，仅占全年降水量的0.49%；7—8月降水量相对较多，其中7月的降水量是一年之中最高的，为71.51 mm，占全年降水量的20.1%；4—6月、9月、10月降水量相对适中，在20～55 mm之间（图7-4）。

1969—2018年甘肃省四季平均降水量都呈增加趋势（图7-5），春季、夏季、秋季、冬季的平均降水量分别为72.5 mm、191.65 mm、83.42 mm和42.18 mm，夏季降水量最高且年际波动剧烈。春季、夏季、秋季、冬季的降水量倾向率分别为1.398 mm/10 a、0.861 mm/10 a、0.883 mm/10 a、0.635 mm/10 a，可以看出春季平均降水量的增加速度较快。分析相关性可知，夏季平均降水量与年平均降水量的相关性最高，为0.811；春季和秋季平均降水量与年平均降水量的相关性较低，分别为0.344和0.433；冬季平均降水量与年平均降水量的相关性最低，为0.192。又因为夏季降水量最多，占全年降水量的53.86%，因此可知夏季降水量变化是年降水量变化的主要因素。

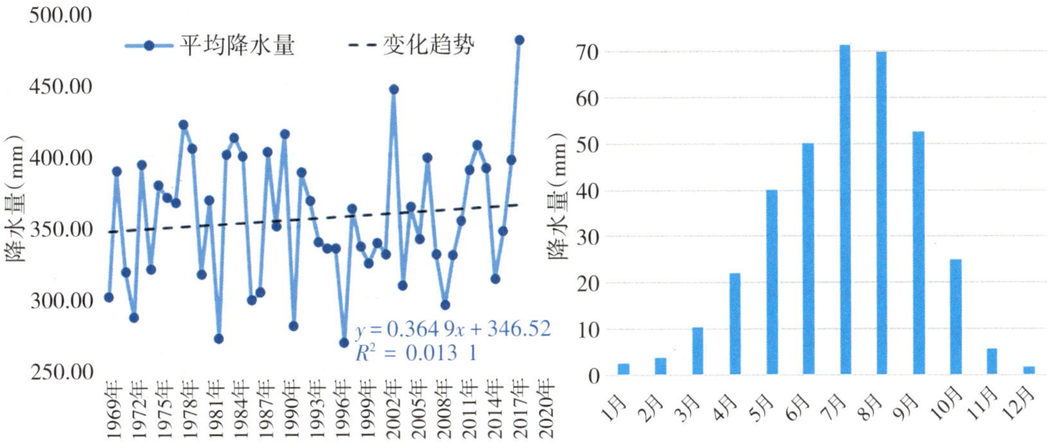

a. 年平均降水量　　b. 月平均降水量

图7-4　1969—2018年甘肃省平均降水量变化

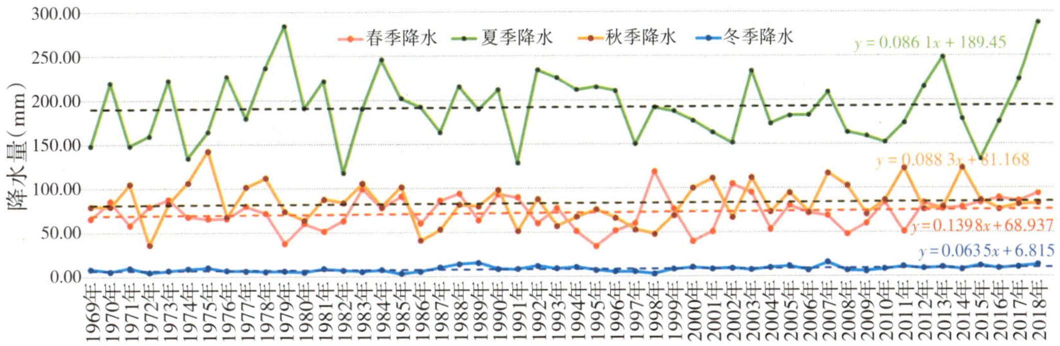

图7-5　1969—2018年甘肃省各季平均降水量的逐年变化曲线

（2）降水量的突变性检验

利用M-K突变检验法对甘肃省1969—2018年这50年的年平均降水量进行分析，显著性水平为0.05。由1969—2018年甘肃省年平均降水量M-K检验曲线（图7-6）可知，年平均降水量的*UF*曲线在1969—2018年呈波动变化趋势，在1977—1982年、2017—

2018年呈波动增加趋势，在其余时间段都呈减少趋势，且*UF*曲线仅在1973年左右超过0.05显著性水平线，说明年平均降水量在1969—2018年中变化不明显。*UF*变化曲线与*UB*变化曲线在2018年相交于临界线内，可见，年平均降水量在2018年发生突变。

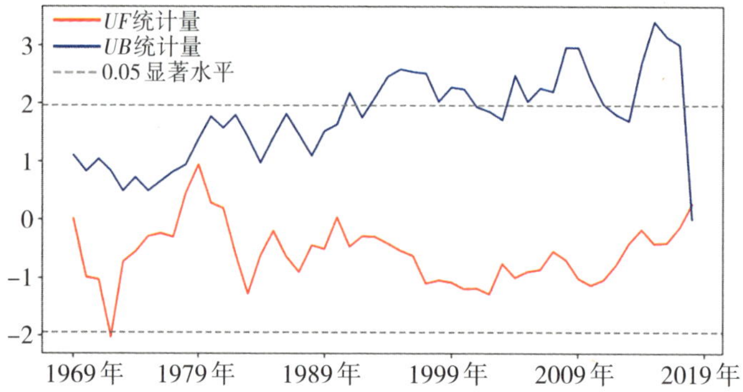

图7-6 1969—2018年甘肃省年平均降水量M-K检验曲线

（3）年平均降水量的空间格局

1969—2018年，甘肃省年平均降水量的空间分布大致为由东南向西北递减，东南多、西北少，降水量差异明显，具有较明显的地区分带特征（图7-7）。南部地区降水较多，年降水量可达500 mm以上，如武都、西峰、天水、麦积、岷县等。北部地区降水较少，年降水量低于200 mm，如酒泉、高台、张掖等。这可能是气候不同所导致的，陇南山区为温带季风气候，降水量较多，北部地区为温带大陆性气候，降水量较少。

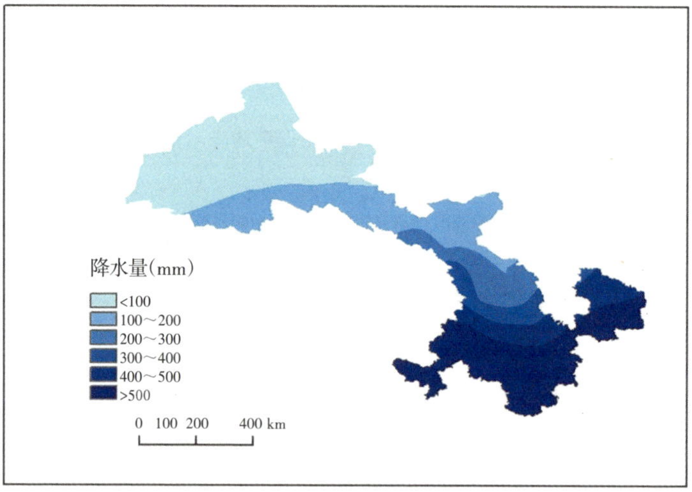

图7-7 1969—2018年甘肃省年平均降水量的空间分布

7.2.3 相对湿度的时空变化特征

（1）相对湿度随时间的变化特征

由1969—2018年甘肃省年平均相对湿度的年际变化可知，甘肃省年平均相对湿度以0.485%/10 a的速率逐渐下降，即在50年中减少了2.43%。甘肃省多年平均相对湿度为

57.98%，最高相对湿度出现在1989年（为62.81%），最低相对湿度出现在2013年（为52.90%），极差为9.91%，表明相对湿度年际变化幅度较大（图7-8）。

甘肃省春季、夏季、秋季、冬季的平均相对湿度分别为57.68%、67.41%、73.15%、61.99%，夏、秋两季较为湿润，春、冬两季较为干燥。四季的平均相对湿度均呈下降趋势，下降速率分别为0.062%/10 a、0.63%/10 a、0.064%/10 a、1.181%/10 a，可以看出，夏季、冬季下降速率快，春季、秋季下降不明显。

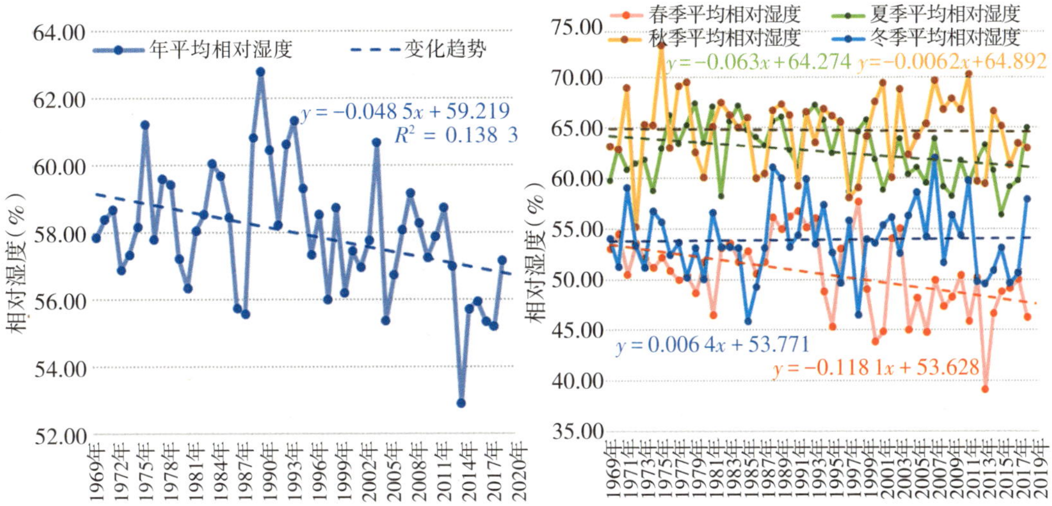

a. 年平均相对湿度　　b. 季节平均相对湿度

图7-8　1969—2018年甘肃省平均相对湿度变化

（2）相对湿度的突变性检验

利用M-K突变检验法对甘肃省1969—2018年这50年的年平均相对湿度进行分析，显著性水平为0.05。由1969—2018年甘肃省年平均相对湿度M-K检验曲线（图7-9）可知，年平均相对湿度的*UF*曲线在1969—1989年呈波动变化趋势，在1989—1999年呈上升趋势，在1999年后呈稳定下降趋势，并在2014年后超过0.05显著性水平临界线，说明甘肃省的年平均相对湿度在2014—2018年下降显著。*UF*曲线与*UB*曲线在2007年左右相交于临界线内，可见年平均相对湿度在2007年发生突变。

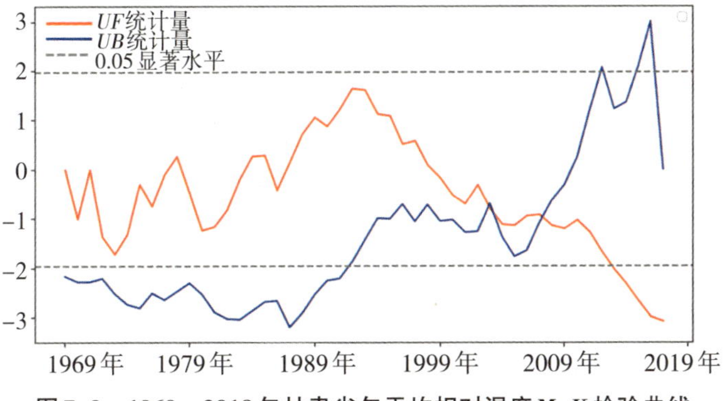

图7-9　1969—2018年甘肃省年平均相对湿度M-K检验曲线

(3) 年平均相对湿度的空间格局

1969—2018年，甘肃省年平均相对湿度的空间分布大致为由东南向西北递减，东南多、西北少，湿度差异明显（图7-10）。南部地区湿度较高，可达60%以上，如武都、西峰、天水、麦积、岷县等。北部地区湿度较低，在50%以下，如酒泉、高台、张掖等。这可能是气候不同所导致的，陇南山区为温带季风气候，降水量较多，较为湿润；北部地区为温带大陆性气候，降水量较少，较为干旱。

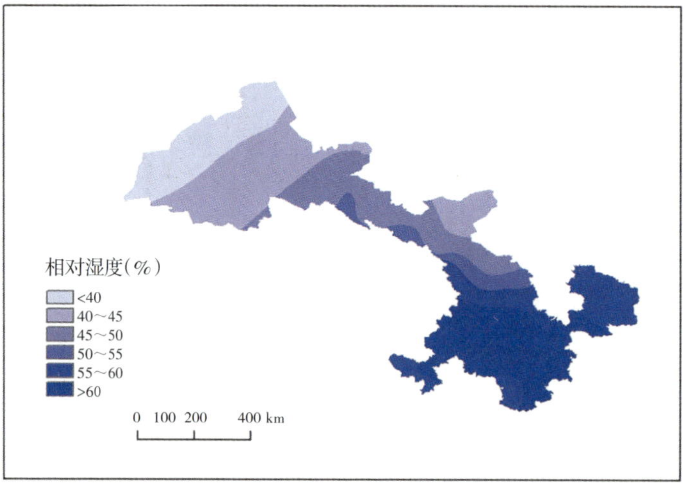

图7-10 1969—2018年甘肃省年平均相对湿度的空间分布

7.2.4 日照时数的时空变化特征

(1) 日照时数随时间的变化特征

由1969—2018年甘肃省日照时数的年际变化可知，甘肃省年平均日照时数以11.04 h/10 a的速率逐渐减少，平均年日照时数为2 586.4 h。在这50年中，甘肃省年最高日照时数出现在1997年（为2 774.07 h），年最低日照时数出现在2016年（为2 264.24 h），极差达509.83 h，表明日照时数年际变化幅度较大。

1969—2018年，甘肃地区1月、2月、12月日照时间较少，均值在190～210 h之间，其中2月是一年中日照时数最少的，为187.2 h，仅占全年日照时数的7.3%；5—7月日照时数相对较高，其中5月的日照时数是一年之中最高的，为250.45 h，占全年日照时数的9.7%；3月、4月、9—11月日照时数相对适中，在200～240 h之间。这种差异主要与季节交替有关，不同季节太阳高度角不同，进而影响地面受到的太阳辐射（图7-11）。

(2) 日照时数的突变性检验

利用M-K突变检验法对甘肃省1969—2018年这50年的日照时数进行分析，显著性水平为0.05。由1969—2018年甘肃省年平均日照时数M-K检验曲线（图7-12）可知，年平均日照时数的*UF*曲线在1969—2000年呈波动变化趋势，2000年前日照时数都呈减少趋势，并且在多个时段都超过了0.05显著性水平临界线，说明日照时数在部分时间下降趋势显著。

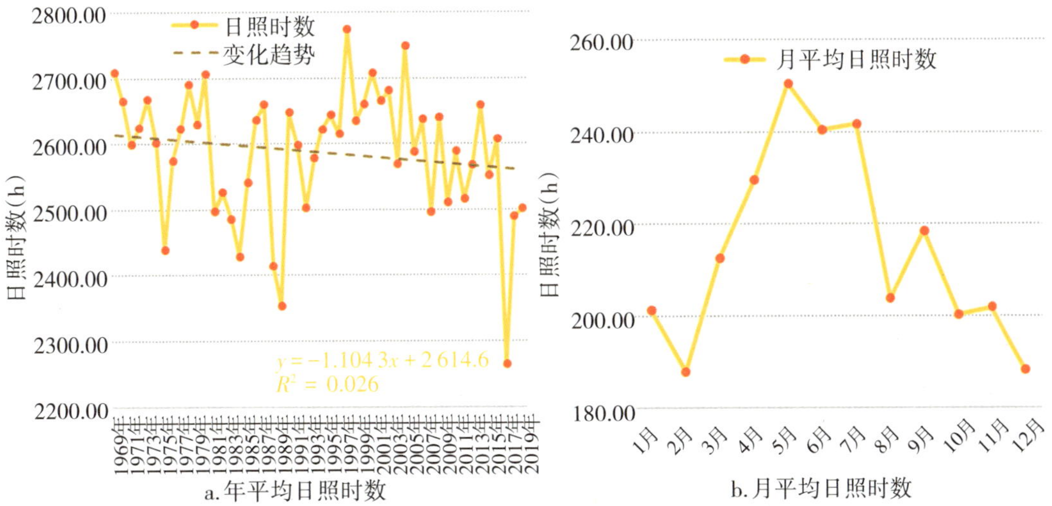

图7-11　1969—2018年甘肃省平均日照时数变化

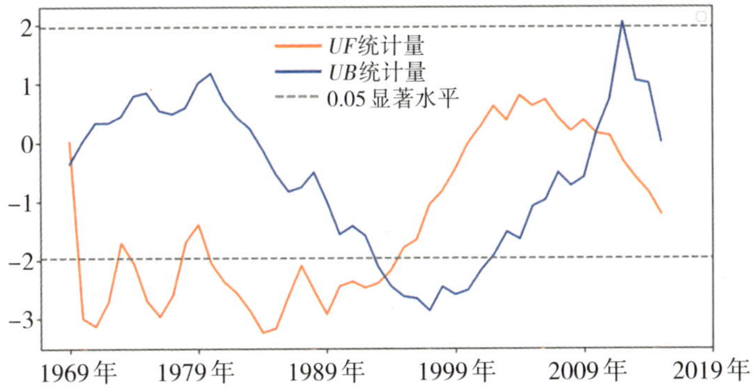

图7-12　1969—2018年甘肃省年平均日照时数M-K检验曲线

*UF*值在2000—2009年大于0，说明年平均日照时数在2000—2009年呈上升趋势，在2009年后又呈下降趋势。*UF*曲线与*UB*曲线在2010年左右相交于临界线内，可见年平均日照时数在2010年发生突变，突变时年平均日照时数为2 599.3 h，突变后下降为2 500.5 h。

（3）站点尺度上日照时数变化

1969—2018年，甘肃省年平均日照时数在空间上呈西北高、东南低的分布特征（表7-1）。北部地区的年平均日照时数普遍偏高，均在2 800 h以上，如马鬃山、酒泉、高台、张掖、永昌等；中部地区的年平均日照时数普遍在2 400～2 800 h之间，如景泰、皋兰、靖远、榆中等；南部地区的年平均日照时数普遍偏低，在2 400 h以下，如岷县、武都、天水等。总体而言，1969—2018年甘肃省年平均日照时数减少，并不意味着研究的25个台站都符合这一趋势。其中，位于甘肃北部的马鬃山、酒泉等地年平均日照时数呈明显减少趋势，与总体趋势相反；位于甘肃北部的酒泉增幅最大，达到24.2 h/10 a。1969—2018年所统计的甘肃省的25个气象站中，有15个气象站的年平均日照时数表现出减少趋势，占统计总数的60%，其中减少幅度较大的台站多集中在甘肃南部地区，减少幅度最大的为临夏（达到81.1 h/10 a）。

表7-1 1969—2018年甘肃省各台站年平均日照时数变化

台站名称(从西北至东南)	年平均日照时数(h)	变化趋势	倾向率(h/10 a)
马鬃山	3 349.8	增加	23.5
酒泉	3 049.8	增加	24.2
高台	3 079.0	减少	23.3
张掖	3 061.1	增加	3.2
永昌	2 963.1	增加	13.4
武威	2 872.1	增加	8.9
民勤	3 112.4	增加	43.0
乌鞘岭	2 614.6	增加	9.3
景泰	2 717.0	增加	16.7
皋兰	2 621.6	减少	68.5
靖远	2 688.3	增加	6.0
榆中	2 554.5	减少	23.1
临夏	2 394.6	减少	81.1
临洮	2 437.2	增加	21.6
会宁	2 426.6	减少	64.0
华家岭	2 402.2	减少	15.2
环县	2 528.5	减少	10.7
崆峒	2 365.7	减少	39.7
西峰	2 424.5	减少	29.7
玛曲	2 554.1	减少	20.6
合作	2 360.8	减少	8.1
岷县	2 167.0	减少	34.1
武都	1 873.1	减少	10.7
天水	1 924.7	减少	49.7
麦积	2 004.3	减少	33.1

7.2.5 平均风速的时空变化特征

(1) 平均风速随时间的变化特征

由1969—2018年甘肃省年平均风速变化趋势可知，甘肃省年平均风速整体以0.057 m/(s·10 a)的速率逐渐减少，这50年甘肃省年平均风速为2.24 m/s，其中最高风速为2.70 m/s，出现在1972年，最低风速为1.90 m/s，出现在1992年。

1969—2018年，甘肃省1月、10月、11月、12月平均风速较低，均值在1.7～2.0 m/s之间，其中12月是风速最低的，为1.9 m/s；4月和5月平均风速相对较高，其中4月的平均风速是一年之中最高的，为2.79 m/s；2月、3月、6—9月平均风速相对适中，在2.0～2.6 m/s之间（图7-13）。

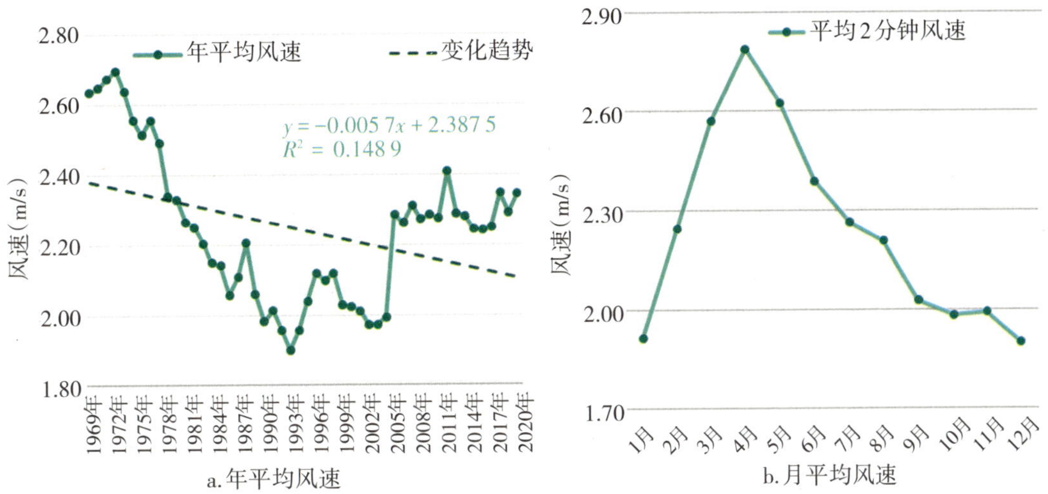

图7-13　1969—2018年甘肃省平均风速变化

（2）平均风速的突变性检验

利用M-K突变检验法对甘肃省1969—2018年这50年的年平均风速进行分析，显著性水平为0.05。由1969—2018年甘肃省年平均风速M-K检验曲线（图7-14）可知，年平均风速的*UF*值仅在1973—1976年大于0，说明甘肃省的年平均风速仅在1973年呈上升趋势，在其他年份均呈下降趋势。*UF*曲线在1976年后超过0.05显著性水平临界线，说明年平均风速在1976年后下降趋势显著。*UF*曲线与*UB*曲线在1974年左右相交于临界线内，可见，年平均风速在1974年发生突变，突变前为2.64 m/s，突变后下降为2.19 m/s。

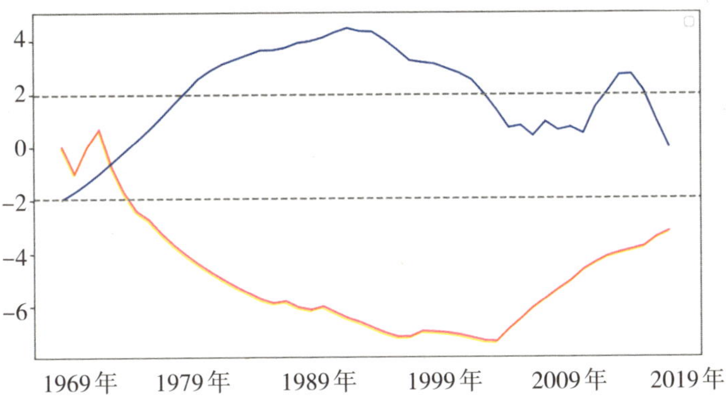

图7-14　1969—2018年甘肃省年平均风速M-K检验曲线

7.3 甘肃省植被覆盖变化分析

7.3.1 NDVI空间分布特征

采用最大值合成法求每年生长季的NDVI空间分布，根据甘肃省2000—2020年这21年的MVC影像求得平均NDVI的空间分布，如图7-15所示。甘肃省NDVI均值由东南向西北呈现递减的趋势，这与甘肃省植被类型分布相类似，甘肃省植被由东南向西北依次为森林、草原、荒漠区域。依据NDVI值，可将植被划分为4种类型：裸土（NDVI值<0.09），低等植被覆盖（0.09<NDVI值<0.14），中等植被覆盖（0.14<NDVI值<0.5），高等植被覆盖（NDVI值>0.5）。其中，高等植被覆盖面积占比21.26%，主要分布在甘肃省南部陇南山地和甘南高原，以及东部黄土高原部分区域；中等植被覆盖面积占比33.72%，主要分布在陇中、陇东黄土高原地区，以及河西走廊河流流域的中游地带；低等植被覆盖面积占比11.43%，主要分布在阿尔泰山山脉、石羊河流域、疏勒河流域及黑河流域下游地区，少部分呈零星状分布在疏勒河流域和黑河流域中游地区，构成荒漠-绿洲过渡带。

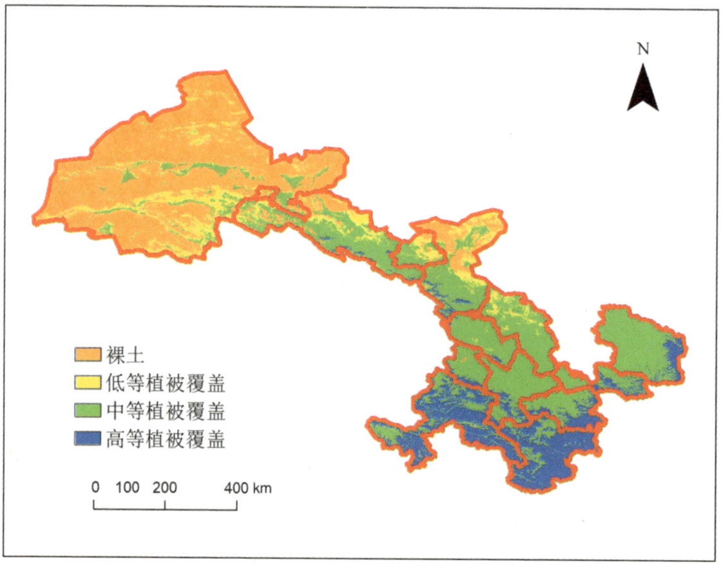

图7-15 甘肃省NDVI空间分布

变异系数（CV）代表植被覆盖在时间序列上的相对波动性，可用于探讨植被覆盖变化的稳定性。变异系数值越大，植被覆盖在时间序列上的相对波动性越大，植被状态越不稳定。依据甘肃省植被覆盖的动态变化，将变异系数划分为5种类型：低波动性（CV值<0.05），中低波动性（0.05<CV值<0.10），中波动性（0.10<CV值<0.15），中高波动性（0.15<CV值<0.20），高波动性（CV值>0.20）。低波动性表示植被覆盖波动小，植被覆盖状态稳定；中波动性表示植被覆盖波动较大，植被覆盖状态不稳定。逐像元计算每个位置的变异系数，将时间段划分为3个阶段（表7-2）。综合21年植被覆盖的变异系数来看，低波动性地区和中低波动性地区面积占比46.34%，主要分布在甘肃省北部荒漠山地地区和南部高原山地地区，少部分分布在河西走廊河流流域的下游地区及祁连山地区，北部地区主要为未利用地，南部高原山地主要为森林。中波动性、中高波动性和高波动性地区面积占比53.66%，主要分布在陇中和陇东黄土高原地区及河西走廊河流流域的中上游地区，该地区土地利用类型主要为草地和农耕地。

表7-2 甘肃省植被覆盖变异系数及波动程度面积占比统计

变异系数(CV)	波动程度	面积占比		
		2000—2010年	2011—2020年	2000—2020年
<0.05	低波动性	22.67%	28.81%	14.24%
0.05～0.10	中低波动性	38.27%	35.70%	32.09%
0.10～0.15	中波动性	25.42%	20.80%	22.54%
0.15～0.20	中高波动性	9.44%	9.54%	16.10%
>0.2	高波动性	4.20%	5.15%	15.03%

7.3.2 NDVI时间变化特征

2000—2020年，甘肃省生长季的NDVI均值在0.23～0.32之间波动，植被覆盖总体状态为中等植被覆盖度。NDVI最小值为2001年的0.23，NDVI最大值为2019年的0.32。植被覆盖度的NDVI值总体呈现增长趋势，增长速度为0.003 6/a（$P<0.01$）。以上数据表明这21年内，国家实施的西部开发战略取得了一定成果，退耕还林、还草政策得到了有效执行并且取得了一定的成效，对甘肃省植被的恢复和生长起到了积极作用。

对甘肃省年内NDVI变化趋势进行分析可知，NDVI年内变化分布呈单峰曲线，NDVI在7—8月出现最大值，最大值为0.325。将2001—2018年的气温、降水、NDVI数据中心化、标准化消除不同数据的量纲后，可以看到NDVI对降水和温度的响应具有滞后性，滞后时间在2～3个月左右。

7.3.3 NDVI变化趋势分布特征

基于2000—2020年甘肃省生长季的NDVI数据，采用线性回归趋势分析的方法逐像元计算每个像元位置NDVI的变化趋势。其中，呈现增加趋势的地区面积占比为95.18%，呈现减少趋势的地区面积占比为4.82%。结合假设检验中的F检验，将研究区植被变化趋势划分为以下6类：极显著改善（Slope>0，$P<0.01$），显著改善（Slope>0，$0.01<P<0.05$），轻微改善（Slope>0，$P>0.05$），轻微退化（Slope<0，$P>0.05$），显著退化（Slope<0，$0.01<P<0.05$），极显著退化（Slope<0，$P<0.01$）。

如表7-3所示，甘肃省84.11%的植被覆盖面积变化呈现出极显著改善趋势，主要分布在陇东陇中黄土高原地区、陇南山地及河西走廊地区；9.52%的植被覆盖面积变化呈现出显著增加趋势（$P<0.05$），主要集中在甘肃省南部高原山地及北部地区；仅有0.64%的植被覆盖面积变化呈现出极显著退化趋势（$P<0.01$），以及仅有0.42%的植被覆盖面积变化呈现出显著退化趋势（$P<0.05$），主要分布在北山山地及甘肃省城乡居民用地区，这些地区植被活动强度相对较弱，人类活动频繁导致植被覆盖度有所下降。

表7-3 甘肃省NDVI变化趋势显著性检验

Slope	P值	NDVI变化趋势	面积占比
Slope>0	$P<0.01$	极显著改善	84.11%
Slope>0	$0.01<P<0.05$	显著改善	9.52%
Slope>0	$P>0.05$	轻微改善	1.54%
Slope<0	$P>0.05$	轻微退化	3.76%
Slope<0	$0.01<P<0.05$	显著退化	0.42%
Slope<0	$P<0.01$	极显著退化	0.64%

7.3.4 NDVI未来趋势变化预测

本节研究中采用Hurst指数法来评估甘肃省植被覆盖的未来变化趋势，甘肃省植被覆盖的变化趋势总体上是不可持续的。可持续土地面积和不可持续土地面积所占比例分别为73.91%和26.09%。通过叠加线性回归趋势分析、F检验和Hurst指数，将甘肃省植被覆盖变化趋势分为6类，分别为退化趋势有所改善、改善趋势有所退化、持续改善、持续退化、未来不稳定和持续稳定。

由甘肃省NDVI的未来变化趋势可知，60.23%的植被的改善趋势有所退化；0.39%的植被将继续退化（持续退化）；植被覆盖变化趋势为持续改善的面积占22.22%（持续改善）；甘肃省植被覆盖已明显退化，未来植被呈现退化趋势的状况将得到改善的区域占0.53%（退化趋势有所改善）；植被由稳定变为不稳定的区域占4.15%（未来不稳定）；未来植被将继续稳定的区域仅占3.48%（持续稳定）。

7.4 甘肃省土地利用变化分析

7.4.1 甘肃省土地利用变化

（1）土地利用的时间变化

通过1980年、1990年、2000年、2010年和2020年甘肃省土地利用数据，建立对应的5期土地利用结构变化表（表7-4），分析1980—2020年甘肃省的土地利用变化情况。

从总体来看，1980—2020年甘肃省5期土地利用以戈壁、旱地、中覆盖度草地、低覆盖度草地和裸岩石质地为主，分别约占甘肃省总面积的17%、15.2%、14.12%、13.32%和10.74%，5种地类总面积约占甘肃省总面积的70.37%，表明甘肃省水资源稀少，耕种方式以旱地耕作为主，多草地，畜牧业较为发达。

表7-4　1980—2020年甘肃省土地利用结构变化表(单位:km^2)

土地利用名称	1980年	1990年	2000年	2010年	2020年
水田	208.80	211.23	211.23	199.80	180.45
旱地	64 410.50	64 578.10	65 351.80	64 853.60	63 673.70
有林地	14 008.80	14 021.60	13 987.70	14 206.20	14 080.40
灌木林	16 004.10	16 031.30	15 799.50	16 264.00	16 243.30
疏林地	7 332.57	7 325.19	7 228.98	7 106.13	7 154.82
其他林地	537.75	533.34	554.22	899.64	864.72
高覆盖度草地	25 819.30	25 832.70	25 764.00	27 555.50	26 390.30
中覆盖度草地	60 023.40	59 977.50	59 693.10	59 525.30	60 944.60
低覆盖度草地	57 228.00	57 020.60	57 002.50	55 683.60	56 157.00
河渠	699.75	574.65	574.56	636.21	639.54
湖泊	115.11	115.11	115.83	136.62	158.31
水库坑塘	259.74	273.15	278.37	279.99	401.94
永久性冰川雪地	851.76	851.76	851.58	986.40	1 101.51
滩地	1 514.43	1 504.08	1 450.26	1 468.26	1 484.28
城镇用地	370.62	374.49	406.98	604.44	902.61
农村居民点	2 731.05	2 723.76	2 944.44	3 225.42	3 439.53
其他建设用地	222.21	223.74	228.78	483.84	1 233.90

1980—2020年，林地面积总体呈增加趋势，疏林地面积略有减少，其他林地面积增加了326.97 km^2，体现出近些年甘肃省对生态环境保护工作的重视和取得的成果。草地面积也呈增长态势，其中高覆盖度草地和中覆盖度草地面积共增加了1 492.2 km^2，低覆盖度草地面积减少了1 071 km^2，说明低覆盖度草地有部分转为了高、中覆盖度草地，主要原因为甘肃省实施退耕还林还草等生态环境治理政策，有效地保护了草地的

绿化建设。水域面积不断上升，从1980年的3 440.79 km²增加到了2020年的3 785.58 km²，增加了344.79 km²，增幅达10.02%。近些年来，甘肃省建筑用地不断扩张，城镇用地面积和其他建设用地面积增加明显，总面积从1980年的592.83 km²增加到了2020年的2 136.51 km²，增加了1 543.68 km²，增幅达到了260.39%。尤其是2010—2020年，城镇用地面积增加了298.17 km²，其他建设用地面积增加了750.06 km²，增幅分别达到了49.33%和155.02%。与此同时，旱地面积则大量缩减，1980—2020年总共缩减了736.8 km²，而2010—2020年缩减量达到了1 179.9 km²，说明甘肃省城镇用地及其他建设用地的扩张挤占了一部分都市近郊土地。此外，未利用地面积大幅缩减，总体从1980年的172 735.91 km²缩减到了2020年的170 022.82 km²，减少了2 713.09 km²，未利用地中除裸岩石质地的面积增加了2 651.4 km²之外，其余的未利用地类面积均呈减少趋势。

（2）土地利用结构的时间变化

桑基图可以直观地体现各年份间土地利用的主要转换方向、面积等特征。如图7-16所示，1980—2000年，土地利用转换方向较少且转换面积较小，转换类型共242类，共向外转移了4 483.17 km²，仅占总面积的1.05%，表明甘肃省在1980—2000年人类活动对土地利用的强度较小，土地利用结构稳定。主要转换类型以旱地、中覆盖度草地、低覆盖度草地和戈壁为主，分别向外转移了507.51 km²、716.76 km²、822.96 km²和568.44 km²，各占总转移面积的11.32%、15.99%、18.36%和12.68%。旱地主要转换为农村居民点，转移面积约201.15 km²，高覆盖度草地、中覆盖度草地和低覆盖度草地大部分转换为旱地，戈壁大部分转换为裸岩石质地。其他地类较为稳定，发生转换的类型和面积较少。

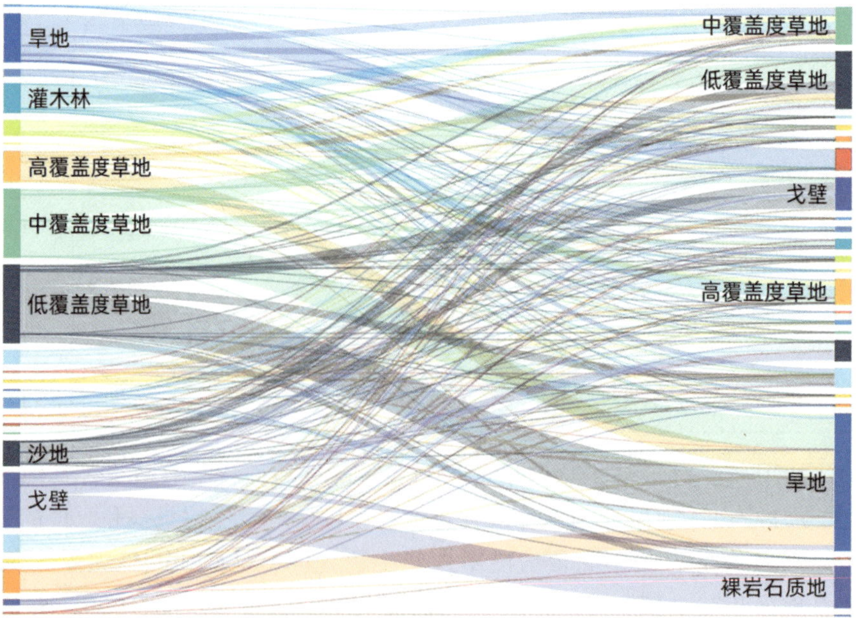

图7-16 1980—2000年甘肃省土地利用转移桑基图

如图7-17所示，2000—2020年，土地利用转换类型明显增加，地类转移面积大幅增加，转换类型共493类，共向外转移了140 517.3 km^2，占总面积的33.06%。该时间段以旱地和中覆盖度草地转换面积最大，旱地向外转移了29 184.52 km^2，占总转移面积的20.77%，旱地集中转化为中覆盖度草地和低覆盖度草地；中覆盖度草地主要转化为旱地和低覆盖度草地；此外，城镇用地多由旱地转换而来，转换面积为330.48 km^2。

1980—2000年的转换类型与2000—2020年的转换类型具有一定的相似性。纵观1980—2020年，旱地、中覆盖度草地、低覆盖度草地和戈壁发生转换的面积最大，未利用地发生转换的类型较多，向各地类均有发生转换，但向各地类转换的面积均较小。

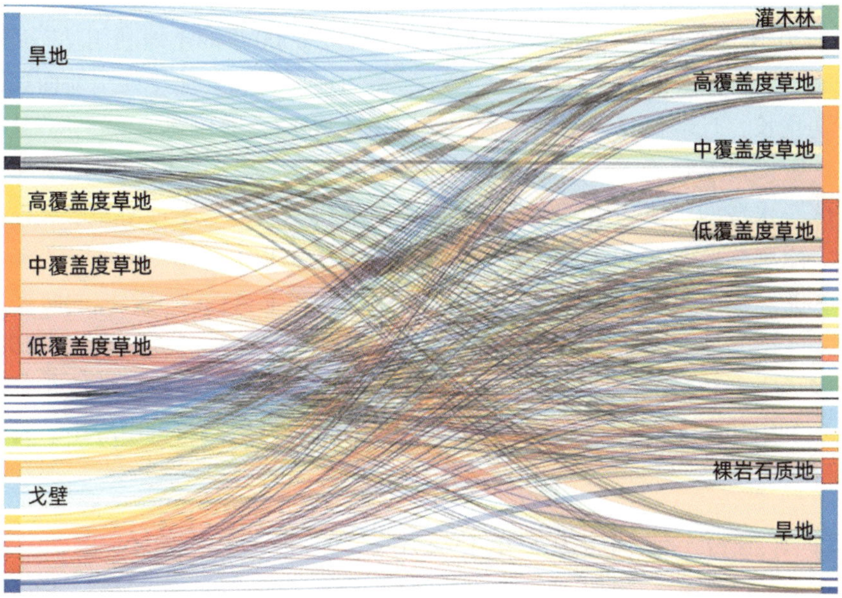

图7-17　2000—2020年甘肃省土地利用转移桑基图

（3）土地利用转移的空间分布

选取甘肃省各时间段上发生的转移面积较大的15种转换类型进行空间展示，1980—2000年，土地利用发生转移的面积较小，土地利用转移分布也较为分散，主要集中在甘南藏族自治州、武威市、张掖市和酒泉市，以中覆盖度草地、低覆盖度草地和旱地的相互转换为主，此外，戈壁转换到裸岩石质地的转换面积较大，主要分布在酒泉市和武威市。其他土地利用转换类型较少，零星分布于甘肃省各地级市。

2000—2020年，甘肃省土地利用转换空间分布区域迅速扩大，转换区域整体由甘肃省东部向西部逐渐减少，转换面积最大的为中覆盖度草地、低覆盖度草地和旱地之间的相互转换，主要分布在甘肃省东南区域，例如兰州市、白银市、临夏回族自治州等。灌木林和高覆盖度草地、中覆盖度草地的相互转换主要分布在甘南藏族自治州、陇南市、庆阳市和定西市，说明随着人类活动的加剧、机械化水平的提高以及人类对生态环境保护意识的提升，旱地、草地、林地等地类受到的影响也在逐渐增大。

（4）土地利用动态度评价

土地利用动态度可较好地揭示区域土地利用转型速率，一般可分为单一土地利用动态度和综合土地利用动态度，分别表征区域在特定时间内某一类型的土地利用转型情况和整个研究区域的土地利用转型情况（张鹏岩等，2020）。单一土地利用动态度可较为直观地体现区域某特定土地利用类型的变化速率，综合土地利用动态度可定量表征区域各地类的变化速率，也可反映区域地类受外在影响的剧烈程度。

根据各地类初期与末期的面积，可计算得到研究区域不同时间段的单一土地利用动态度和综合土地利用动态度。甘肃省综合土地利用动态度在1980—2020年不断上升，由0.045%提升至3.28%，表明在此期间，甘肃省土地利用速率大幅提升，尤其在2000年之后，2000—2020年的土地利用动态度1.65%较1980—2000年的土地利用动态度0.05%增长幅度较大。从各地类的单一动态度上看，城镇用地面积和其他建设用地面积的变化速率保持正向增长，且增长速率越来越大，城镇用地从0.1%增长到了4.93%，其他建设用地从0.07%增长到了15.5%，呈现不断上升的趋势，也反映了区域城镇用地和其他建设用地的扩张。水域的土地利用变化速率也在不断加快，其中水库坑塘和永久性冰川雪地变化最大，水库坑塘由1980年的0.52%变为2000年的4.36%，永久性冰川雪地由1980年的0变为2000年的1.17%，表明其他地类向水库坑塘和永久性冰川雪地的转换速率越来越快。旱地土地利用变化速率呈负增长，表明旱地面积呈缩减趋势，旱地在1980—2020年发生转换的类型较多、转换的面积较大，所以需要多加关注。其他林地在2000—2020年间，土地利用动态度提升较大，达到了2.8%，说明在国家政策的引导下，林地保护略有成效。

7.4.2 甘肃省土地利用类型重心变化分析

在重心模型中，重心是区域中的某个点，这个点在各个方向中受到的力能保持平衡。土地利用类型的重心变化反映出不同类型土地利用的空间格局变化，本书将甘肃省6大一级分类及对应的二级分类进行对照研究，分析1980—2020年甘肃省各一级地类和二级地类的内在联系及重心迁移空间的变化结果。

（1）一级地类耕地及对应的二级地类重心迁移变化分析

甘肃省的一级地类耕地包括旱地和水田2个二级地类，甘肃省旱地面积约占耕地总面积的97%，水田面积较少，因此，只对一级地类耕地及二级地类旱地进行重心迁移分析。分析可知，其重心均落在甘肃省白银市，迁移方向和迁移距离也很相似。1980—2020年，旱地重心向东南方向迁移了3.7 km，其中，1990—2000年及2000—2010年其重心迁移距离较长，分别为1.73 km和2.2 km，说明在1990—2000年由于频繁毁林开荒、耕地开垦，甘肃省旱地面积增加较多，后由于退耕还林还草等环境保护政策的影响，一部分旱地转换为林地和草地，甘肃省旱地空间分布也逐渐趋于稳定。

（2）一级地类林地及对应的二级地类重心迁移变化分析

甘肃省的一级地类林地包括4个二级地类，分别为有林地、灌木林、疏林地和其他林地，生成对应地类的重心空间迁移格局。一级地类林地的重心均在兰州市内，1980—2020年其重心向东南方向迁移了8.77 km，2000—2010年及2010—2020年其重心迁移距离较长，分别为5.55 km和2.24 km。一级地类林地对应的4个二级地类的重心迁移方向整体指向甘肃省东南方向，1980—2000年重心变化不明显，2000—2020年重心迁移距离和方向变化显著。2000—2010年，二级地类有林地的迁移方向与一级地类林地的迁移方向相反，但二级分类中的其他林地向东南方向迁移了80.84 km，抵消了部分有林地的迁移效果，说明自2000年实施退耕还林政策以来，甘肃省林地的空间格局分布变化较大。

（3）一级地类草地及对应的二级地类重心迁移变化分析

甘肃省的一级地类草地包含高覆盖度草地、中覆盖度草地和低覆盖度草地3个二级地类，甘肃省的一级地类草地的重心均落在兰州市，1980—1990年基本没有变化，1990—2000年向东南方向迁移了2.64 km，2000—2020年向西北方向迁移了15.12 km，整体于1980—2020年向西北方向迁移了12.79 km，说明1980—2000年甘肃省草地覆盖面积有所减少，尤其是甘肃省西部地区，在2000—2020年草地覆盖面积有所增加，且增加面积多于1980—2000年的缩减面积。对甘肃省一级地类草地对应的二级地类进行分析，可知高覆盖度草地的重心在临夏回族自治州和定西市，中覆盖度草地的重心均在兰州市，而低覆盖度草地的重心落在甘肃省以外，位于张掖市和武威市交界线偏西南位置，说明甘肃省东部草地面积较大且覆盖度较高，甘肃省西部草地面积较小且覆盖度较低。此外，甘肃省一级地类草地的各二级地类在1980—2000年迁移均不明显，在2000—2020年重心变化大，其中高覆盖度草地和低覆盖度草地在2000—2010年的迁移方向与中覆盖度草地及一级地类草地的迁移方向相反，可知在2000—2010年，覆盖度草地对整体草地的贡献度最大。

（4）一级地类水域及对应的二级地类重心迁移变化分析

甘肃省的一级地类水域包含6个二级地类，分别为河渠、湖泊、水库坑塘、永久性冰川雪地、滩涂及滩地，甘肃省境内没有滩涂，滩地变化不明显，因此，对一级地类水域及对应的二级地类河渠、湖泊、水库坑塘和永久性冰川雪地进行重心迁移分析。一级地类水域的重心落在甘肃省以外，位于武威市偏西方向，1980—2020年重心向西北方向迁移了18.8 km，结合水域对应的二级地类进行分析，可知除永久性冰川雪地以外的其他二级地类的重心均向甘肃省西部有不同程度的迁移，从移动距离上看，最大的是湖泊，移动了52.08 km；其次为水库坑塘，移动了40.87 km；移动距离最小的为河渠，只移动了21.04 km。永久性冰川的重心迁移方向与水域整体的迁移方向相反，在1980—2000年，永久性冰川雪地的重心变化不明显，在2000—2020年，其重心向甘肃省东部迁移了33.85 km。

（5）一级地类建设用地及对应的二级地类重心迁移变化分析

甘肃省的一级地类建设用地包括3个二级地类，分别为城镇用地、农村居民点和其他建设用地。一级地类建设用地的重心均落在兰州市，1980—1990年重心变化不显著，1990—2000年向东北方向迁移了2.14 km，2000—2010年向西南方向迁移了3 km，

2010—2020年向西北方向迁移了6.68 km，说明甘肃省建设用地在近30多年变化较大，综合建设用地的三大二级地类进行分析，可知建设用地的重心变化较大（尤其是2000—2020年），其中城镇用地和农村居民点的重心总体向东南方向迁移，而其他建设用地（厂矿、大型工业区、盐场、采石场、交通道路等）的重心则向西北方向迁移，说明随着社会水平的提升，甘肃省东部近年来城镇化发展迅速，甘肃省西部则以发展能源、矿产等资源居多。

（6）一级地类未利用地及对应的二级地类重心迁移变化分析

甘肃省的一级分类未利用地共包含7个二级地类，分别为沙地、戈壁、盐碱地、沼泽地、裸土地、裸岩石质地和其他未利用地。甘肃省沼泽地面积较小，其他未利用地涉及地类较杂，因此，仅对未利用地中的沙地、戈壁、盐碱地、裸土地和裸岩石质地进行分析。甘肃省的一级地类未利用地的重心落在甘肃省以外，位于张掖市偏南位置，1980—2020年向甘肃省东部迁移了18.41 km，表明未利用地范围呈向东扩增趋势。结合未利用地对应的二级地类进行分析，可知沙地在1980—2000年整体向东南方向迁移了2.23 km，呈扩张趋势，后在2000—2020年则向西北方向迁移了4.76 km，发生沙地逆转，呈向好态势。由此可知，自2000年起，随着生态建设项目和防沙治沙工作的推进，土地沙化趋势得到明显控制。而戈壁、盐碱地、裸土地和裸岩石质地这4个二级地类的重心迁移趋势和未利用地总体的重心变化趋势相似，表现为扩张状态，由此可知，尽管自2000年以来土地沙化得到了明显改善，但从戈壁、盐碱地等其他二级地类的重心变化趋势来看，甘肃省生态环境的治理还需要“对症下药”，结合各二级地类的实际情况制定对应的改善措施。

7.5 甘肃省生态系统碳储量评估

7.5.1 甘肃省植被碳储量评估

（1）甘肃省植被碳密度空间格局

①1980—2020年甘肃省植被地上生物量碳密度（图7-18）：

由1980—2020年甘肃省各时期地上生物量碳密度空间格局可知，甘肃省大部分区域地上生物量碳密度小于0.3 kg/m^2，低值区广泛分布于河西走廊西北部荒漠区、陇中黄土高原区及陇东西部，中值区主要分布于河西走廊绿洲区，高值区主要集中在甘南高原、陇南山地、天水南部和庆阳子午岭。

②1980—2020年甘肃省植被地下生物量碳密度（图7-19）：

甘肃省大部分区域地下生物量碳密度小于0.3 kg/m^2，低值区广泛分布在河西走廊北部荒漠区；较低中值区主要分布在陇中黄土高原区、陇东西部及河西走廊绿洲区，这些地区为甘肃省主要农业生产区；较高中值区主要分布在甘南草原，该地区草地资源丰富，是甘肃省天然草地中自然载畜能力较强、耐牧性较强的草地，草地的广泛分布决定了该地区地下生物量碳密度较高；高值区主要集中在陇南山地、祁连山地、天水南部和庆阳子午岭。

相比于地上生物量碳密度，甘肃省地下生物量碳密度值更大，且空间分布更为广泛，例如，祁连山地和甘南草原地上生物量碳密度大多小于0.3 kg/m²，但地下生物量碳密度值却较大。此外，陇中黄土高原区和陇东西部的地上生物量碳密度小于0.3 kg/m²，但地下生物量碳密度却大于0.3 kg/m²。

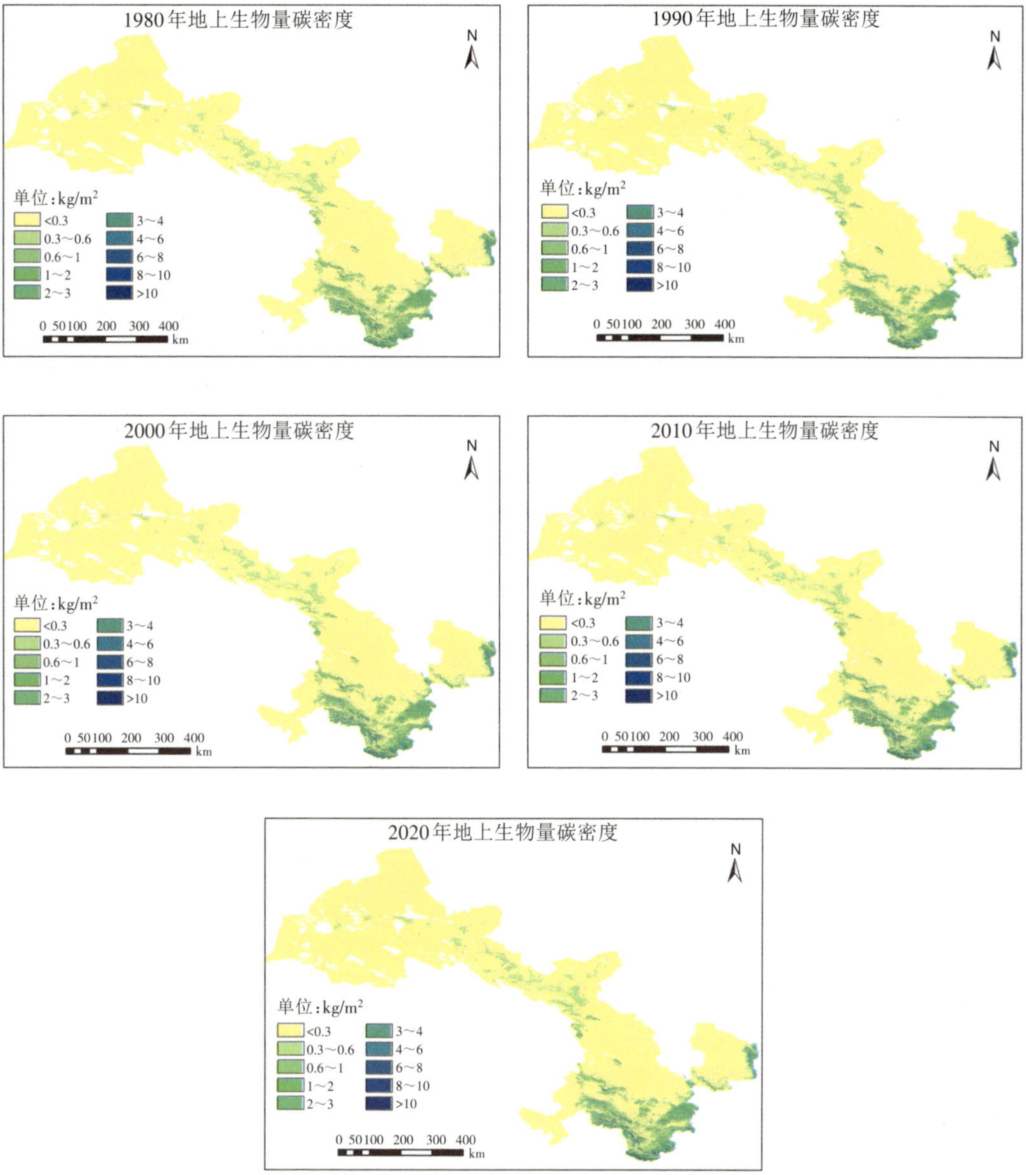

图7-18　1980—2020年甘肃省植被地上生物量碳密度

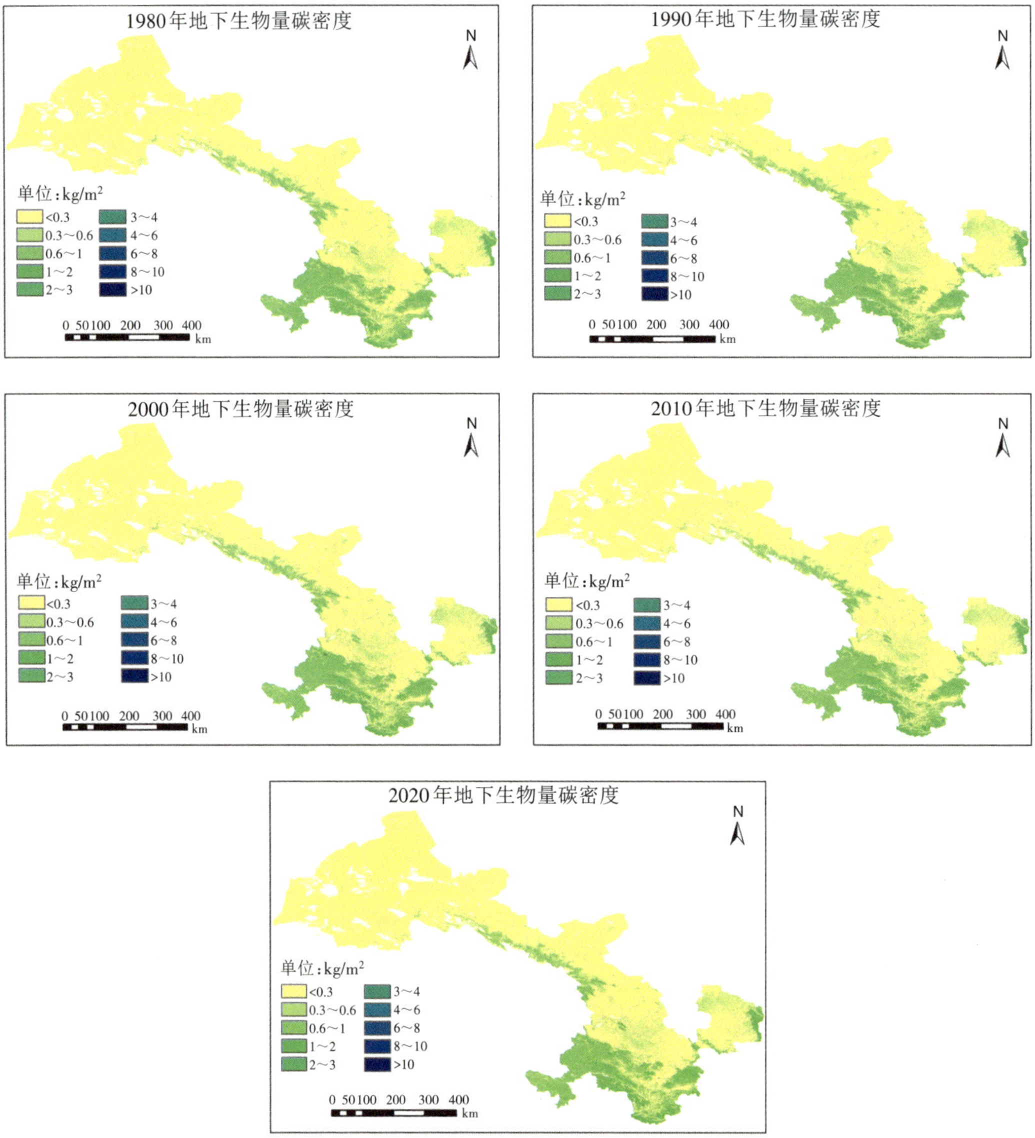

图7-19 1980—2020年甘肃省植被地下生物量碳密度

③1980—2020年甘肃省植被碳密度（图7-20）：

植被碳密度为植被地上碳密度值与植被地下碳密度值的总和。甘肃省植被碳密度低值区广泛分布在河西走廊北部荒漠区，较低中值区主要分布在陇中黄土高原区、陇东西部及河西走廊绿洲区，较高中值区主要分布在甘南草原，高值区主要集中在陇南山地、祁连山地、天水南部和庆阳子午岭地区。

综合而言，甘肃省植被按碳密度从高到低依次为林地、草地、耕地和未利用地，甘肃省东南部植被碳密度高，西北部植被碳密度低。

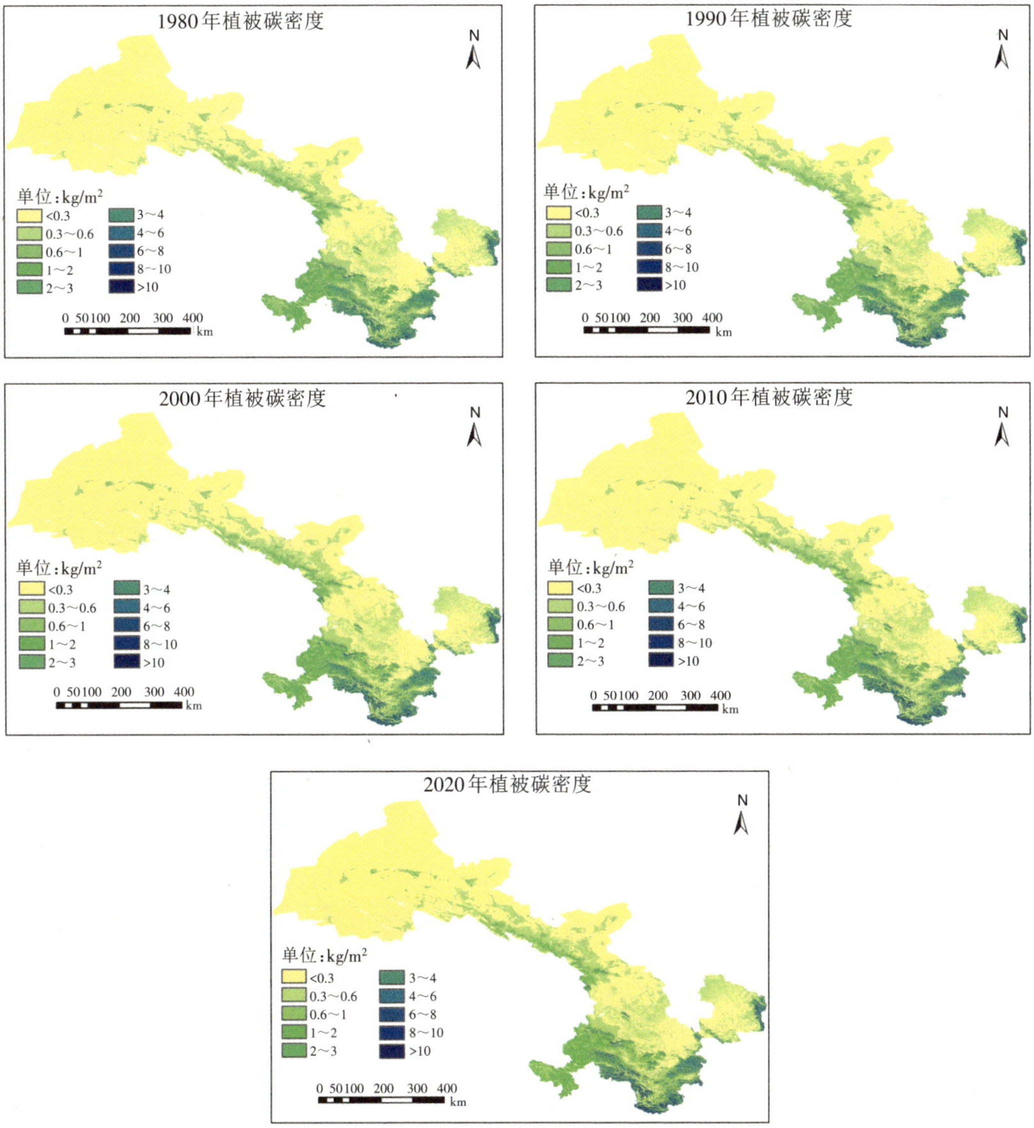

图7-20　1980—2020年甘肃省植被碳密度

（2）甘肃省植被碳密度和碳储量随土地利用类型的变化

各地类的面积乘以地上生物量碳密度与地下生物量碳密度之积，可生成地类总植被碳储量。从表7-5中可知，甘肃省植被碳储量较大的地类为有林地、中覆盖度草地、高覆盖度草地、旱地和疏林地，其对应的植被碳储量分别为88.74 Tg（以C计，下同）、30.67 Tg、28.85 Tg、25.94 Tg和21.75 Tg，分别占总植被碳储量的38.48%、13.30%、12.51%、11.25%和9.43%，这5大地类的植被碳储量总和占甘肃省植被总碳储量的84.97%。此外，水域和建设用地由于面积较小且碳密度较低，植被碳储量较少，其植被碳储量总和不到甘肃省植被总碳储量的1%；未利用地植被覆盖度太低，植被碳储量总和为5.73 Tg，仅占甘肃省植被总碳储量的2.48%。

表7–5 甘肃省植被碳储量随土地利用类型的变化

土地利用类型	面积(km^2)	植被碳储量(Tg)		
		地上生物量	地下生物量	总生物量
水田	199.80	0.04	0.02	0.06
旱地	64 853.60	15.78	10.16	25.94
有林地	14 206.20	53.71	35.03	88.74
灌木林	16 264.00	6.40	7.43	13.83
疏林地	7 106.13	11.96	9.78	21.75
其他林地	899.64	1.32	1.39	2.72
高覆盖度草地	27 555.50	11.97	16.88	28.85
中覆盖度草地	59 525.30	13.80	16.87	30.67
低覆盖度草地	55 683.60	2.94	7.30	10.23
河渠	636.21	0.00	0.00	0.00
湖泊	136.62	0.00	0.00	0.00
水库坑塘	279.99	0.00	0.00	0.00
永久性冰川雪地	986.40	0.00	0.00	0.00
滩涂	0.00	0.00	0.00	0.00
滩地	1 468.26	0.01	0.01	0.01
城镇用地	604.44	0.04	0.08	0.12
农村居民点	3 225.42	1.23	0.65	1.88
其他建设用地	483.84	0.03	0.07	0.10
沙地	28 248.60	0.28	1.14	1.41
戈壁	71 933.90	0.28	1.16	1.44
盐碱地	7 681.32	0.09	0.30	0.38
沼泽地	2 564.73	0.23	0.83	1.05
裸土地	3 912.30	0.07	0.24	0.31
裸岩石质地	45 356.60	0.17	0.73	0.91
其他	11 261.30	0.04	0.18	0.23
汇总	425 073.70	120.39	110.25	230.63

利用表7–6中植被碳密度数据，可对甘肃省1980年、1990年、2000年、2010年和2020年各地类植被碳储量进行估算，估算结果见表7–7，从表中可知这5年甘肃省植被总碳储量分别为185.60 Tg、200.99 Tg、214.35 Tg、230.63 Tg和238.60 Tg，植被总碳储

量在这40年间的净增长为53 Tg，增幅为28.56%。1980—2020年，植被碳储量增长较大的地类为有林地、疏林地、中覆盖度草地、灌木林和高覆盖度草地，分别增长29.87 Tg、6.73 Tg、4.67 Tg、3.82 Tg和3.69 Tg，增幅依次为47.28%、40.71%、16.91%、35.63%和15.04%，说明甘肃省植被整体呈向好趋势。

表7–6　不同年份甘肃省植被碳密度随土地利用类型的变化

类型	植被碳密度（kg/m²）				
	1980年	1990年	2000年	2010年	2020年
水田	0.30	0.30	0.30	0.30	0.30
旱地	0.40	0.40	0.40	0.40	0.40
有林地	4.51	5.15	5.72	6.25	6.61
灌木林	0.67	0.73	0.79	0.85	0.90
疏林地	2.26	2.57	2.82	3.06	3.25
其他林地	2.26	2.52	2.76	3.02	3.23
高覆盖度草地	0.95	0.98	1.02	1.05	1.07
中覆盖度草地	0.46	0.48	0.50	0.52	0.53
低覆盖度草地	0.15	0.16	0.17	0.18	0.19
河渠	0.00	0.00	0.00	0.00	0.00
湖泊	0.00	0.00	0.00	0.00	0.00
水库坑塘	0.00	0.00	0.00	0.00	0.00
永久性冰川雪地	0.00	0.00	0.00	0.00	0.00
滩涂	0.01	0.01	0.01	0.01	0.01
滩地	0.01	0.01	0.01	0.01	0.01
城镇用地	0.18	0.19	0.19	0.20	0.20
农村居民点	0.64	0.62	0.60	0.58	0.57
其他建设用地	0.21	0.21	0.21	0.21	0.21
沙地	0.05	0.05	0.05	0.05	0.05
戈壁	0.02	0.02	0.02	0.02	0.02
盐碱地	0.05	0.05	0.05	0.05	0.05
沼泽地	0.29	0.33	0.37	0.41	0.44
裸土地	0.08	0.08	0.08	0.08	0.08
裸岩石质地	0.02	0.02	0.02	0.02	0.02
其他	0.02	0.02	0.02	0.02	0.02

表7-7 不同年份甘肃省植被碳储量随土地利用类型的变化

类型	面积(km²)	植被碳储量(Tg)				
		1980年	1990年	2000年	2010年	2020年
水田	199.80	0.06	0.06	0.06	0.06	0.05
旱地	64 853.60	25.76	25.83	26.14	25.94	25.47
有林地	14 206.20	63.18	72.24	80.04	88.74	93.05
灌木林	16 264.00	10.72	11.74	12.56	13.83	14.54
疏林地	7 106.13	16.53	18.83	20.38	21.75	23.26
其他林地	899.64	1.21	1.34	1.53	2.72	2.79
高覆盖度草地	27 555.50	24.53	25.43	26.23	28.85	28.22
中覆盖度草地	59 525.30	27.61	28.86	29.87	30.67	32.28
低覆盖度草地	55 683.60	8.58	9.22	9.93	10.23	10.76
河渠	636.21	0.00	0.00	0.00	0.00	0.00
湖泊	136.62	0.00	0.00	0.00	0.00	0.00
水库坑塘	279.99	0.00	0.00	0.00	0.00	0.00
永久性冰川雪地	986.40	0.00	0.00	0.00	0.00	0.00
滩涂	0.00	0.00	0.00	0.00	0.00	0.00
滩地	1 468.26	0.02	0.02	0.01	0.01	0.01
城镇用地	604.44	0.07	0.07	0.08	0.12	0.18
农村居民点	3 225.42	1.75	1.69	1.76	1.88	1.97
其他建设用地	483.84	0.05	0.05	0.05	0.10	0.26
沙地	28 248.60	1.44	1.44	1.44	1.41	1.41
戈壁	71 933.90	1.46	1.45	1.45	1.44	1.43
盐碱地	7 681.32	0.42	0.42	0.42	0.38	0.38
沼泽地	2 564.73	0.76	0.86	0.97	1.05	1.10
裸土地	3 912.30	0.32	0.31	0.30	0.31	0.31
裸岩石质地	45 356.60	0.90	0.90	0.90	0.91	0.95
其他	11 261.30	0.23	0.23	0.23	0.23	0.18
汇总	425 073.70	185.60	200.99	214.35	230.63	238.60

7.5.2　甘肃省土壤有机碳储量评估

（1）甘肃省土壤有机碳密度空间格局

①1980—2020年甘肃省0～10 cm土壤有机碳密度（图7-21）：

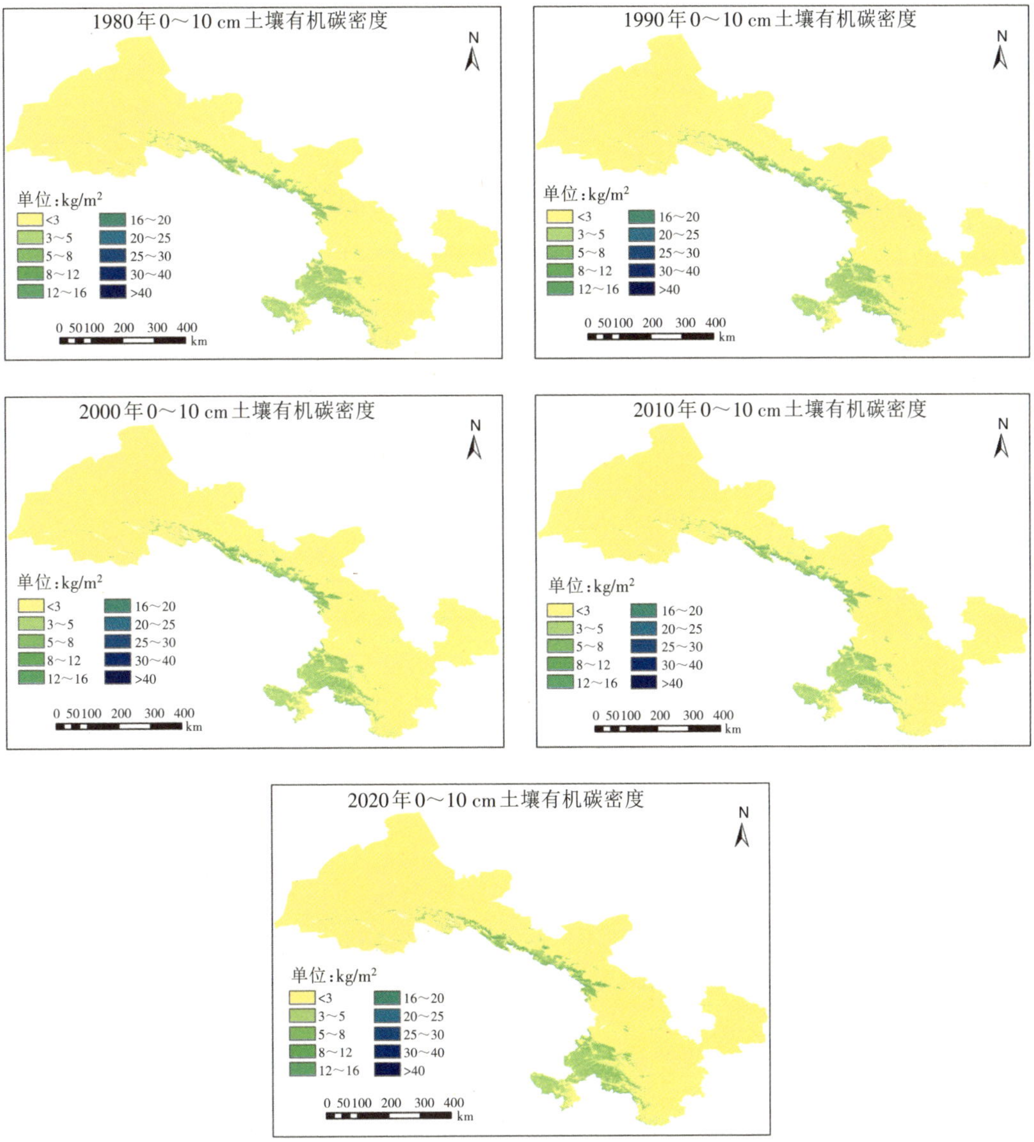

图7-21　1980—2020年甘肃省0～10 cm土壤有机碳密度

由1980—2020年甘肃省各时期0～10 cm土壤有机碳密度空间格局可知，甘肃省大部分区域0～10 cm土壤有机碳密度大于3 kg/m²，低值区广泛分布于河西走廊及其西北部荒漠区、陇中及陇东黄土高原区和陇南山地，中值区主要分布于甘南高原和祁连山区，其中甘南高原是中低值区，祁连山区是中高值区。

②1980—2020年甘肃省0～30 cm土壤有机碳密度（图7-22）：

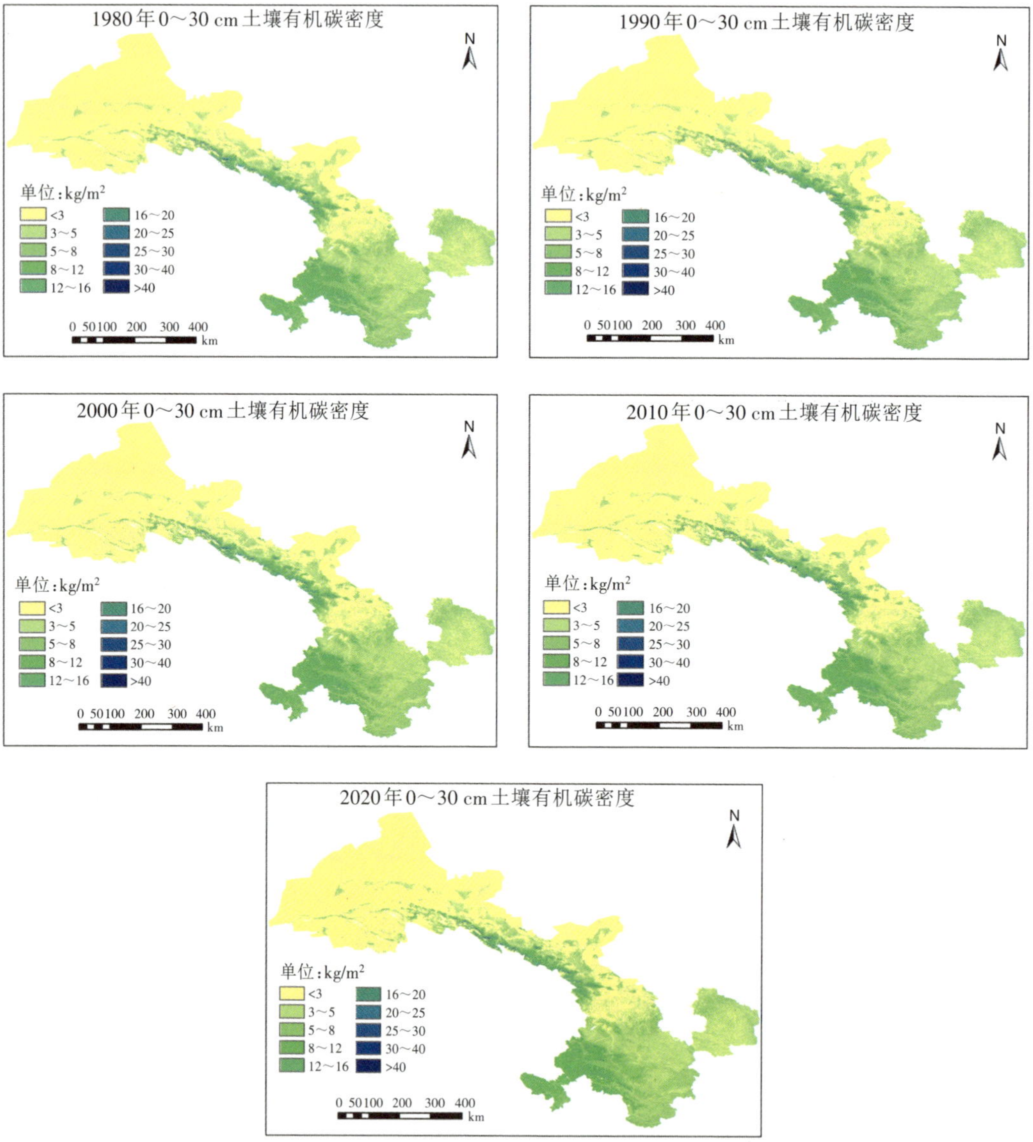

图7-22 1980—2020年甘肃省0～30 cm土壤有机碳密度

甘肃省约有一半区域0～30 cm土壤有机碳密度小于3 kg/m^2，低值区广泛分布于河西走廊西北部荒漠区，中值区主要分布于陇中黄土高原区、陇东西部及河西走廊绿洲区，高值区主要集中在甘南高原和祁连山地。

相比于0～10 cm土壤有机碳密度，甘肃省0～30 cm土壤有机碳密度更大且空间分布更为广泛，例如，祁连山地和甘南高原0～10 cm土壤有机碳密度大多小于8 kg/m^2，但0～30 cm土壤有机碳密度却较大。此外，河西走廊绿洲区、陇中黄土高原区和陇东西部的0～10 cm土壤有机碳密度小于3 kg/m^2，但0～30 cm土壤有机碳密度却大于3 kg/m^2。

③1980—2020年甘肃省0～60 cm土壤有机碳密度（图7-23）：

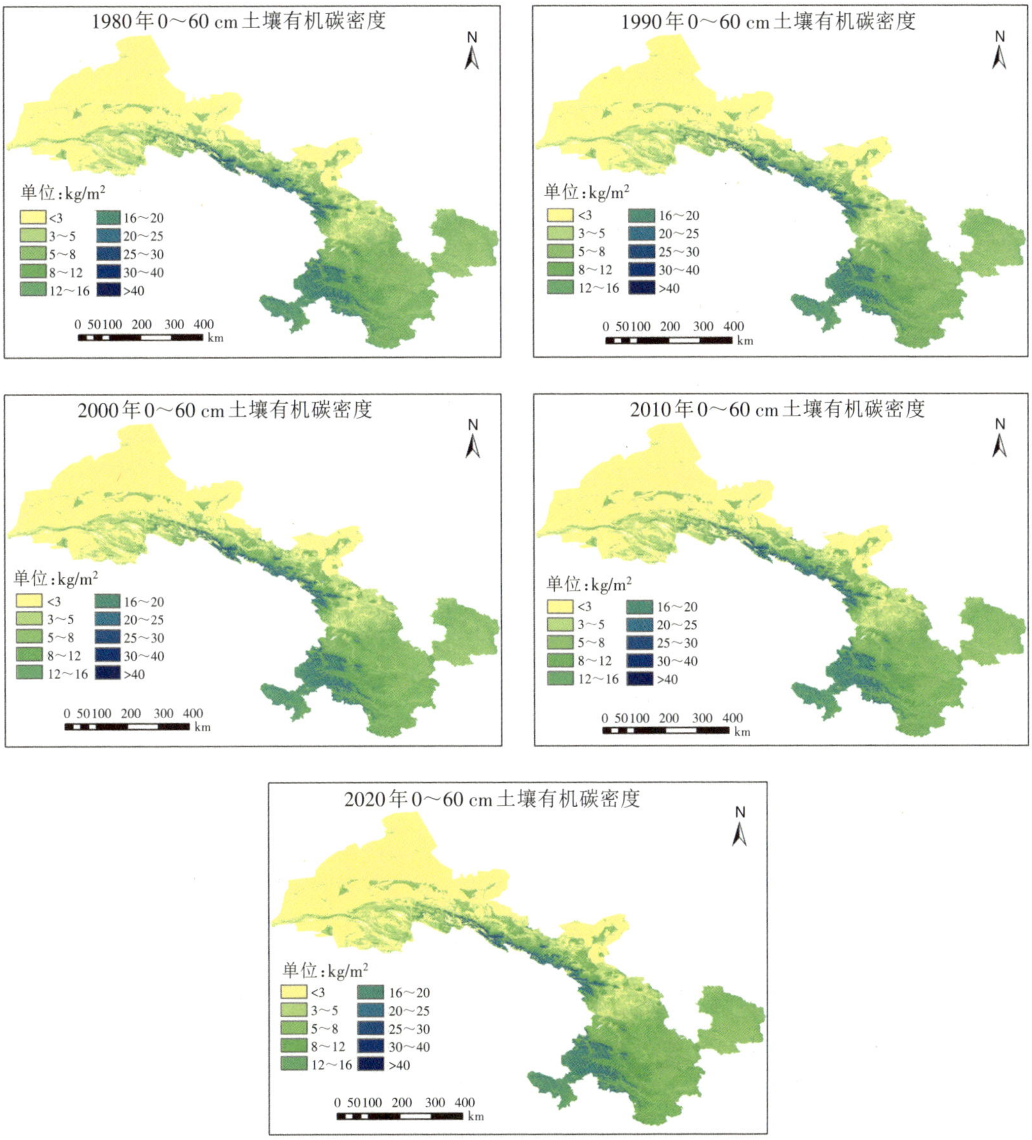

图7-23　1980—2020年甘肃省0～60 cm土壤有机碳密度

甘肃省大部分区域0～60 cm土壤有机碳密度大于5 kg/m²，低值区主要集中于河西走廊北部及西北部的荒漠区，中值区主要分布于陇中黄土高原区、陇东西部及河西走廊绿洲区，高值区主要集中在甘南高原、祁连山地。

相比于0～10 cm土壤和0～30 cm土壤有机碳密度，甘肃省0～60 cm土壤有机碳密度更大且空间分布更为广泛，例如，祁连山地和甘南高原土壤有机碳密度均大于16 kg/m²。此外，河西地区荒漠区南部、河西走廊绿洲区、陇中黄土高原区和陇东西部的土壤有机碳密度均进一步增大，其值基本大于5 kg/m²。

④1980—2020年甘肃省0～100 cm土壤有机碳密度（图7-24）：

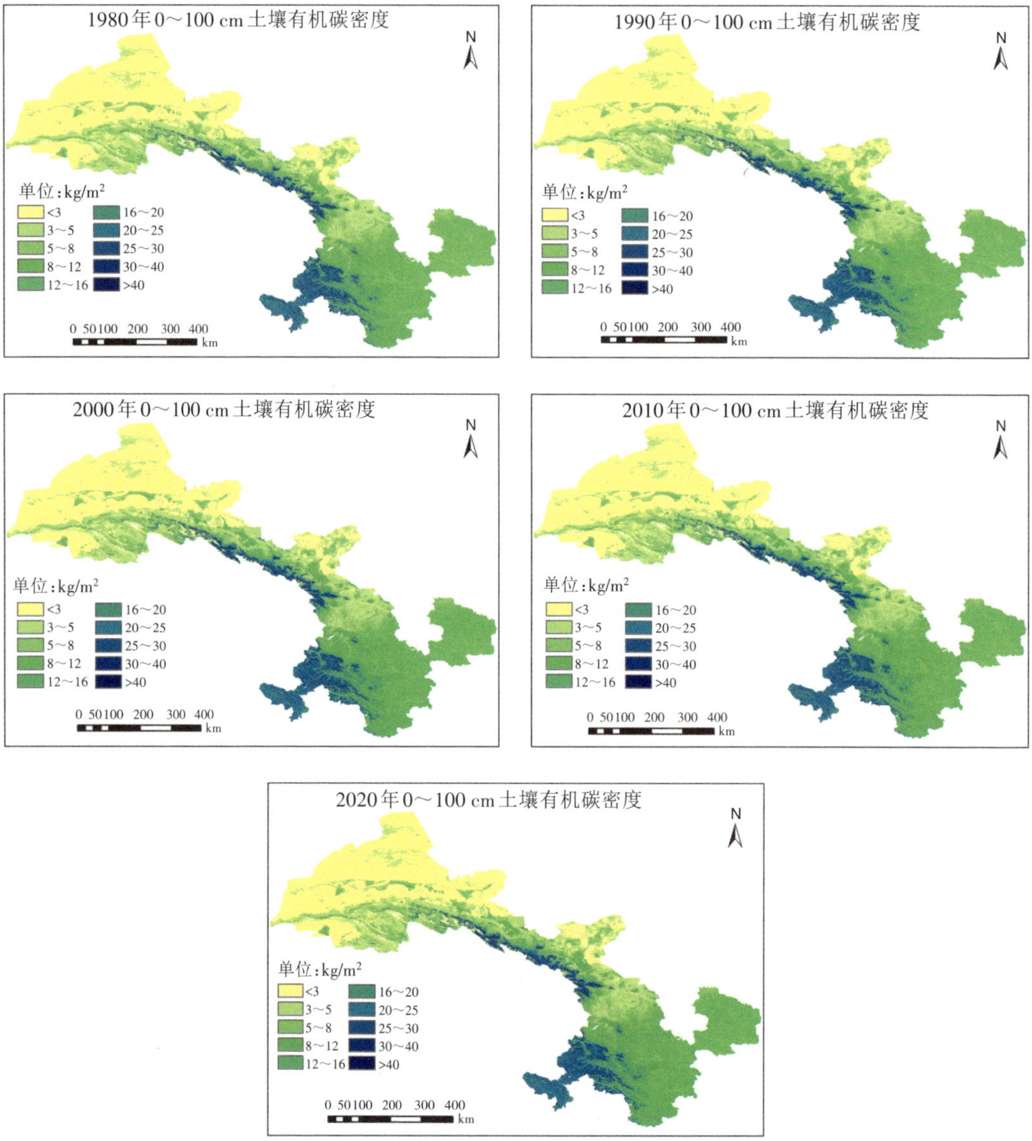

图7-24 1980—2020年甘肃省0～100 cm土壤有机碳密度

0～100 cm土壤有机碳密度为0～100 cm之间各土壤有机碳密度数据的总和。甘肃省0～100 cm土壤有机碳密度基本达到中值区，其中少数低值区集中分布于河西走廊北部荒漠区，中值区主要分布于陇中黄土高原区、陇东西部及河西走廊绿洲区，高值区主要集中在甘南高原、陇南山地、祁连山地区。

（2）甘肃省土壤有机碳密度和碳储量随土地利用类型的变化

各地类的面积乘以对应0～10 cm、0～30 cm、0～60 cm和0～100 cm土壤有机碳密度，即可得到土壤有机碳储量。由表7-8可知，甘肃省土壤有机碳储量较大的地类为中覆盖度草地、旱地、高覆盖度草地、有林地和灌木林，其中0～100 cm土壤有机碳储量在2010年分别为565.76 Tg、469.89 Tg、427.95 Tg、248.77 Tg和228.21 Tg，分别占总土壤有机碳储量的22.65%、18.81%、17.13%、9.96%和9.14%，这五大地类的土壤有机碳储量总和占甘肃省土壤总有机碳储量的77.68%。此外，水域和建设用地由于地类面积较小且碳密度较低，土壤有机碳储量较小，其土壤有机碳储量总和不到甘肃省土壤总有机碳储量的1%；未利用地由于植被覆盖度太低，土壤有机碳储量总和为192.49 Tg，仅占甘肃省土壤总有机碳储量的7.71%。

甘肃省0～100 cm土壤总有机碳储量在1980年、1990年、2000年、2010年、2020年分别为2 353.54 Tg、2 398.69 Tg、2 425.24 Tg、2 498.07 Tg和2 509.32 Tg，土壤总有机碳储量在1980—2020年净增长155.78 Tg，增幅为6.62%。

1980—2020年，土壤有机碳储量增长较大的地类为旱地、中覆盖度草地、高覆盖度草地、有林地和低覆盖度草地，分别增长了70.42 Tg、26.91 Tg、23.94 Tg、13.76 Tg和6.69 Tg，依次占土壤总有机碳增长量的45.20%、17.27%、15.37%、8.83%和4.29%。此外，1980—2020年甘肃省土壤有机碳储量的总增长量为163.95 Tg，减少量为8.17 Tg，说明甘肃省土壤有机碳储量整体呈增加趋势。

表7-8　不同年份甘肃省土壤有机碳储量随土地利用类型的变化

类型	面积(km^2)	0～100 cm土壤有机碳储量(Tg)				
		1980年	1990年	2000年	2010年	2020年
水田	199.80	1.59	1.65	1.68	1.63	1.50
旱地	64 853.60	405.79	431.07	451.86	469.89	476.21
有林地	14 206.20	235.49	239.15	241.14	248.77	249.25
灌木林	16 264.00	222.04	223.36	220.74	228.21	228.57
疏林地	7 106.13	91.40	92.07	91.45	90.70	91.82
其他林地	899.64	6.70	6.71	7.02	11.51	11.12
高覆盖度草地	27 555.50	388.58	393.17	395.39	427.95	412.52
中覆盖度草地	59 525.30	555.82	561.45	562.65	565.76	582.73
低覆盖度草地	55 683.60	191.71	193.98	196.00	194.77	198.40
河渠	636.21	0.00	0.00	0.00	0.00	0.00
湖泊	136.62	0.00	0.00	0.00	0.00	0.00
水库坑塘	279.99	0.00	0.00	0.00	0.00	0.00
永久性冰川雪地	986.40	0.00	0.00	0.00	0.00	0.00

续表7-8

类型	面积(km²)	0～100 cm土壤有机碳储量(Tg)				
		1980年	1990年	2000年	2010年	2020年
滩涂	0.00	0.00	0.00	0.00	0.00	0.00
滩地	1 468.26	4.54	4.51	4.35	4.40	4.45
城镇用地	604.44	1.31	1.32	1.43	2.12	3.15
农村居民点	3 225.42	9.64	9.59	10.34	11.29	12.01
其他建设用地	483.84	0.78	0.79	0.80	1.69	4.31
沙地	28 248.60	27.43	27.40	27.39	26.84	26.76
戈壁	71 933.90	91.00	90.73	90.71	89.92	89.36
盐碱地	7 681.32	12.51	12.58	12.54	11.52	11.33
沼泽地	2 564.73	52.61	52.53	52.23	51.29	49.80
裸土地	3 912.30	8.64	8.67	8.28	8.80	8.80
裸岩石质地	45 356.60	21.08	21.77	22.16	22.67	24.04
其他	11 261.30	24.88	26.19	27.08	28.34	23.19
汇总	425 073.70	2 353.54	2 398.69	2 425.24	2 498.07	2 509.32

7.5.3 甘肃省生态系统碳储量评估

(1) 1980—2020年甘肃省生态系统碳密度空间格局

1980—2020年甘肃省各时期生态系统碳密度空间格局如图7-25所示，低值区主要分布在河西走廊西北荒漠区，少部分分布在河西走廊区，中值区主要分布在陇中黄土高原、陇东黄土丘陵、陇南天水林区及河西走廊绿洲区，高值区主要分布在甘南高原和祁连山地。

(2) 1980—2020年甘肃省生态系统碳密度和碳储量随土地利用类型的变化

利用不同年份的生态系统碳密度计算甘肃省1980年、1990年、2000年、2010年和2020年生态系统碳储量（表7-9），可得甘肃省生态系统总碳储量分别为2 539.14 Tg、2 599.70 Tg、2 639.59 Tg、2 728.71 Tg和2 747.93 Tg，生态系统总碳储量在40年内净增长208.79 Tg，增幅为8.22%。1980—2020年，生态系统碳储量增长较大的地类有旱地、有林地、中覆盖度草地、高覆盖度草地及灌木林，分别增长70.13 Tg、43.63 Tg、31.58 Tg、27.63 Tg和10.35 Tg，增幅依次为16.25%、14.61%、5.41%、6.69%和4.45%。综合而言，甘肃省生态系统碳储量整体呈向好趋势。

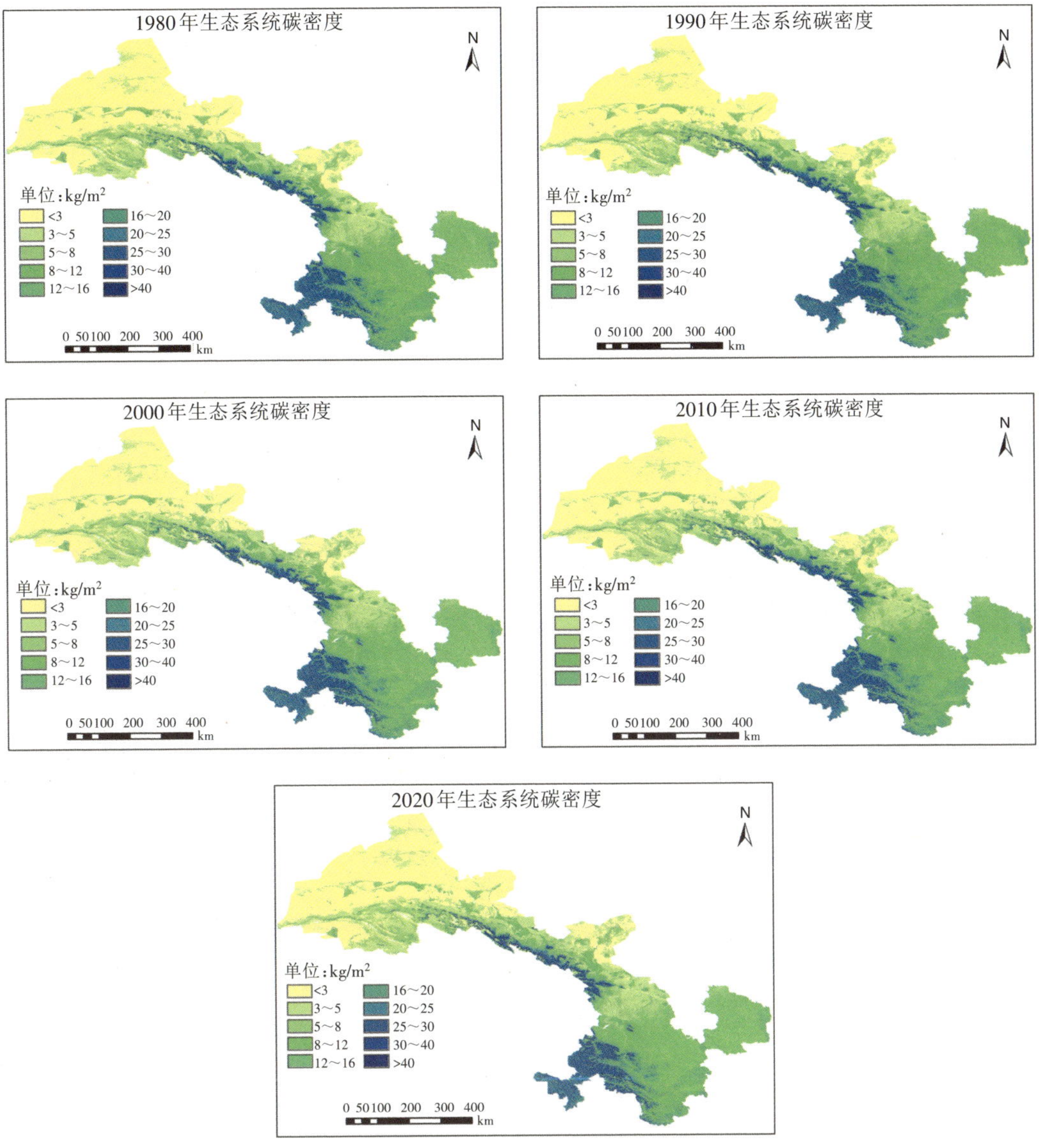

图7-25　1980—2020年甘肃省生态系统碳密度

表7-9　不同年份甘肃省生态系统碳储量随土地利用类型的变化

类型	面积(km²)	生态系统碳储量(Tg)				
		1980年	1990年	2000年	2010年	2020年
水田	199.80	1.65	1.71	1.75	1.69	1.55
旱地	64 853.60	431.55	456.90	478.01	495.83	501.68
有林地	14 206.20	298.67	311.39	321.18	337.51	342.30
灌木林	16 264.00	232.76	235.11	233.30	242.04	243.11

续表7-9

类型	面积(km²)	生态系统碳储量(Tg)				
		1980年	1990年	2000年	2010年	2020年
疏林地	7 106.13	107.94	110.90	111.82	112.44	115.08
其他林地	899.64	7.92	8.05	8.56	14.23	13.91
高覆盖度草地	27 555.50	413.11	418.60	421.61	456.80	440.74
中覆盖度草地	59 525.30	583.43	590.31	592.52	596.43	615.01
低覆盖度草地	55 683.60	200.30	203.20	205.93	205.00	209.16
河渠	636.21	0.00	0.00	0.00	0.00	0.00
湖泊	136.62	0.00	0.00	0.00	0.00	0.00
水库坑塘	279.99	0.00	0.00	0.00	0.00	0.00
永久性冰川雪地	986.40	0.00	0.00	0.00	0.00	0.00
滩涂	0.00	0.00	0.00	0.00	0.00	0.00
滩地	1 468.26	4.56	4.53	4.37	4.42	4.47
城镇用地	604.44	1.38	1.39	1.51	2.23	3.33
农村居民点	3 225.42	11.39	11.27	12.10	13.17	13.98
其他建设用地	483.84	0.83	0.83	0.85	1.80	4.57
沙地	28 248.60	28.88	28.84	28.83	28.25	28.17
戈壁	71 933.90	92.45	92.18	92.16	91.36	90.79
盐碱地	7 681.32	12.92	13.00	12.95	11.91	11.71
沼泽地	2 564.73	53.36	53.40	53.20	52.35	50.90
裸土地	3 912.30	8.95	8.99	8.58	9.11	9.11
裸岩石质地	45 356.60	21.98	22.68	23.06	23.58	24.99
其他	11 261.30	25.11	26.42	27.30	28.56	23.37
汇总	425 073.70	2 539.14	2 599.70	2 639.59	2 728.71	2 747.93

（3）甘肃省生态系统碳密度和碳储量统计

甘肃省各市州生态系统碳密度和碳储量的变化见表7-10。由表可知，在市州尺度上，甘南州生态系统碳储量最高，为688.30 Tg，占甘肃省生态系统总碳储量的25.22%；张掖市生态系统碳储量为347.21 Tg，占甘肃省生态系统总碳储量的12.73%；酒泉市生态系统碳储量为337.23 Tg，占甘肃省生态系统总碳储量的12.36%。甘南州、张掖市、酒泉市这3个市州的生态系统总碳储量占甘肃省生态系统总碳储量的50.31%。生态系统碳储量相对较低的地级市从低到高依次为嘉峪关市、金昌市、临夏州、兰州市和平凉市，这5个市州的生态系统总碳储量占甘肃省生态系统总碳储量的10.27%。

表7-10 甘肃省各市州生态系统碳密度和碳储量的变化

市州	面积(km²)	碳密度(kg/m²)	碳储量(Tg)
兰州市	12 960.79	6.06	78.57
嘉峪关市	1 229.53	2.75	3.38
金昌市	7 565.59	5.22	39.50
白银市	20 095.03	4.95	99.38
天水市	14 276.79	8.22	117.36
武威市	32 583.78	6.12	199.47
张掖市	38 581.89	9.00	347.21
平凉市	11 119.98	7.43	82.63
酒泉市	167 655.49	2.01	337.23
庆阳市	27 123.77	7.27	197.20
定西市	19 611.72	9.26	181.67
陇南市	27 845.28	10.08	280.74
临夏州	8 088.32	9.40	76.07
甘南州	36 695.61	18.76	688.30
汇总	425 073.70	6.42	2 728.71

在县域尺度上，生态系统碳储量前10的区县的生态系统碳储量总和为1 181.1 Tg，占甘肃省生态系统总碳储量的43.28%，这些区县主要分布在甘南高原（甘南州夏河县、甘南州玛曲县、甘南州卓尼县等）和河西走廊绿洲区（武威市天祝县、张掖市肃南县等）。生态系统碳储量最少的10个区县的生态系统碳储量总和为28.97 Tg，占甘肃省生态系统总碳储量的1.06%，这些区县主要分布在陇中黄土高原区（兰州市城关区、兰州市安宁区、白银市白银区、临夏州临夏市等）。说明甘肃省生态系统碳储量具有明显的空间异质性，尤其是陇中黄土高原区还需要加强对生态环境的治理和保护，提高植被覆盖度，以提高甘肃省生态系统总碳储量。

7.6 甘肃省生态系统固碳效应评估

7.6.1 甘肃省植被固碳效应评估

(1) 1980—2020年甘肃省植被固碳速率空间格局

以10年为周期计算1980—2020年甘肃省植被固碳速率空间格局，结果如图7-26所示。整体而言，甘肃省大部分区域植被固碳速率在-5～5 g/(m²·a)之间，其中植被固碳速率小于0的区域主要分布于河西走廊地区，植被固碳速率大于0的区域主要位于祁连山地及甘肃省陇南山地。

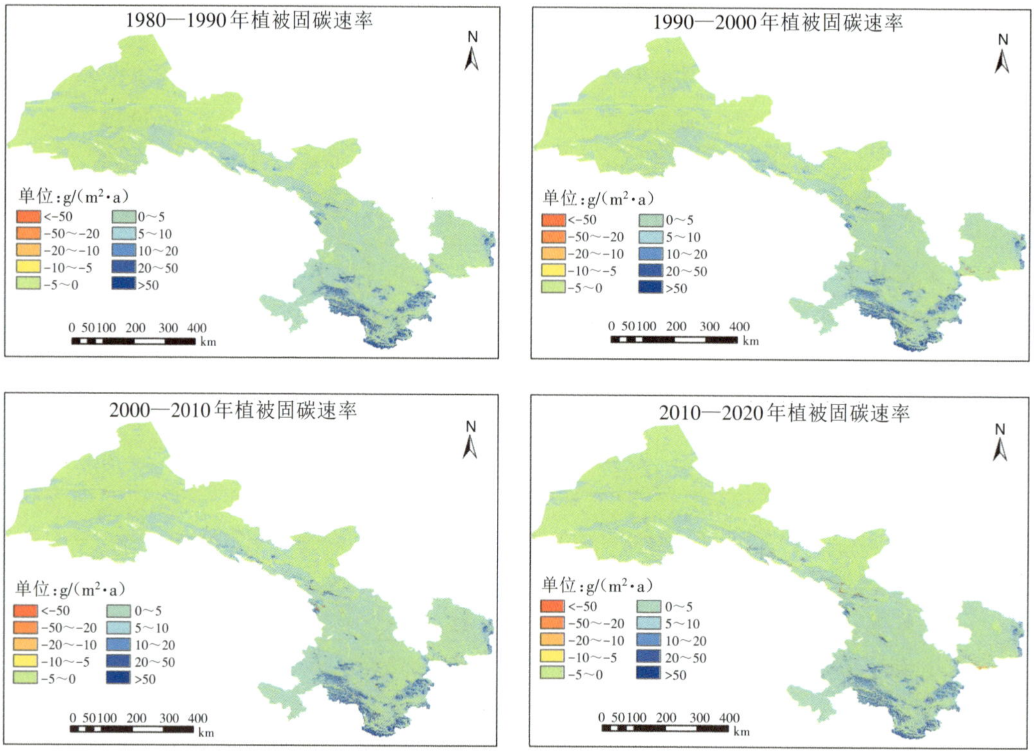

图7-26 1980—2020年甘肃省植被固碳速率(以10年为周期)

以20年为周期计算1980—2020年甘肃省植被固碳速率空间格局，结果如图7-27所示。植被固碳速率小于0的区域主要分布于河西走廊地区，植被固碳速率大于0的区域主要位于祁连山地及甘肃省陇南山地。相比于1980—2000年，2000—2020年甘肃省植被固碳速率高值区变化较大，具体表现为陇南山地固碳速率高值范围略有扩张，陇东部分地区固碳速率降低（图7-27）。

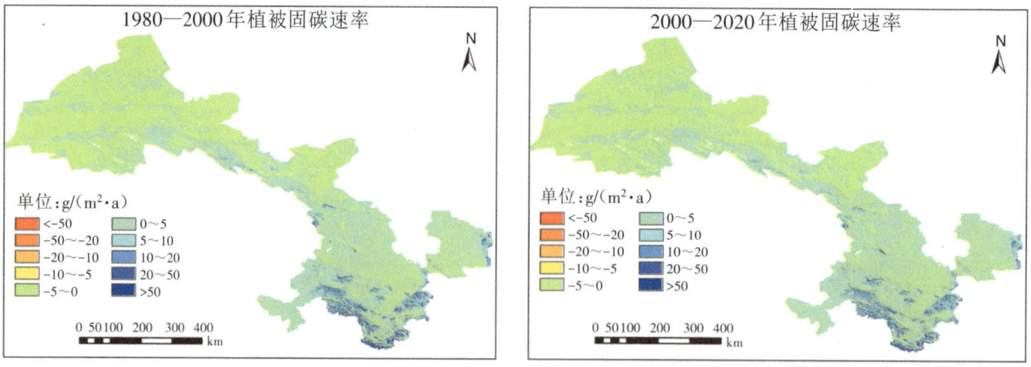

图7-27 1980—2020年甘肃省植被固碳速率(以20年为周期)

以40年为周期计算1980—2020年甘肃省植被固碳速率空间格局，结果如图7-28所示。甘肃省大部分区域植被固碳速率变化不大［在-5～5 g/(m²·a）之间］，其中植被固碳速率小于0的区域主要分布于河西走廊地区，植被固碳速率大于0的区域主要位于祁连山地及甘肃省陇南山地，且植被固碳速率呈增长状态。

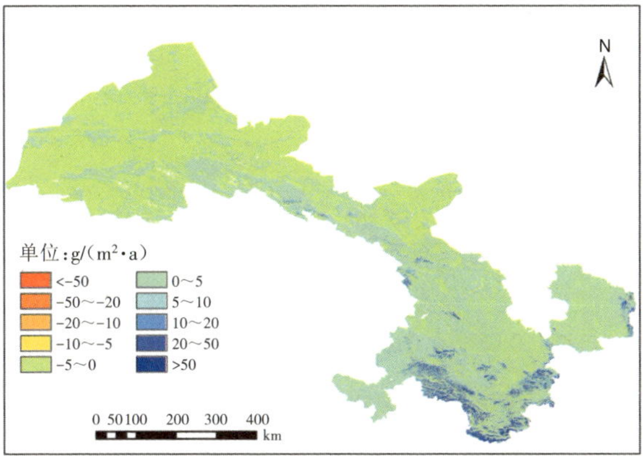

图7-28　1980—2020年甘肃省植被固碳速率

（2）1980—2020年甘肃省植被固碳速率随土地利用类型的变化

以10年、20年、40年为周期，计算1980—2020年甘肃省各地类植被固碳速率。1980—2020年，甘肃省有林地固碳速率最高［52.46 g/(m²·a)］，其次为疏林地［24.9 g/(m²·a)］和其他林地[24.38 g/(m²·a)]。此外，农村居民点在这40年间固碳速率为-1.71 g/(m²·a)。

从不同时期甘肃省植被固碳量（表7-11）来看，1980—2020年，甘肃省固碳量最大的地类为有林地（29.866 Tg)，其次为疏林地、中覆盖度草地、灌木林和高覆盖度草地，对应固碳量依次为6.725 Tg、4.665 Tg 、3.816 Tg 和3.690 Tg，上述这五大地类的固碳量总和占甘肃省植被总固碳量的92%。自1980年以来，甘肃省林地、草地、建设用地的固碳量总体为正值，而耕地、未利用地（除沼泽地和裸岩石质地）的固碳量整体为负值，其中，在1980—2000年，由于耕地大面积开垦，耕地植被固碳量为0.377 Tg，后由于退耕还林还草政策，耕地面积减少，耕地植被固碳量为-0.671 Tg，说明甘肃省政策会对甘肃省植被固碳量产生影响，因此在制定政策之前，应多方面考虑，并以环境保护为中心。

表7-11　不同时期甘肃省植被固碳量随土地利用类型的变化

类型	不同时期植被固碳量(Tg)						
	1980—1990年	1990—2000年	2000—2010年	2010—2020年	1980—2000年	2000—2020年	1980—2020年
水田	0.001	0.000	-0.003	-0.006	0.001	-0.009	-0.009
旱地	0.067	0.309	-0.199	-0.472	0.377	-0.671	-0.295
有林地	9.062	7.795	8.703	4.306	16.858	13.009	29.866
灌木林	1.021	0.814	1.272	0.708	1.836	1.980	3.816

续表7-11

类型	不同时期植被固碳量(Tg)						
	1980—1990年	1990—2000年	2000—2010年	2010—2020年	1980—2000年	2000—2020年	1980—2020年
疏林地	2.294	1.546	1.373	1.512	3.840	2.885	6.725
其他林地	0.131	0.188	1.186	0.076	0.318	1.262	1.581
高覆盖度草地	0.898	0.801	2.623	−0.632	1.699	1.991	3.690
中覆盖度草地	1.249	1.005	0.805	1.605	2.255	2.410	4.665
低覆盖度草地	0.638	0.711	0.301	0.529	1.349	0.830	2.179
河渠	0.000	0.000	0.000	0.000	0.000	0.000	0.000
湖泊	0.000	0.000	0.000	0.000	0.000	0.000	0.000
水库坑塘	0.000	0.000	0.000	0.000	0.000	0.000	0.000
永久性冰川雪地	0.000	0.000	0.000	0.000	0.000	0.000	0.000
滩涂	0.000	0.000	0.000	0.000	0.000	0.000	0.000
滩地	0.000	−0.001	0.000	0.000	−0.001	0.000	0.000
城镇用地	0.003	0.009	0.041	0.062	0.012	0.103	0.115
农村居民点	−0.062	0.078	0.116	0.085	0.016	0.201	0.217
其他建设用地	0.000	0.001	0.054	0.158	0.001	0.211	0.212
沙地	−0.002	−0.001	−0.029	−0.004	−0.002	−0.033	−0.036
戈壁	−0.004	0.000	−0.013	−0.009	−0.005	−0.022	−0.026
盐碱地	0.003	−0.002	−0.034	−0.006	0.001	−0.040	−0.039
沼泽地	0.106	0.110	0.081	0.042	0.215	0.123	0.339
裸土地	−0.002	−0.016	0.015	−0.002	−0.018	0.013	−0.004
裸岩石质地	0.008	0.000	0.002	0.043	0.008	0.045	0.053
其他	0.000	0.000	−0.001	−0.047	0.000	−0.048	−0.048
汇总	15.411	13.347	16.293	7.948	28.760	24.240	53.001

7.6.2 甘肃省土壤固碳效应评估

（1）1980—2020年甘肃省土壤固碳速率空间格局

以10年为周期计算1980—2020年甘肃省土壤固碳速率空间格局，结果如图7-29所示。甘肃省土壤固碳速率呈现出自东南向西北递减的空间格局，与甘肃省植被种类变化林地—草原—荒漠呈现一致性。

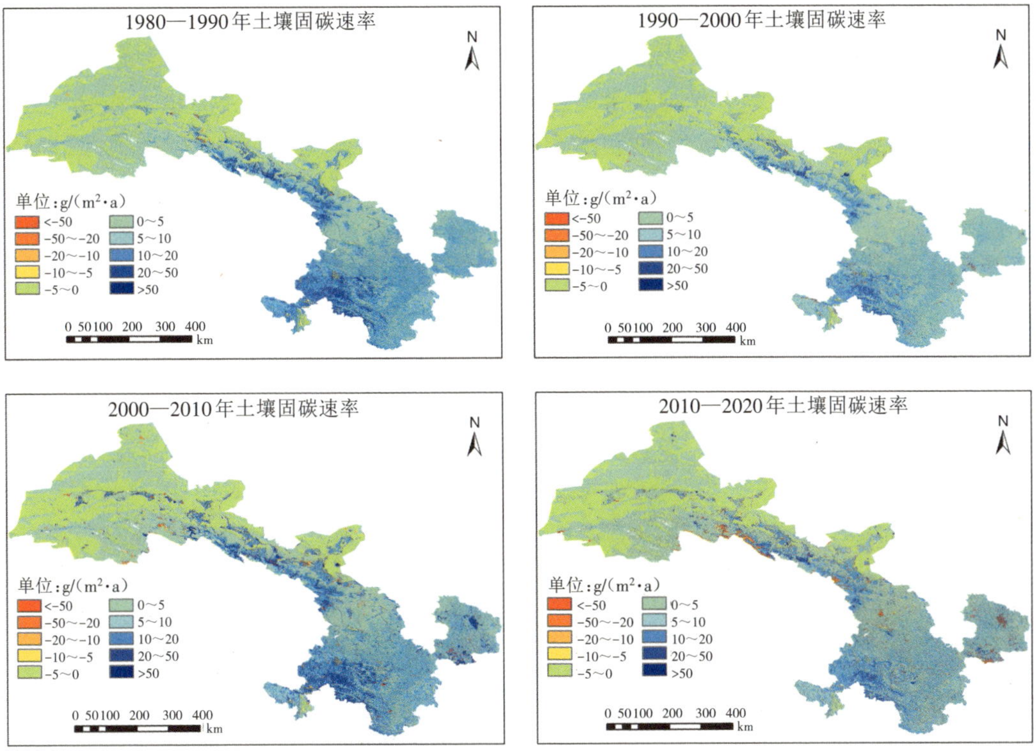

图7-29　1980—2020年甘肃省土壤固碳速率（以10年为周期）

河西走廊西北荒漠区土壤固碳速率为-10～0 g/(m²·a)，祁连山地、甘南高原和陇南天水林区大部分地区土壤固碳速率在10 g/(m²·a) 以上，土壤固碳速率较高，陇中陇东黄土高原区土壤固碳速率介于0～20 g/(m²·a) 之间。2000年之后，甘肃省极少部分区域出现土壤固碳速率明显下降趋势，说明甘肃省生态环境治理工作需进一步完善。

以20年为周期计算1980—2020年甘肃省土壤固碳速率空间格局，结果如图7-30所示。1980—2020年甘肃省土壤固碳速率呈自东南向西北递减的空间格局，与甘肃省植被种类变化林地—草原—荒漠呈现一致性。2000—2020年，祁连山地和陇中陇东黄土高原

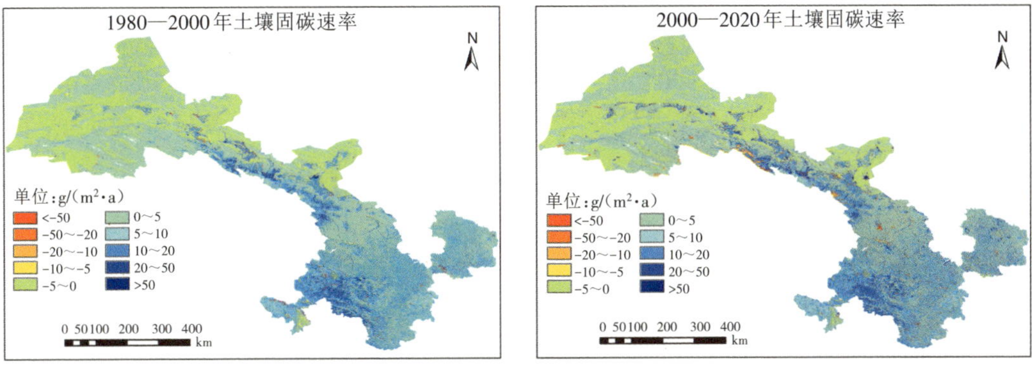

图7-30　1980—2020年甘肃省土壤固碳速率（以20年为周期）

地区极少部分区域土壤固碳速率出现减少趋势，且减少趋势显著。

以40年为周期计算1980—2020年甘肃省土壤固碳速率空间格局，结果如图7-31所示。甘肃省土壤固碳速率呈自东南向西北递减的空间格局，与甘肃省植被种类变化林地—草原—荒漠呈现一致性。河西走廊西北荒漠区土壤固碳速率小于0，该地区干旱少雨、蒸发量大，以戈壁、沙地、裸岩石质地等未利用地为主，土壤固碳速率呈降低状态；祁连山地、甘南高原及陇南山地自然生态条件较好，光热充足，气候温和，降雨丰富，适宜植物生长，该区域植被覆盖度较高，且多以灌木林、森林为主，土壤固碳速率普遍大于20 g/(m²·a)。其中，陇中陇东黄土高原区和祁连山地极少部分区域的土壤固碳速率呈减少趋势，大部分地区土壤固碳速率介于0～20 g/(m²·a）之间。

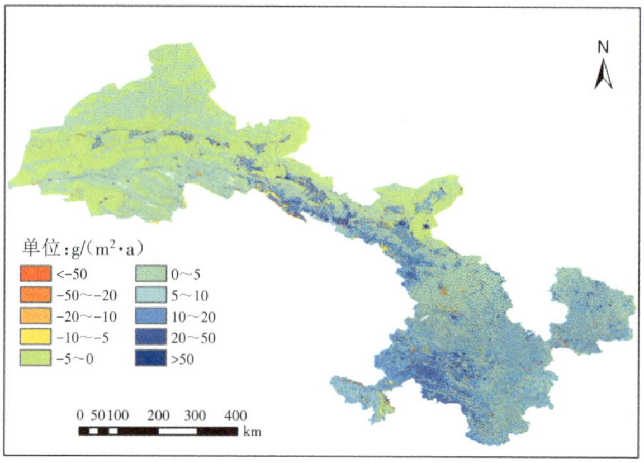

图7-31 1980—2020年甘肃省土壤固碳速率

(2) 1980—2020年甘肃省土壤固碳速率随土地利用类型的变化

以10年、20年、40年为周期，计算1980—2020年甘肃省各地类土壤固碳速率（表7-12)。其中，旱地土壤固碳速率最高，2010—2020年这10年固碳速率为23.34 g/(m²·a)，2000—2020年这20年固碳速率为28.23 g/(m²·a)，1980—2020年这40年固碳速率为29.47 g/(m²·a)。其次为有林地，2010—2020年这10年固碳速率为19.12 g/(m²·a)，2000—2020年这20年固碳速率为23.14 g/(m²·a)，1980—2020年这40年固碳速率为22.31 g/(m²·a)。

从不同时期甘肃省各地类土壤固碳量来看（表7-13)，1980—2020年甘肃省土壤固碳量最大的地类为旱地（70.420 Tg)，其次为中覆盖度草地、高覆盖度草地、有林地和低覆盖度草地，其对应土壤固碳量依次为26.914 Tg、23.943 Tg、13.766 Tg和6.682 Tg，上述五大地类土壤固碳量总量占甘肃省土壤总固碳量的90.97%。滩地、沙地、盐碱地、沼泽地和其他未利用地土壤固碳量呈减少趋势。

表7-12　不同时期甘肃省土壤固碳速率随土地利用类型的变化

类型	不同时期土壤固碳速率[g/(m²·a)]						
	1980—1990年	1990—2000年	2000—2010年	2010—2020年	1980—2000年	2000—2020年	1980—2020年
水田	19.86	17.54	20.76	12.82	18.70	16.79	17.74
旱地	37.51	23.92	33.11	23.34	30.72	28.23	29.47
有林地	24.59	18.35	27.16	19.12	21.47	23.14	22.31
灌木林	5.89	3.83	6.02	4.02	4.86	5.02	4.94
疏林地	10.41	8.12	11.28	7.07	9.26	9.18	9.22
其他林地	11.20	9.69	12.30	6.37	10.44	9.33	9.89
高覆盖度草地	17.00	12.65	18.40	10.12	14.82	14.26	14.54
中覆盖度草地	10.10	6.47	7.88	5.72	8.29	6.80	7.54
低覆盖度草地	5.20	3.64	5.94	3.51	4.42	4.72	4.57
河渠	0.00	0.00	0.00	0.00	0.00	0.00	0.00
湖泊	0.00	0.00	0.00	0.00	0.00	0.00	0.00
水库坑塘	0.00	0.00	0.00	0.00	0.00	0.00	0.00
永久性冰川雪地	0.00	0.00	0.00	0.00	0.00	0.00	0.00
滩涂	0.00	0.00	0.00	0.00	0.00	0.00	0.00
滩地	0.00	0.00	0.00	0.00	0.00	0.00	0.00
城镇用地	−1.22	−0.87	−0.94	−0.78	−1.05	−0.86	−0.95
农村居民点	−1.04	−0.76	−1.22	−0.76	−0.90	−0.99	−0.95
其他建设用地	−0.98	−0.89	−0.97	−0.73	−0.93	−0.85	−0.89
沙地	0.00	0.00	0.00	0.00	0.00	0.00	0.00
戈壁	0.00	0.00	0.00	0.00	0.00	0.00	0.00
盐碱地	0.00	0.00	0.00	0.00	0.00	0.00	0.00
沼泽地	−5.63	−4.60	−4.80	−3.87	−5.11	−4.33	−4.72
裸土地	2.20	1.50	2.22	1.29	1.85	1.75	1.80
裸岩石质地	1.12	0.85	1.01	0.63	0.99	0.82	0.90
其他	11.70	7.82	12.12	8.18	9.76	10.15	9.96
汇总	10.62	6.24	17.13	2.65	8.43	9.89	9.16

表 7-13 不同时期甘肃省土壤固碳量随土地利用类型的变化

类型	不同时期土壤固碳量(Tg)						
	1980—1990年	1990—2000年	2000—2010年	2010—2020年	1980—2000年	2000—2020年	1980—2020年
水田	0.060	0.037	−0.050	−0.135	0.097	−0.185	−0.087
旱地	25.280	20.798	18.028	6.314	46.079	24.341	70.420
有林地	3.664	1.989	7.625	0.489	5.653	8.114	13.766
灌木林	1.322	−2.625	7.468	0.363	−1.302	7.831	6.529
疏林地	0.671	−0.622	−0.752	1.128	0.048	0.375	0.423
其他林地	0.005	0.316	4.488	−0.392	0.321	4.097	4.418
高覆盖度草地	4.593	2.213	32.562	−15.427	6.807	17.136	23.943
中覆盖度草地	5.634	1.200	3.107	16.973	6.834	20.081	26.914
低覆盖度草地	2.269	2.016	−1.229	3.626	4.285	2.397	6.682
河渠	0.000	0.000	0.000	0.000	0.000	0.000	0.000
湖泊	0.000	0.000	0.000	0.000	0.000	0.000	0.000
水库坑塘	0.000	0.000	0.000	0.000	0.000	0.000	0.000
永久性冰川雪地	0.000	0.000	0.000	0.000	0.000	0.000	0.000
滩涂	0.000	0.000	0.000	0.000	0.000	0.000	0.000
滩地	−0.031	−0.161	0.054	0.048	−0.193	0.102	−0.090
城镇用地	0.009	0.111	0.687	1.036	0.120	1.724	1.843
农村居民点	−0.054	0.754	0.948	0.723	0.700	1.671	2.371
其他建设用地	0.003	0.016	0.891	2.617	0.019	3.508	3.527
沙地	−0.032	−0.013	−0.553	−0.077	−0.045	−0.630	−0.675
戈壁	−0.271	−0.018	−0.791	−0.562	−0.289	−1.354	−1.643
盐碱地	0.077	−0.049	−1.014	−0.193	0.028	−1.207	−1.178
沼泽地	−0.075	−0.306	−0.933	−1.490	−0.381	−2.423	−2.804
裸土地	0.036	−0.389	0.515	−0.003	−0.353	0.512	0.159
裸岩石质地	0.688	0.386	0.511	1.375	1.074	1.887	2.961
其他	1.313	0.884	1.262	−5.145	2.197	−3.884	−1.686
汇总	45.161	26.537	72.824	11.268	71.699	84.093	155.793

7.6.3 甘肃省生态系统固碳效应评估

(1) 1980—2020年甘肃省生态系统固碳速率空间格局

以10年为周期计算1980—2020年甘肃省生态系统固碳速率空间格局，结果如图7-32所示。甘肃省生态系统固碳速率呈现出自东南向西北递减的空间格局，与甘肃省植被种类变化林地—草原—荒漠呈现一致性。

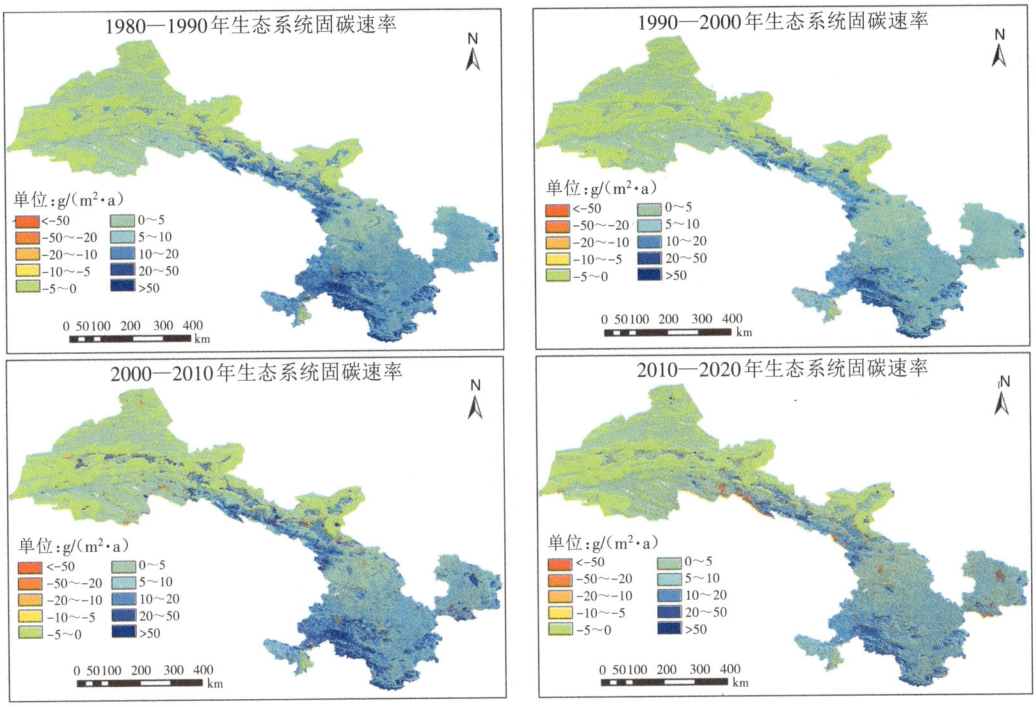

图7-32 1980—2020年甘肃省生态系统固碳速率(以10年为周期)

以20年为周期计算1980—2020年甘肃省生态系统固碳速率空间格局，结果如图7-33所示。1980—2020年甘肃省生态系统固碳速率呈自东南向西北递减的空间格局，与甘肃省植被种类变化林地—草原—荒漠呈现一致性。2000—2020年，祁连山地和陇中陇东黄土高原地区极少部分地区生态系统固碳速率出现减少趋势，且减少趋势显著。

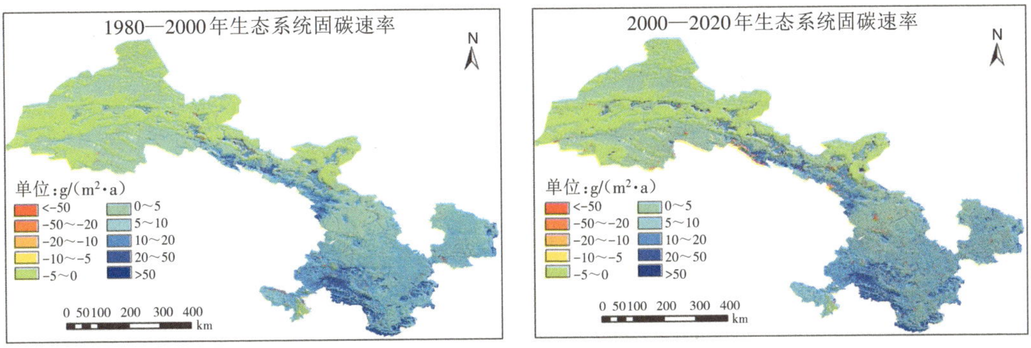

图7-33 1980—2020年甘肃省生态系统固碳速率(以20年为周期)

以40年为周期计算1980—2020年甘肃省生态系统固碳速率空间格局，结果如图7-34所示。甘肃省生态系统固碳速率呈自东南向西北递减的空间格局，与甘肃省植被种类变化林地—草原—荒漠呈一致性。河西走廊西北荒漠区生态系统固碳率小于0，陇中陇东黄土高原区、甘南高原和祁连山地极少部分区域的生态系统固碳速率呈减少趋势，大部分地区生态系统固碳速率介于10～20 g/(m²·a）之间。

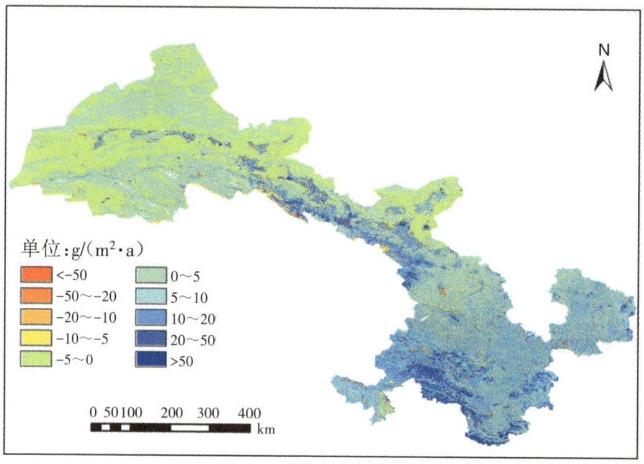

图7-34 1980—2020年甘肃省生态系统固碳速率

(2) 1980—2020年甘肃省生态系统固碳速率随土地利用类型的变化

以10年、20年、40年为周期，计算1980—2020年甘肃省各地类生态系统固碳速率（表7-14）。1980—2020年，甘肃省整个生态系统的固碳速率为12.28 g/(m²·a)，其中有林地生态系统固碳速率最高[74.76 g/(m²·a)]，其次为其他林地[34.27 g/(m²·a)]、疏林地[34.12 g/(m²·a)]和旱地[29.47 g/(m²·a)]。此外，城镇用地、其他建设用地、沼泽地和农村居民点生态系统固碳速率为负值。

表7-14 不同时期甘肃省生态系统固碳速率随土地利用类型的变化

类型	不同时期生态系统固碳速率[g/(m²·a)]						
	1980—1990年	1990—2000年	2000—2010年	2010—2020年	1980—2000年	2000—2020年	1980—2020年
水田	19.86	17.54	20.76	12.82	18.70	16.79	17.74
旱地	37.51	23.92	33.11	23.34	30.72	28.23	29.47
有林地	88.81	75.33	79.62	55.28	82.07	67.45	74.76
灌木林	12.15	10.06	11.57	8.49	11.10	10.03	10.57
疏林地	41.95	32.93	35.48	26.12	37.44	30.80	34.12
其他林地	37.55	34.07	38.08	27.38	35.81	32.73	34.27
高覆盖度草地	20.43	16.02	21.30	12.34	18.22	16.82	17.52
中覆盖度草地	12.22	8.38	9.37	7.15	10.30	8.26	9.28

续表7-14

类型	不同时期生态系统固碳速率[g/(m²·a)]						
	1980—1990年	1990—2000年	2000—2010年	2010—2020年	1980—2000年	2000—2020年	1980—2020年
低覆盖度草地	6.37	4.90	6.89	4.29	5.63	5.59	5.61
河渠	0.00	0.00	0.00	0.00	0.00	0.00	0.00
湖泊	0.00	0.00	0.00	0.00	0.00	0.00	0.00
水库坑塘	0.00	0.00	0.00	0.00	0.00	0.00	0.00
永久性冰川雪地	0.00	0.00	0.00	0.00	0.00	0.00	0.00
滩涂	0.00	0.00	0.00	0.00	0.00	0.00	0.00
滩地	0.00	0.00	0.00	0.00	0.00	0.00	0.00
城镇用地	−0.62	−0.21	−0.47	−0.42	−0.41	−0.44	−0.43
农村居民点	−3.16	−2.73	−2.83	−1.92	−2.95	−2.37	−2.66
其他建设用地	−0.98	−0.89	−0.97	−0.73	−0.93	−0.85	−0.89
沙地	0.00	0.00	0.00	0.00	0.00	0.00	0.00
戈壁	0.00	0.00	0.00	0.00	0.00	0.00	0.00
盐碱地	0.00	0.00	0.00	0.00	0.00	0.00	0.00
沼泽地	−1.63	−0.28	−1.04	−1.03	−0.95	−1.04	−1.00
裸土地	2.20	1.50	2.22	1.29	1.85	1.75	1.80
裸岩石质地	1.12	0.85	1.01	0.63	0.99	0.82	0.90
其他	11.70	7.82	12.12	8.18	9.76	10.15	9.96
汇总	14.25	9.38	20.97	4.52	11.82	12.74	12.28

从不同时期甘肃省各地类生态系统固碳量来看（表7-15），1980—2020年甘肃省生态系统固碳量总值为208.793 Tg，其中旱地生态系统固碳量最大（70.126 Tg），其次为有林地（43.633 Tg）、中覆盖度草地（31.579 Tg）和高覆盖度草地（27.633 Tg），上述四大地类生态系统固碳量总和占甘肃省生态系统总固碳量的82.84%。生态系统固碳量小于0的地类主要为未利用地（滩地、沙地、盐碱地、戈壁、沼泽地及其他未利用地）和水田。

表7-15　不同时期甘肃省生态系统固碳量随土地利用类型的变化

类型	不同时期生态系统固碳量(Tg)						
	1980—1990年	1990—2000年	2000—2010年	2010—2020年	1980—2000年	2000—2020年	1980—2020年
水田	0.061	0.037	−0.053	−0.141	0.098	−0.194	−0.096
旱地	25.347	21.108	17.828	5.842	46.455	23.670	70.126
有林地	12.726	9.784	16.328	4.795	22.510	21.123	43.633

续表7-15

类型	不同时期生态系统固碳量(Tg)						
	1980—1990年	1990—2000年	2000—2010年	2010—2020年	1980—2000年	2000—2020年	1980—2020年
灌木林	2.343	−1.810	8.741	1.071	0.533	9.811	10.345
疏林地	2.964	0.924	0.621	2.640	3.888	3.260	7.148
其他林地	0.135	0.504	5.675	−0.316	0.639	5.359	5.998
高覆盖度草地	5.491	3.015	35.185	−16.059	8.506	19.127	27.633
中覆盖度草地	6.883	2.205	3.913	18.578	9.088	22.491	31.579
低覆盖度草地	2.907	2.727	−0.928	4.155	5.634	3.227	8.861
河渠	0.000	0.000	0.000	0.000	0.000	0.000	0.000
湖泊	0.000	0.000	0.000	0.000	0.000	0.000	0.000
水库坑塘	0.000	0.000	0.000	0.000	0.000	0.000	0.000
永久性冰川雪地	0.000	0.000	0.000	0.000	0.000	0.000	0.000
滩涂	0.000	0.000	0.000	0.000	0.000	0.000	0.000
滩地	−0.031	−0.162	0.054	0.048	−0.193	0.102	−0.091
城镇用地	0.012	0.119	0.728	1.099	0.132	1.827	1.958
农村居民点	−0.117	0.833	1.064	0.808	0.716	1.872	2.588
其他建设用地	0.004	0.017	0.944	2.775	0.020	3.719	3.740
沙地	−0.034	−0.014	−0.582	−0.081	−0.048	−0.663	−0.711
戈壁	−0.275	−0.019	−0.804	−0.571	−0.294	−1.375	−1.669
盐碱地	0.080	−0.051	−1.047	−0.199	0.029	−1.247	−1.218
沼泽地	0.031	−0.197	−0.852	−1.448	−0.166	−2.300	−2.465
裸土地	0.034	−0.405	0.530	−0.005	−0.371	0.525	0.154
裸岩石质地	0.696	0.386	0.514	1.418	1.082	1.932	3.014
其他	1.313	0.884	1.261	−5.192	2.197	−3.931	−1.734
汇总	60.570	39.885	89.120	19.217	100.455	108.335	208.793

2010—2020年，甘肃省旱地、林地及高覆盖度草地生态系统固碳量减少较多，主要原因为近些年土地利用转换较快，加之城镇化进程的推进和机械化水平的发展，人类对土地利用的改造也越来越多。

7.6.4 甘肃省各市县生态系统固碳速率和固碳量统计

以10年、20年、40年为周期计算1980—2020年甘肃省各地级市生态系统固碳速率

（表7-16）。1980—2020年，甘肃省甘南州生态系统固碳速率最高，其次为陇南市、天水市、定西市，其生态系统固碳速率依次为34.13 g/(m^2·a)、30.42 g/(m^2·a)、22.71 g/(m^2·a)及21.30 g/(m^2·a)。此外，酒泉市和嘉峪关市在这40年间生态系统固碳速率较低，分别为1.41 g/(m^2·a) 和4.89 g/(m^2·a)。

表7-16　不同时期甘肃省各市州生态系统固碳速率变化

市州	不同时期生态系统固碳速率[g/(m^2·a)]						
	1980—1990年	1990—2000年	2000—2010年	2010—2020年	1980—2000年	2000—2020年	1980—2020年
兰州市	13.82	8.94	11.60	4.81	11.38	8.20	9.79
嘉峪关市	2.35	2.38	21.64	−6.79	2.36	7.43	4.89
金昌市	7.37	12.68	15.71	3.25	10.03	9.48	9.75
白银市	11.98	7.15	16.38	4.89	9.56	10.63	10.10
天水市	27.93	17.41	33.97	11.51	22.67	22.74	22.71
武威市	12.69	8.31	21.51	2.35	10.50	11.93	11.22
张掖市	15.45	11.28	28.54	−0.89	13.37	13.82	13.59
平凉市	22.01	10.59	44.56	1.05	16.30	22.80	19.55
酒泉市	1.01	0.79	3.60	0.25	0.90	1.93	1.41
庆阳市	19.82	12.36	39.09	3.28	16.09	21.18	18.64
定西市	23.30	14.44	37.64	9.82	18.87	23.73	21.30
陇南市	37.66	25.97	41.04	17.01	31.82	29.03	30.42
临夏州	19.10	12.38	20.21	7.08	15.74	13.65	14.70
甘南州	42.47	26.80	48.95	18.31	34.64	33.63	34.13
汇总	14.25	9.38	20.97	4.52	11.82	12.74	12.28

从不同时期甘肃省各地级市生态系统固碳量来看（表7-17），1980—2020年，甘肃省生态系统固碳量最大的地级市为甘南州，其次为陇南市、张掖市和庆阳市，生态系统固碳量依次为50.104 Tg、33.885 Tg、20.980 Tg及20.219 Tg，这4个市州生态系统固碳量分别占甘肃省生态系统总固碳量的24.00%、16.23%、10.05%和9.68%，其生态系统固碳量总和占甘肃省生态系统总固碳量的59.96%；生态系统固碳量较小的地级市为金昌市和嘉峪关市，其生态系统固碳量分别为2.952 Tg和0.241 Tg，这两个地级市生态系统固碳量之和仅占甘肃省生态系统总固碳量的1.53%。

以10年、20年、40年为周期，结合1980—2020年甘肃省各县区生态系统固碳速率，计算不同时期各县区生态系统固碳量。1980—2020年，甘肃省生态系统固碳量最大的县区为甘南州迭部县、张掖市肃南县、甘南州卓尼县和陇南市文县，其生态系统固碳量分别为11.723 Tg、10.826 Tg、10.186 Tg和9.723 Tg，上述4个县区的生态系统固碳量总和占甘肃省生态系统总固碳量的20.33%；甘肃省各县区中生态系统固碳量大于5 Tg的县区共10个，其中有6个县区位于甘南州，其余4个县区分别为张掖市肃南县、陇南市文县、武威市天祝县和庆阳市环县；生态系统固碳量较小的县区多位于陇中地区和临夏州，如临夏市（广河县等）、兰州市（安宁区、红古区、西固区等）。

表7-17 不同时期甘肃省各市州生态系统固碳量变化

市州	不同时期生态系统固碳量(Tg C)						
	1980—1990年	1990—2000年	2000—2010年	2010—2020年	1980—2000年	2000—2020年	1980—2020年
兰州市	1.791	1.159	1.503	0.623	2.950	2.126	5.075
嘉峪关市	0.029	0.029	0.266	−0.083	0.058	0.183	0.241
金昌市	0.558	0.959	1.189	0.246	1.517	1.435	2.952
白银市	2.408	1.436	3.292	0.982	3.843	4.274	8.117
天水市	3.988	2.486	4.850	1.643	6.474	6.493	12.967
武威市	4.136	2.708	7.009	0.767	6.845	7.775	14.620
张掖市	5.961	4.352	11.011	−0.345	10.313	10.667	20.980
平凉市	2.447	1.178	4.955	0.116	3.625	5.071	8.696
酒泉市	1.689	1.325	6.035	0.423	3.015	6.458	9.473
庆阳市	5.375	3.353	10.602	0.888	8.728	11.491	20.219
定西市	4.570	2.832	7.382	1.926	7.402	9.307	16.710
陇南市	10.487	7.232	11.429	4.737	17.720	16.165	33.885
临夏州	1.545	1.002	1.635	0.573	2.547	2.208	4.754
甘南州	15.586	9.835	17.962	6.720	25.421	24.683	50.104
汇总	60.570	39.886	89.120	19.216	100.458	108.336	208.793

7.7 甘肃省生态系统固碳的驱动因素

7.7.1 土地利用变化是甘肃省生态系统碳储量变化的驱动因素

由表7-18、表7-19可知，1980—2020年甘肃省未发生类型转移的土地对生态系统碳储量变化的贡献小于土地利用变化对其的贡献，说明土地利用变化是甘肃省生态系统碳储量变化的驱动因素。具体表现为，未发生类型转移的土地中，旱地（农田）的固碳量最大，达41.92 Tg，其次是有林地（27.54 Tg）。土地利用变化对生态系统固碳的正效应主要来源于低覆盖度草地和农田转换为中覆盖草地（共87.67 Tg），负效应主要来源于中覆盖度草地转换为低覆盖度草地和农田（-58.59 Tg）。总体上看，土壤的固碳效应是植被的3倍（图7-35）。

表7-18　1980—2020年甘肃省生态系统碳储量变化来源统计

土地利用类型		面积(km²)	碳储量变化(Tg)		
1980年	2020年		植被	土壤	生态系统
旱地	低覆盖度草地	6 789.69	-1.41	-18.79	-20.20
	中覆盖度草地	13 575.50	1.76	44.28	46.04
	高覆盖度草地	1 648.26	1.10	15.38	16.48
	旱地	35 560.00	0.00	41.92	41.92
	灌木林	1 204.38	0.60	9.36	9.96
	疏林地	855.09	2.44	5.59	8.02
	有林地	390.96	2.43	4.46	6.88
	农村居民点	2 014.29	0.35	-5.66	-5.31
低覆盖度草地	低覆盖度草地	34 516.60	1.44	6.31	7.75
	中覆盖度草地	6 320.25	2.40	39.26	41.66
	高覆盖度草地	774.99	0.71	9.52	10.23
	疏林地	367.38	1.14	3.48	4.62
	旱地	7 127.64	1.78	29.43	31.21
	沙地	1 049.22	-0.10	-2.52	-2.62
	戈壁	1 984.77	-0.26	-4.17	-4.43
	裸岩石质地	2 245.77	-0.29	-6.39	-6.68
有林地	有林地	9 210.69	19.33	8.22	27.54
	旱地	402.39	-1.65	-3.75	-5.41
	灌木林	910.80	-3.29	-2.49	-5.79
	中覆盖度草地	1 004.40	-4.00	-7.28	-11.28
	高覆盖度草地	1 923.30	-6.62	-2.27	-8.88
高覆盖度草地	有林地	2 015.82	11.41	5.35	16.75
	低覆盖度草地	723.87	-0.55	-8.34	-8.89
	中覆盖度草地	2 733.12	-1.15	-15.00	-16.15
	高覆盖度草地	15 062.80	1.80	8.76	10.56
	旱地	1 472.31	-0.81	-11.15	-11.96

续表7–18

土地利用类型		面积(km²)	碳储量变化(Tg)		
1980年	2020年		植被	土壤	生态系统
中覆盖度草地	低覆盖度草地	5 944.68	−1.60	−34.05	−35.64
	中覆盖度草地	31 262.80	2.18	9.43	11.61
	高覆盖度草地	2 855.16	1.74	18.19	19.93
	有林地	957.06	5.88	8.08	13.96
	灌木林	2 560.32	1.11	12.32	13.43
	疏林地	1 220.13	3.41	4.36	7.77
	其他	420.66	−0.19	−2.80	−2.99
	裸岩石质地	569.16	−0.25	−4.98	−5.23
	旱地	12 463.80	−0.75	−22.20	−22.95
灌木林	有林地	939.78	5.58	3.60	9.18
	低覆盖度草地	289.71	−0.14	−3.00	−3.13
	中覆盖度草地	2 411.55	−0.34	−10.40	−10.74
	高覆盖度草地	2 403.63	0.96	4.22	5.18
	旱地	946.62	−0.26	−6.05	−6.31
裸岩石质地	低覆盖度草地	2 036.79	0.35	6.24	6.59
农村居民点	旱地	1 579.41	−0.38	6.24	5.86
盐碱地	旱地	761.40	0.27	4.55	4.82
戈壁	低覆盖度草地	1 932.75	0.33	4.41	4.74
沼泽地	中覆盖度草地	237.33	0.06	−2.51	−2.46
	低覆盖度草地	165.51	−0.02	−2.75	−2.77
疏林地	低覆盖度草地	357.57	−0.74	−3.19	−3.93
	中覆盖度草地	1 271.07	−2.19	−3.69	−5.88
	旱地	866.07	−1.61	−4.32	−5.92
其他	裸岩石质地	2 278.62	0.00	−3.86	−3.86
	其他	196 457.85	11.05	34.44	45.49
汇总		42 5073.73	53.01	155.79	208.77

表7-19　1980—2020年甘肃省生态系统碳储量变化归因

影响因素	贡献率(%)		
	植被	土壤	生态系统
气候变化	25.472	6.536	9.645
农业管理	0.000	6.921	5.801
退耕还林还草	7.669	13.336	12.432
天然林保护	29.813	8.274	11.812
草地恢复	5.409	14.838	13.321
绿洲扩张	1.836	5.868	5.219
荒漠化防治	1.808	5.448	4.862
土地整治	0.145	1.624	1.337
草地退化	5.369	19.183	16.956
森林砍伐	19.231	9.106	10.778
荒漠化	1.018	3.397	3.014
湿地萎缩	0.387	1.804	1.449
城镇化	0.139	2.288	1.941
其他	1.703	1.376	1.432
汇总	100.000	100.000	100.000

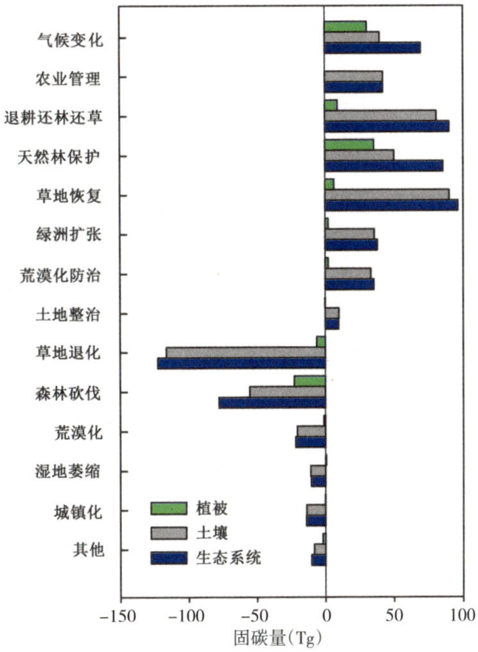

图7-35　1980—2020年各环境因素对甘肃省生态系统固碳量的影响

7.7.2 气候变化对甘肃省生态系统固碳能力的影响逐渐减少

1980—2020年，气候变化导致生态系统的碳储量增加了69.78 Tg，但仅贡献了该时期生态系统碳储量变化的9.65%。在与人类活动密切相关的影响因素中，草地恢复的固碳效应最大，达96.38 Tg，但与此同时，草地退化导致碳储量减少-122.68 Tg。总体上看，人类活动的净效应为固碳139.02 Tg。

总体上看，1980—2020年气候变化对甘肃省生态系统固碳能力的影响逐渐减少，从1980—1990年的54.14%降为2010—2020年的2.03%（图7-36、图7-37、图7-38）。这反映了土地利用变化对甘肃省生态系统固碳能力的重要影响，特别是在当前高强度人类活动的背景下，人类活动驱动的下垫面变化将会对生态系统的固碳能力产生重要影响。人为调控下的生态系统固碳增汇，仍有十分巨大的潜力。

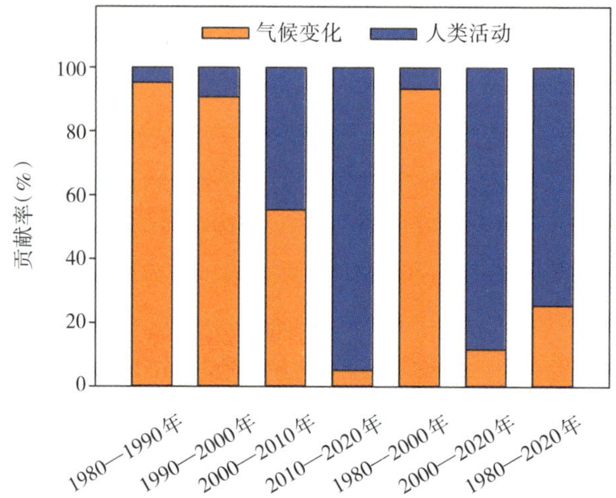

图7-36 气候变化和人类活动对甘肃省植被固碳能力的影响

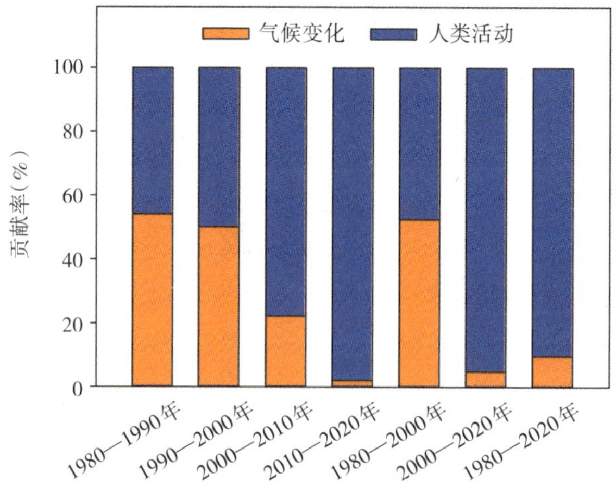

图7-37 气候变化和人类活动对甘肃省土壤固碳能力的影响

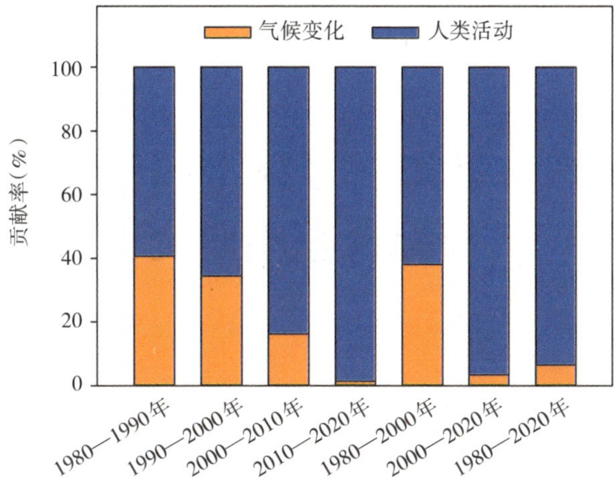

图7-38　气候变化和人类活动对甘肃省生态系统固碳能力的影响

第8章 甘肃省乡村空间生态修复与综合整治研究

8.1 甘肃省“三生”空间现状

8.1.1 甘肃省农村基本情况

（1）农村数量

至2021年末，全省乡镇级单位共1 356个，村民委员会共15 971个，村民小组共96 780个。乡镇与行政村聚落点数量比自2010年起稳定在1∶11.9左右，行政村与村民小组数量比自2010年起稳定在1∶6左右。乡镇与行政村聚落点数量比反映了各区域行政村的布局密度。从各市州情况来看，天水市比例最高（1∶20.3），高于全省平均水平的共有天水、陇南、定西、平凉、张掖5个市，低于全省平均水平的共9个市（州）。

村民小组是农村基层自治组织，行政村与村民小组数量比反映了村域内村民自治的集中情况，同时也反映出农村集体经济组织的活跃程度。从各市州情况看，临夏州比例最高（1∶10），高于全省平均水平的共有临夏、金昌、武威、庆阳等7个市（州），与全省平均水平持平的共4个市，低于全省平均水平的共3个市（州）。

（2）农村人口

至2021年末，全省农村共513.17万户（较上年减少2.17万户），农村人口2 033.50万人（较上年减少29.38万人），全省户均人数为2.77人，比2010年的3.49人略有下降。农村户数、人口减少的趋势反映出农村人口流失的趋势。

从各市州情况看，天水市农村人口规模最大，为157.64万人。农业人口中，60.49%集中在定西地区。国土空间单位面积承载的农村人口数量反映出地区人口城镇化水平，同时也反映出国土空间的规模水平。测算得知，全省国土空间单位面积承载的农村人口为49人，低于全国59人的水平。天水市和临夏州农村人口多且国土空间有限，单位面积承载的农村人口数量分别为214人和249人，平凉市（172人/平方千米）、定西市（134人/平方千米）也超过100人/平方千米；河西走廊地区陆域面积广阔，农村人口规模较陇中、陇东小，国土空间单位面积承载的农村人口数量平均在25人左右，张掖市（45人/平方千米）农村人口密度最高，酒泉市仅为4人/平方千米。从空间分布来看，农村人口密度较大的区域集中在陇中、陇东地区的“临夏—渭源—陇西—甘谷—秦安—张家川—崆峒—泾川—宁县”一线，呈东西向分布（图8-1）。

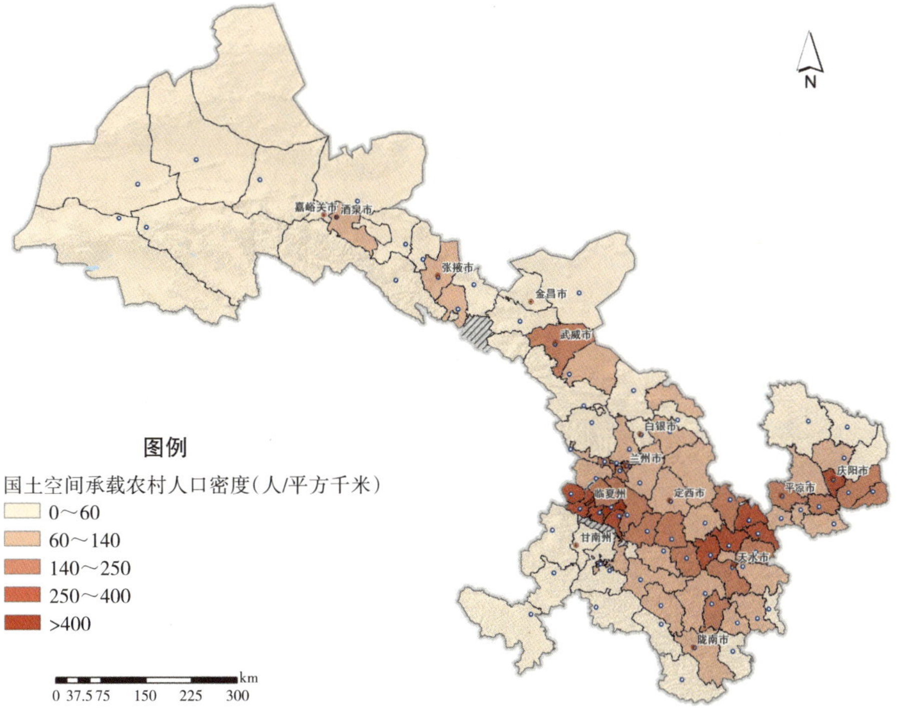

图8-1　甘肃省国土空间承载农村人口密度[①]

考虑到农村人口主要集中在乡村生产生活空间，因此通过剥离国土空间中的乡村生产生活规模，来计算乡村生产生活空间单位面积承载的农村人口水平，结果可以反映出乡村空间人口承载现状水平。结果显示，全省乡村生产生活空间单位面积承载的农村人口数量为293人，天水市和临夏州农村人口多且乡村生产生活空间占比较高，单位面积承载的农村人口数量分别为421人和514人。除天水、临夏外，超过全省平均水平的市（州）还有兰州（334人/平方千米）、平凉（338人/平方千米）、陇南（316人/平方千米）和甘南（327人/平方千米）。从空间分布来看，农村人口有三个集中区和一条集中带：天水集中区、庆阳集中区、临夏集中区和河西走廊绿洲带（图8-2）。

（3）农牧业生产能力

国土空间单位面积农牧业生产能力反映出区域农牧业产出水平。测算得知，全省国土空间农牧业生产能力平均为34.9万元/平方千米，除酒泉和甘南外，其余市（州）均高于全省平均水平，较高的有平凉市（132.1万元/平方千米）、天水市（99.8万元/平方千米）。从空间分布来看，陇中、陇东及河西走廊传统农业区（带）的各县产出较高；甘南、陇南白龙江流域，河西祁连山、北山地区的各县，由于县域内国土空间承担水源涵养、防风固沙、荒漠生境保持等生态安全格局维护作用，农牧业产值较低（图8-3）。

① 该图基于国家地理信息公共服务平台公布的审图号为GS(2019)3333号的标准地图制作，地图无修改。本章地图来源相同。

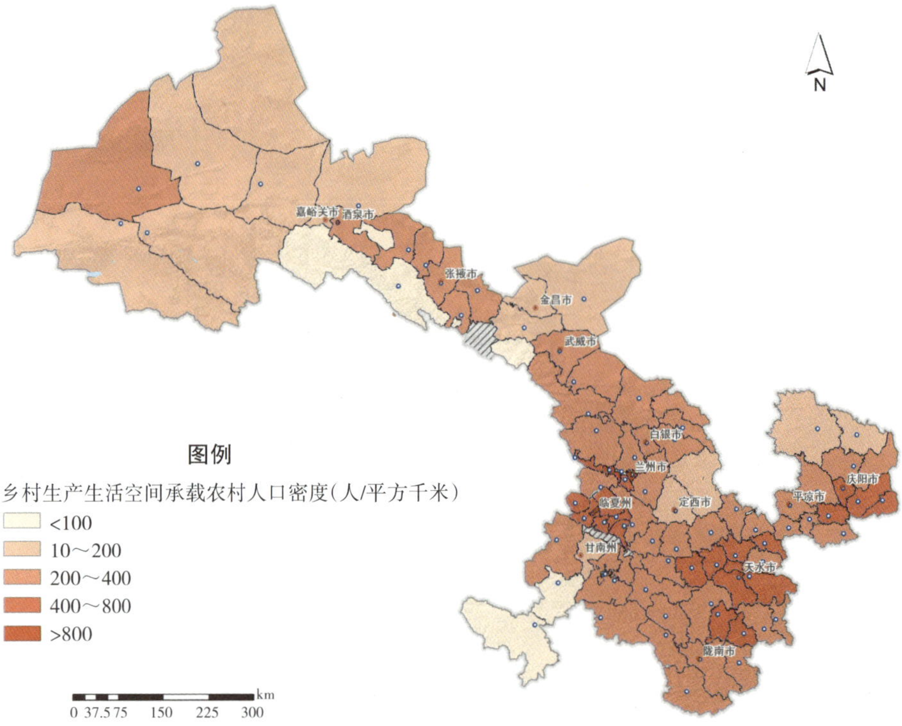

图8-2 甘肃省乡村生产生活空间承载农村人口密度

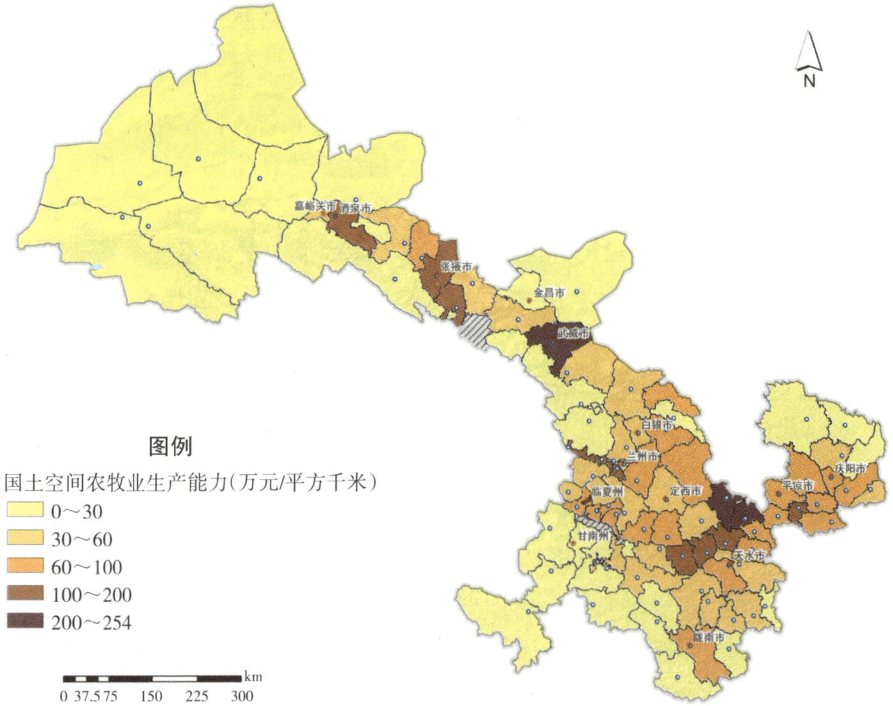

图8-3 甘肃省国土空间农牧业生产能力

考虑到农牧业产值主要以乡村生产生活空间为载体，因此通过剥离乡村生产生活规模，来计算乡村生产生活空间单位面积农牧业生产能力，结果可以反映出各地区农牧业发展的集约水平和产出效率。测算得知，全省乡村生产生活空间农牧业生产能力平均为210.1万元/平方千米，河西走廊5市的水平高于全省水平，平均为344.7万元/平方千米，这与全省农村居民人均可支配收入水平差异相一致；平凉市（259.9万元/平方千米）、天水市（195.7万元/平方千米）产出水平显著高于陇中、陇东的其他市（州）。从空间分布来看，除去承担生态功能的国土空间后，河西地区各县水平明显高于其他区域；陇中、陇东地区各县水平也存在较大差异，武山县、甘谷县、静宁县、庄浪县的水平在区域内具有显著优势（图8-4）。

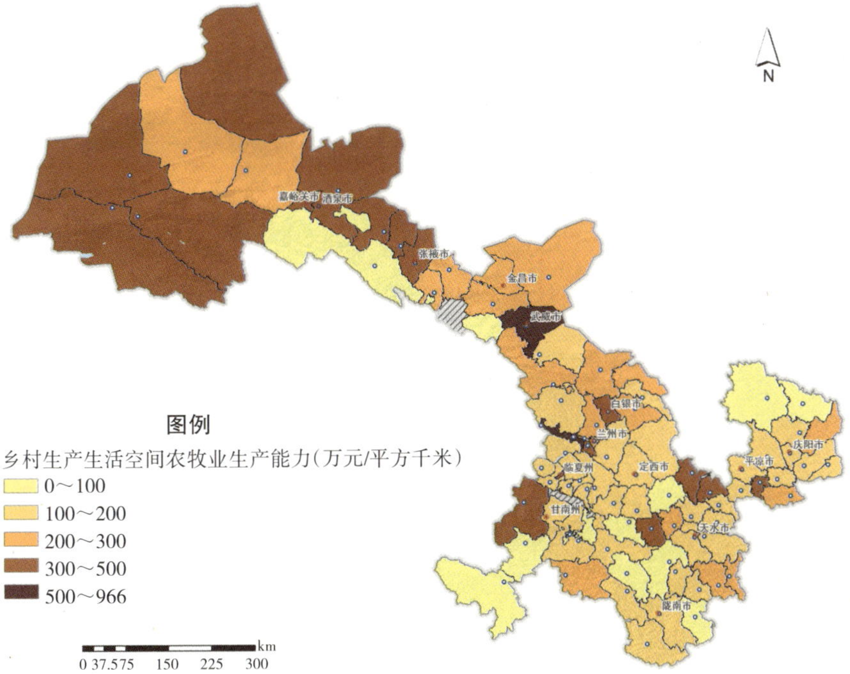

图8-4　甘肃省乡村生产生活空间农牧业生产能力

8.1.2　甘肃省“三生”空间现状

“三生”空间识别是对生活空间、生产空间、生态空间的数量、质量在空间上的定位与划分。根据黄安研究成果，“三生”空间识别方法具有尺度差异性，根据评价单元的尺度差异，可将“三生”空间识别尺度大致分为以行政区域（县级、乡镇、村级）为评价单元的中宏观尺度，以及以图斑、栅格像元为评价单元的微观尺度。目前，已有的“三生”空间识别方法可大致分为土地利用类型归并法、指标体系测算法等。土地利用类型归并法是目前应用较多的识别方法，是指基于土地利用类型所发挥的主体功能，直接归并土地利用类型为不同的空间类型，获得“三生”空间分布格局，常用于中宏观尺度和图斑尺度的“三生”空间识别研究中，操作较简单，可快速识别“三生”空间在数量上的分布特征。

(1)“三生”空间规模

目前尚无通过土地利用类型进行“三生”空间定量识别的统一方法。刘继来依据土地利用现状分类国家标准，遵循“自下而上、功能分级”的原则，建立了基于土地利用分类的“三生”空间分类体系。本书参考了上述学术文章中土地利用分类归并法，重点沿用了文章中强生活空间、强生态空间的分类方式，根据乡村土地利用特点和不重不漏原则，建立了根据土地利用类型进行乡村“三生”空间识别的分类体系，见表8-1。

表8-1 乡村“三生”空间土地利用分类

“三生”空间	一级地类编码	一级地类名称	二级地类编码	二级地类名称
生产空间	01	耕地	011	水田
			012	水浇地
			013	旱地
	02	园地	021	果园
			022	茶园
			023	其他园地
	10	交通运输用地	104	农村道路
	11	水域及水利设施用地	114	坑塘水面
			117	沟渠
	12	其他土地	122	设施农用地
			123	田坎
生活空间	20	城镇村及工矿用地	203	村庄
生态空间	03	林地	031	有林地
			032	灌木林地
			033	其他林地
	04	草地	041	天然牧草地
			042	人工牧草地
			043	其他草地
	11	水域及水利设施用地	111	河流水面
			112	湖泊水面
			113	水库水面
			116	内陆滩涂
			119	冰川及永久积雪
	12	其他土地	124	盐碱地
			125	沼泽地
			126	沙地
			127	裸地

注：肃南县、玛曲县、碌曲县为牧业县。在“三生”空间识别时，将天然牧草地和人工牧草地划为生产空间。

乡村“三生”空间的现状规模和比例将影响国土综合整治和生态修复的潜力分区格局。依据上述分类体系，根据2019年土地变更调查数据测算，全省乡村生产空间共6.53万 m^2，生活空间共0.54万 m^2，生态空间共35.16万 m^2，占全省国土空间的比例分别为15.30%、1.30%和82.60%。

从各市（州）情况（图8-5）看，定西、天水、平凉、临夏的乡村生产空间超过全省国土空间总规模的40%，是全省平均水平的3倍，农业用地规模占比较高；平凉、临夏的乡村生活空间占比较高，是全省平均比例的3倍以上，与其他市（州）比例的差异较为显著；河西地区的武威、张掖、酒泉及甘南的乡村生态空间占比高于全省平均水平，酒泉和甘南的乡村生态空间占比超过95%。

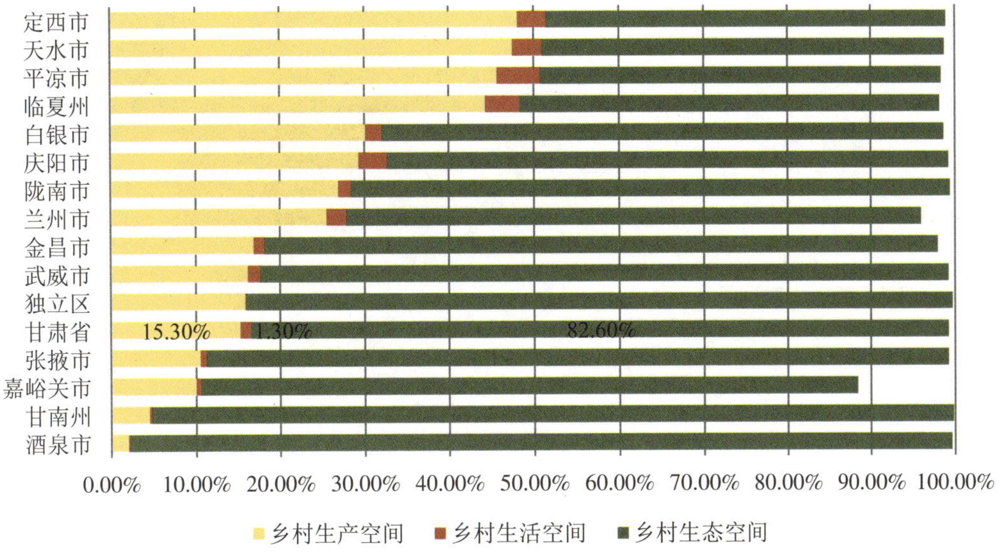

图8-5　全省及各市（州）乡村“三生”空间占比情况

从各县乡村生产空间占比分布情况（图8-6）看，天水秦安县最高，为76.4%，定西、天水、平凉境内的甘谷、秦安、清水、张家川、通渭、陇西、庄浪、静宁形成了全省的高比例集中区，乡村生产空间占比均在50%以上，在此集中区的外围各县形成了较高比例集中区，乡村生产空间占比在35%～50%之间；河西走廊各县在10%～20%之间。

从各县乡村生活空间占比分布情况（图8-7）看，庆阳西峰区最高，为12.2%，沿庆阳、平凉、天水、定西、临夏一线形成了全省的高比例带状分布区，呈东西走向，乡村生活空间占比多在5%以上，高于全省平均比例的3倍；河西走廊除凉州区外，各县占比均在3%以下，酒泉除肃州区外，各县占比均不足0.5%；甘南及陇南西南部各县占比平均在1%以下。

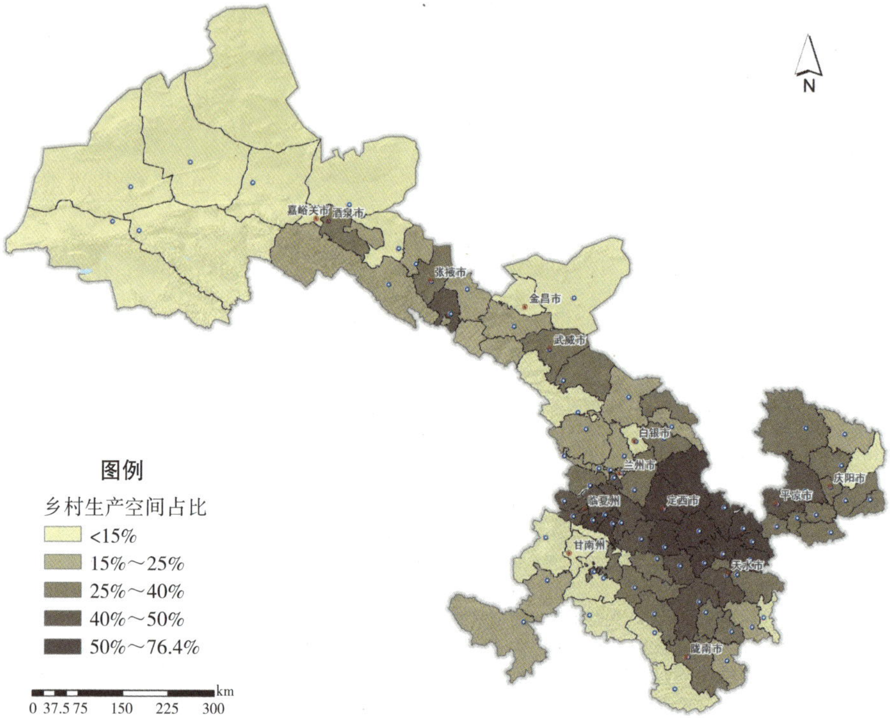

图8-6 甘肃省各县乡村生产空间占比情况

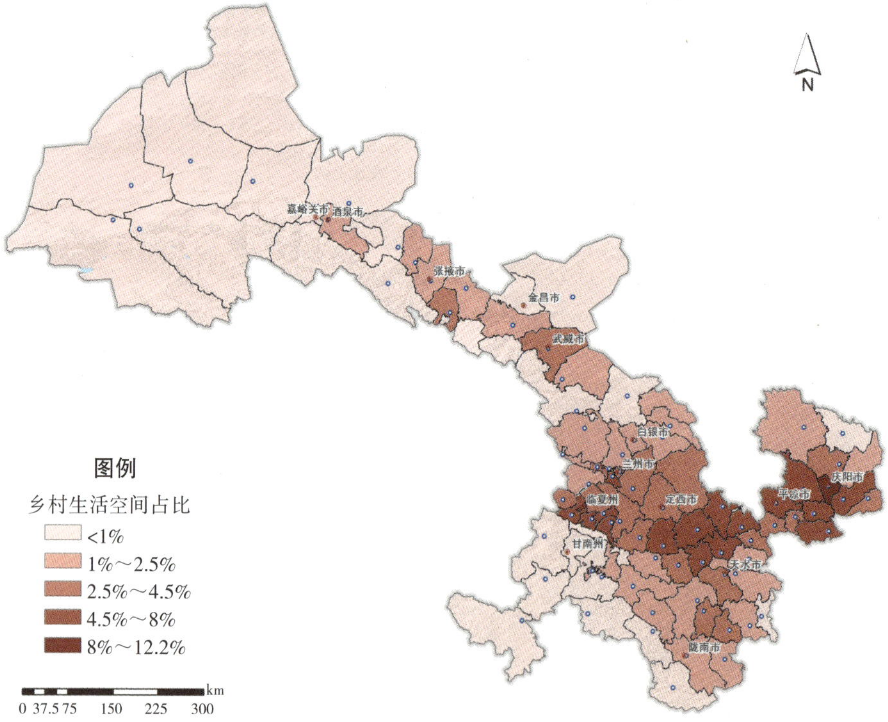

图8-7 甘肃省各县乡村生活空间占比情况

从各县乡村生态空间占比分布情况（图8-8）看，酒泉肃北县最高，为99.9%，全省有两个高比例分布区：酒泉肃州区以西及甘南、陇南西南部国土空间。中部定西、天水、平凉境内的通渭、陇西、秦安、甘谷、庄浪、静宁的占比不足35%，乡村空间承载的主要功能为农业生产。

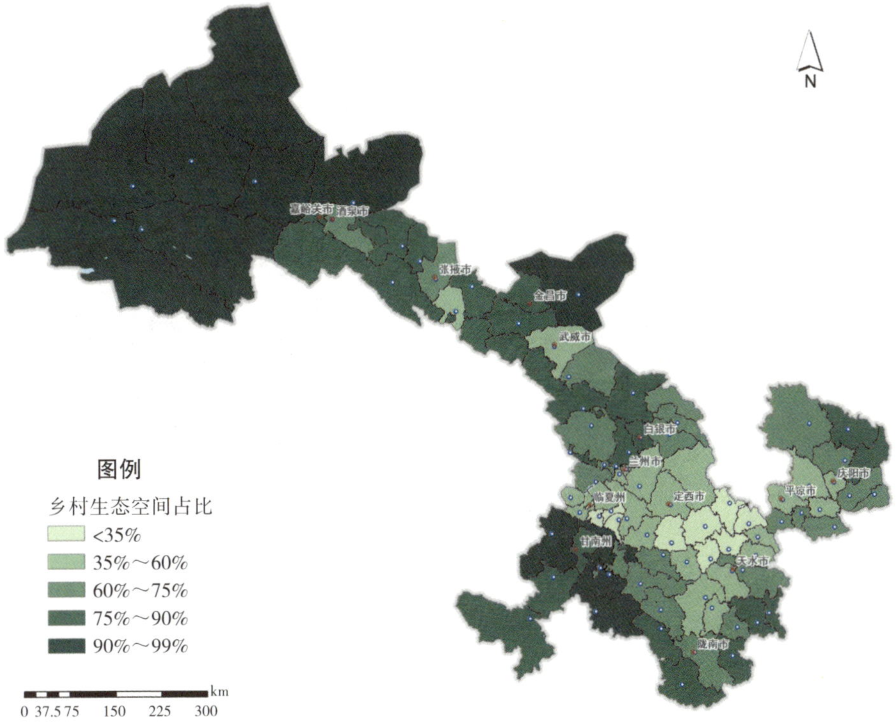

图8-8　甘肃省各县乡村生态空间占比情况

(2)“三生”空间分布格局

通过可视化分析（图8-9）可知，全省乡村生产空间集中在三个区域：一是陇东黄土高原，该区域生产空间占比为37.5%，生产空间的耕地田块较为破碎，多分布在黄土塬面和丘陵地区，主要土壤类型为黑垆土和黄绵土，种植作物中78%为粮食作物，10%为油料，另有少量蔬菜与瓜果；二是以天水为中心的陇中地区，涉及定西市和白银市，该区域生产空间占比为41.9%，耕地多分布在川、坪等地势相对平坦的地区，主要土壤类型为黄绵土、黑垆土、褐土，种植作物中73%为粮食作物，8%为油料，7.5%为中药材，7%为蔬菜；三是河西走廊沿线绿洲区，生产空间占比为11.1%，但形态上集中连片，受灌溉条件影响大，地形平坦，主要土壤类型为灌漠土、灰漠土和潮土，种植作物中55%为粮食作物，15%为蔬菜，8%为油料。

全省乡村生活空间占比少，空间分布特点与生产要素（主要是耕地）紧密关联。受地形因素影响，黄河以东的区域乡村生活空间呈现“组内集中，整体分散，沿交通干线布局”的特点，河西地区乡村生活空间较为整装，表现为“集中布局，风貌统一，具有明显组团特征”。

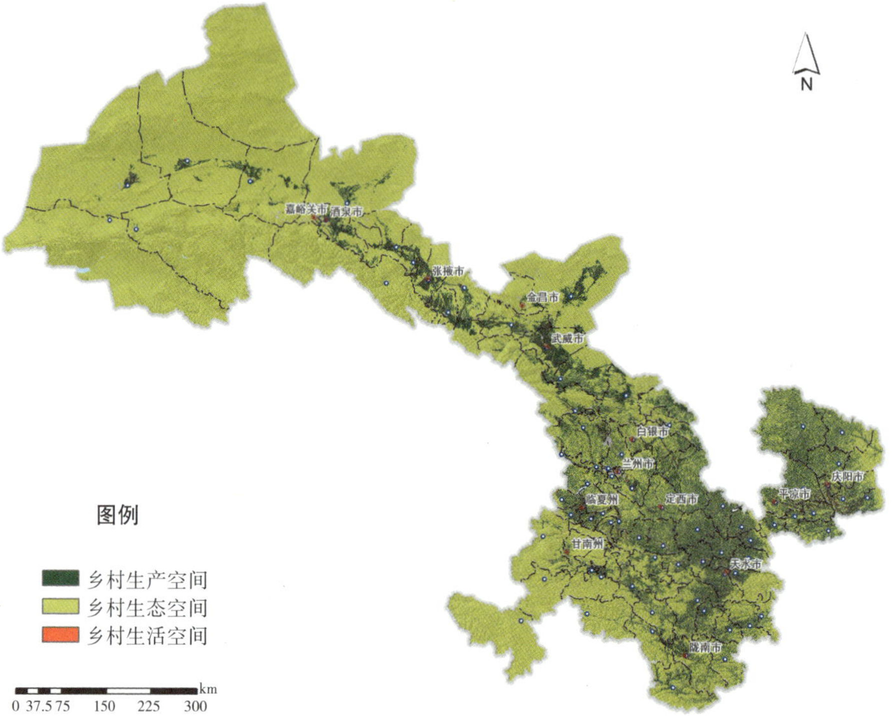

图8-9 甘肃省乡村"三生"空间分布格局

全省乡村生态空间分布具有两个特点，一是河西祁连山、北山的山区与山前地区和甘南及白龙江流域，86.6%的国土空间为生态空间且布局独立，与生活、生产空间的交集少，河西北山地区的生态特征表现为生态环境的敏感脆弱性（沙化、盐渍化、荒漠化等），河西祁连山及甘南地区的生态特征表现为生态功能重要性（水源涵养、生物多样性等）；二是陇中、陇东及陇南北部的乡村生态空间，与生活、生产空间交错分布，生态价值发挥与农业耕种、基础设施及产业布局等人类生产生活行为关系密切。

8.1.3 甘肃省"三生"空间变化

选取2010年、2012年、2014年、2016年、2018年土地利用变更数据，采用相同的归并原则，对全省及各市（州）乡村"三生"空间规模占比的变化进行分析。

（1）生产空间

2010—2018年，全省乡村生产空间呈现先减少后增加的趋势，占比从15.37%降至15.34%。从规模来看，2018年相比于2010年整体规模减小，由6.55万km^2减至6.53万km^2，减少率为0.3%。

从各市（州）情况来看，差异较大。受城镇化进程及基础设施建设的影响，兰州、金昌、天水、定西、陇南、平凉、庆阳、临夏、甘南等9个市（州）乡村生产空间规模减小，兰州市减少率最高，为3.26%，金昌市为2.04%，其余市（州）的减少率在0.5%以内；嘉峪关、白银、酒泉、张掖、武威等5个市（州）未利用土地资源丰富，地势平坦，2010—2018年实施了土地开发项目，乡村生产空间规模逐步增大，张掖市增加率最高，为2.17%，嘉峪关市为2.16%，酒泉市为1.76%（表8-2）。

表8-2　2010—2018年各市(州)乡村生产空间占比变化

各市(州)	生产空间占国土空间的比例					生产空间规模变化趋势
	2010年	2012年	2014年	2016年	2018年	
兰州市	26.34%	26.21%	25.85%	25.61%	25.48%	↓规模减小3.26%
嘉峪关市	9.75%	9.82%	9.87%	9.94%	9.97%	↑规模增加2.16%
金昌市	17.23%	16.78%	16.80%	16.85%	16.88%	↓规模减小2.04%
白银市	30.00%	30.05%	30.07%	30.07%	30.12%	↑规模增加0.38%
天水市	47.78%	47.70%	47.62%	47.58%	47.54%	↓规模减小0.49%
酒泉市	1.96%	1.97%	1.98%	1.99%	1.99%	↑规模增加1.76%
张掖市	10.28%	10.33%	10.42%	10.47%	10.50%	↑规模增加2.17%
武威市	16.11%	15.85%	15.95%	16.03%	16.16%	↑规模增加0.30%
定西市	48.35%	48.30%	48.23%	48.17%	48.13%	↓规模减小0.47%
陇南市	26.98%	26.94%	26.90%	26.88%	26.85%	↓规模减小0.46%
平凉市	45.88%	45.82%	45.75%	45.68%	45.70%	↓规模减小0.39%
庆阳市	29.41%	29.40%	29.37%	29.34%	29.33%	↓规模减小0.25%
临夏州	44.52%	44.41%	44.30%	44.16%	44.35%	↓规模减小0.38%
甘南州	4.48%	4.47%	4.47%	4.46%	4.46%	↓规模减小0.38%

注：数值经过四舍五入，可能与实际有出入。

对2010—2018年的规模变化速率，基于标准差分级法划分为缩小、稳定、扩张三类。结果显示：①乡村生产空间缩小的区域集中在兰州各县（区）、临夏市、凉州区和麦积区。兰州各县（区）、临夏市、麦积区主要减少了建设用地，凉州区主要减少了未利用地。②乡村生产空间扩张的区域集中在白银市平川区、景泰县及河西走廊各县（区），主要通过未利用地开发方式发生转移。③陇中、陇南、陇东的大部分县（区），乡村生产空间的规模变化在±1%内，处于稳定状态。

进一步在ArcGIS中利用栅格运算，计算2010年和2018年两期土地利用分类数据差值，基于转移矩阵可获取缩小、稳定、扩张的具体区位。结果显示，乡村生产空间扩张的区位多分布于河西走廊绿洲区边缘，在景泰县、古浪县、肃州区、金塔县、甘州区有集中连片区域，主要转移自生态空间；生产空间缩小的区位没有呈现出集中连片的特性，零星分布在临夏市、定西市、天水市、平凉市、庆阳市现有生产空间的内部。

（2）生活空间

2010—2018年，全省乡村生活空间呈现持续增加的趋势，占比从1.18%增至1.26%。从规模来看，由约0.50万km^2增至约0.54万km^2，增加率为8%。

2010—2018年，各市（州）生产空间的规模均有所增加，增加幅度差异较大。整体来看，河西地区增速较快，武威市最高，为20.49%，酒泉市、张掖市的增速均超过两位数，反映出在新农村建设与乡村振兴改善人居环境方面，河西地区进展较快；中部定西市、天水市、白银市、兰州市的增速在3%～8%之间，甘南州、临夏州等贫困连片区域乡村生活空间规模的增速在6%～9%之间，陇东平凉市、庆阳市在2%～5%之间（表8-3）。

表8-3　2010—2018年各市(州)乡村生活空间占比变化

各市(州)	生活空间占国土空间的比例					生活空间规模变化趋势
	2010年	2012年	2014年	2016年	2018年	
兰州市	2.22%	2.26%	2.29%	2.34%	2.39%	↑规模增加7.77%
嘉峪关市	0.61%	0.61%	0.62%	0.63%	0.63%	↑规模增加3.69%
金昌市	1.18%	1.22%	1.25%	1.27%	1.28%	↑规模增加8.47%
白银市	1.91%	1.92%	1.94%	1.98%	1.99%	↑规模增加4.49%
天水市	3.32%	3.34%	3.38%	3.42%	3.46%	↑规模增加4.20%
酒泉市	0.13%	0.13%	0.14%	0.15%	0.15%	↑规模增加19.07%
张掖市	0.69%	0.70%	0.75%	0.76%	0.77%	↑规模增加12.12%
武威市	1.28%	1.35%	1.46%	1.51%	1.54%	↑规模增加20.49%
定西市	3.25%	3.26%	3.29%	3.33%	3.36%	↑规模增加3.44%
陇南市	1.47%	1.48%	1.49%	1.51%	1.52%	↑规模增加3.00%
平凉市	4.99%	5.02%	5.07%	5.13%	5.13%	↑规模增加2.69%
庆阳市	3.28%	3.31%	3.34%	3.38%	3.42%	↑规模增加4.45%
临夏州	3.85%	3.89%	3.94%	4.04%	4.10%	↑规模增加6.49%
甘南州	0.29%	0.30%	0.30%	0.31%	0.31%	↑规模增加8.61%

通过分析2010—2018年各市（州）乡村生活空间规模变化趋势，可以看出：①各市（州）乡村生活空间规模均为扩张状态。②乡村生活空间扩张较快的区域集中在河西地区，增速多在全省平均增速的3倍以上。张掖山丹，武威凉州、民勤，酒泉敦煌的增速在23%以上；兰州、白银一带大部分县的增速为全省平均增速的1倍以上。③陇中、陇南、陇东的大部分县乡村生活空间规模增速低于全省平均水平。

从具体区位分析，乡村生活空间扩张、缩小没有呈现出集中连片的特性，均为零星分布状。各地增加的区域主要位于市（县）政府周边（陇南、天水、临夏、武威、张掖、酒泉较为明显），反映出地区经济中心的辐射带动作用较强，人、财、建设等各类要素围绕地区中心布局，各地新农村和新型城镇化发展模式呈现出辐射状。乡村生活空间缩小的区域分布在县域边缘，离县政府所在地较远（东乡、积石山、景泰、古浪、金川、瓜州较为明显）。

（3）生态空间

2010—2018年，全省乡村生态空间呈现减少的趋势，占比从82.82%下降至82.56%。从规模来看，由35.27万km^2降至35.16万km^2，下降率为0.31%。

2010—2018年，各市（州）乡村生态空间的规模均减小，减小速度有所差异。整体来看，甘肃南部（甘南、陇南）减小速度较缓，甘南州最低，为0.06%，陇南市为0.08%。全省生态空间的价值功能指向有所差异，甘南、陇南表现为生态的价值功能，河西地区表现为生态的脆弱性，从各市（州）"三生"空间的规模变化可以看出，陇中、陇东、河西绿洲区乡村生态空间转出的方向主要为农业生产和人类生活（表8-4）。

表8-4　2010—2018年各市（州）乡村生态空间占比变化

各市(州)	生态空间占国土空间的比例					生态空间规模变化趋势
	2010年	2012年	2014年	2016年	2018年	
兰州市	68.61%	68.46%	68.25%	68.10%	67.99%	↓规模减小0.91%
嘉峪关市	81.13%	79.81%	78.61%	78.10%	77.79%	↓规模减小4.11%
金昌市	79.95%	80.14%	79.94%	79.82%	79.71%	↓规模减小0.30%
白银市	66.94%	66.81%	66.69%	66.61%	66.48%	↓规模减小0.69%
天水市	47.93%	47.86%	47.81%	47.77%	47.73%	↓规模减小0.42%
酒泉市	97.58%	97.52%	97.47%	97.44%	97.42%	↓规模减小0.16%
张掖市	88.46%	88.34%	88.14%	88.02%	87.95%	↓规模减小0.58%
武威市	82.09%	82.18%	81.91%	81.71%	81.51%	↓规模减小0.70%
定西市	47.54%	47.50%	47.46%	47.43%	47.40%	↓规模减小0.29%
陇南市	71.09%	71.09%	71.07%	71.05%	71.04%	↓规模减小0.08%
平凉市	47.78%	47.72%	47.67%	47.60%	47.54%	↓规模减小0.50%
庆阳市	66.71%	66.61%	66.54%	66.50%	66.46%	↓规模减小0.37%
临夏州	50.30%	50.23%	50.10%	50.03%	49.73%	↓规模减小1.13%
甘南州	95.02%	95.00%	94.99%	94.98%	94.96%	↓规模减小0.06%

通过分析2010—2018年各市（州）乡村生态空间规模变化趋势，可以看出：①甘肃省纳入《全国重要生态系统保护和修复重大工程总体规划（2021—2035年）》的青藏高原生态屏障区（祁连山区域、甘南黄河重要水源补给区域）、黄河重点生态区（秦岭区域）和北方防沙带（河西走廊区域）的各县乡村生态空间呈现出基本保持的格局；②庆阳—平凉—天水—定西—临夏—兰州一带的生态空间减少速度略高于全省平均水平；③市（州）所在区的生态空间减少速度较快，多在全省平均水平的3倍以上（平凉、临夏、兰州、白银、张掖、酒泉、嘉峪关较为明显），反映出甘肃省各地的城镇化推进和社会经济发展仍以增量模式为主。

从具体区位分析，乡村生态空间增加区域主要在陇东的平凉、庆阳各县、漳县、岷县、武山，通过实施退耕还林还草，由生产空间（耕地）转移而来，武威市凉州、古浪、民勤关井压田工程也在空间区位上有所体现；乡村生态空间减少区域主要在景泰县以西的河西走廊地区，主要为未利用地开发利用，景泰、古浪、民勤、甘州、金塔、玉门、瓜州有较为明显的集中分布区。

8.2 甘肃省乡村生产空间开发潜力

从甘肃省乡村“三生”空间构成来看，甘肃省的乡村生产空间以耕地为主，占90.9%，剩余的生产空间中，沟渠、田坎、农村道路等都是依附于耕地存在的，因此，耕地组成了几乎全部的乡村生产空间。

8.2.1 乡村生产空间开发潜力规模与分布

甘肃省在2014年县级成果的基础上，利用三次调查统一时点变更数据，逐县对已有耕地后备资源的成果做了修正，将2016—2019年已开垦、复垦未耕地的后备资源从图斑上剔除，并核减相应规模，形成了全省乡村生产空间开发潜力评价结果，分区沿用国家分区（表8-5）。

表8-5 甘肃省乡村生产空间开发潜力评价分区

一级区	包含县(市、区)
黄土高原区	庆阳市、平凉市、天水市、白银市、兰州市、临夏回族自治州、定西市(安定区、陇西县、渭源县、漳县、通渭县、临洮县)
南部山地区	陇南市、定西市(岷县)
河西走廊区	武威市、金昌市、张掖市、酒泉市、嘉峪关市
甘南高原区	甘南藏族自治州

（1）全省开发潜力

经修正统计，全省乡村生产空间开发潜力规模为32.15万hm^2（较2015年可开垦耕地后备资源减少7 722.81 hm^2），其中，其他草地24.16万hm^2，占全省总量的75.1%；裸地4.47万hm^2，占全省总量的13.9%；盐碱地2.24万hm^2，占全省总量的7.0%；内陆滩涂0.67万hm^2，占全省总量的2.1%；沙地0.58万hm^2，占全省总量的1.8%；沼泽地0.03万hm^2，占全省总量的0.1%。

从区域分布来看（图8-10），全省乡村生产空间开发潜力区主要分布于白银市、张掖市和庆阳市，其中，白银市规模为10.34万hm^2，占全省总量的32.2%；张掖市为7.06万hm^2，占全省总量的22.0%；金昌市、平凉市、天水市和嘉峪关市规模较小，分别为0.79万hm^2、0.60万hm^2、0.24万hm^{2}和0.12万hm^2，分别占全省总量的2.5%、1.9%、0.7%和0.4%；甘南州规模最小，面积为688.29 hm^2，仅占全省总量的0.2%。

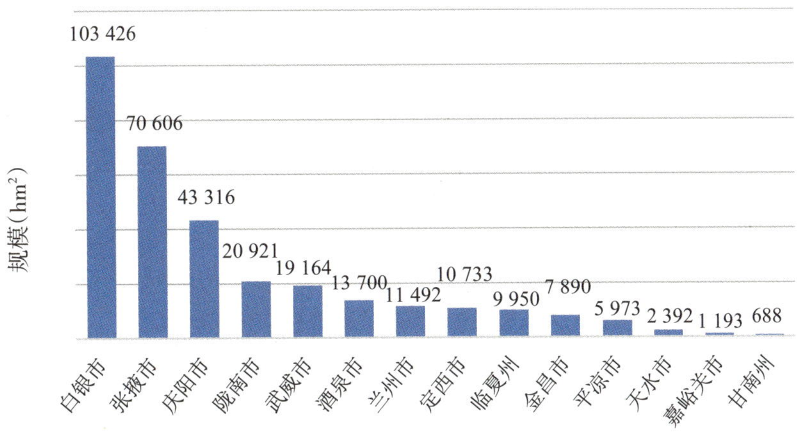

图8-10 甘肃省各市（州）乡村生产空间开发潜力

从评价分区来看（图8-11），全省乡村生产空间开发潜力区多分布于黄土高原区和河西走廊区，其中，黄土高原区18.37万hm^2，占全省总量的57.2%；河西走廊区11.26万hm^2，占全省总量的35%；南部山地区分布较少，面积为2.45万hm^2，占全省总量的7.6%；甘南高原区分布最少，面积为688.29 hm^2，仅占全省总量的0.2%。

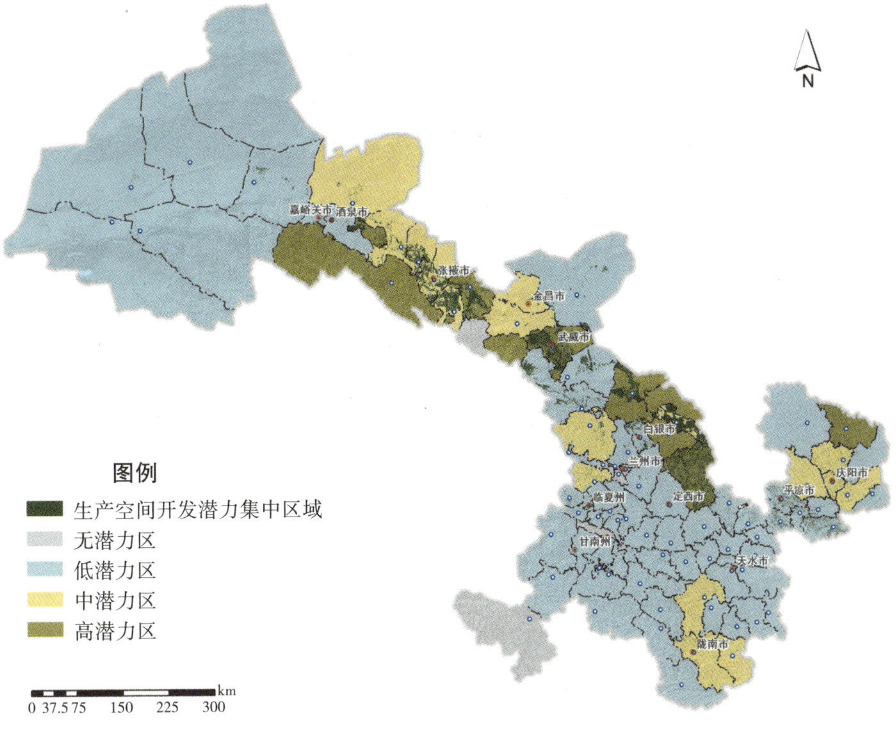

图8-11 甘肃省乡村生产空间开发潜力空间分布

（2）各分区开发潜力

甘肃省各分区乡村生产空间潜力土地类型占比见图8-12。

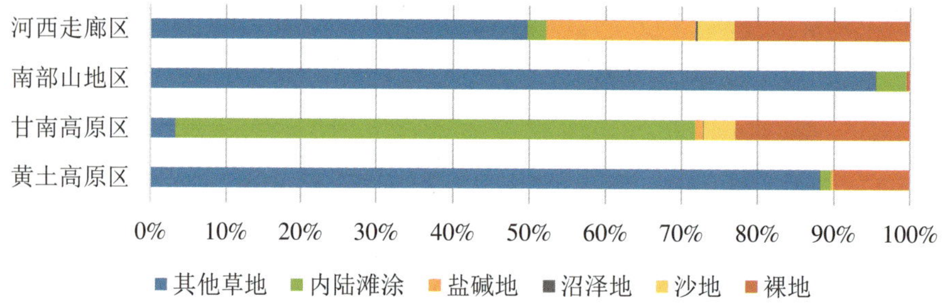

图8-12 甘肃省各分区乡村生产空间潜力土地类型占比

①黄土高原区：包括庆阳市、平凉市、天水市、白银市、兰州市、临夏回族自治州，以及定西市安定区、陇西县、渭源县、漳县、通渭县和临洮县。乡村生产空间潜力规模为188 075.44 hm^2，占全省潜力规模的56.68%，类型包括其他草地、内陆滩涂、盐碱地、沙地和裸地这5种，其中以其他草地分布居多，面积为164 901.78 hm^2，占区域潜力规模的87.68%；裸地和内陆滩涂次之，面积分别为18 669.90 hm^{2}和2 647.60 hm^2，分别占区域潜力规模的9.93%和1.41%；盐碱地和沙地分布较少，面积分别为279.95 hm^{2}和217.94 hm^2，分别占区域潜力规模的0.15%和0.12%。

②南部山地区：包括陇南市和定西市岷县。乡村生产空间潜力规模为24 763.62 hm^2，占全省潜力规模的7.46%，类型包括其他草地、内陆滩涂、沼泽地、沙地和裸地这5种，其中以其他草地分布居多，面积为23 492.26 hm^2，占区域潜力规模的94.87%；内陆滩涂次之，面积为992.50 hm^2，占区域潜力规模的4.01%；裸地、沼泽地和沙地分布稀少，面积分别为135.06 hm^2、11.61 hm^{2}和3.31 hm^2，分别占区域潜力规模的0.55%、0.05%和0.01%。

③河西走廊区：包括武威市、金昌市、张掖市、酒泉市和嘉峪关市。乡村生产空间潜力规模为118 273.97 hm^2，占全省潜力规模的35.64%，类型包括其他草地、内陆滩涂、盐碱地、沼泽地、沙地和裸地这6种，其中以其他草地分布居多，面积为58 272.59 hm^2，占区域潜力规模的49.27%；裸地、盐碱地次之，面积分别为27 038.69 hm^{2}和22 241.21 hm^2，分别占区域潜力规模的22.86%和18.80%；沙地、内陆滩涂分布较少，面积分别为6 725.81 hm^2、2 778.05 hm^2，分别占区域潜力规模的5.69%、2.35%；沼泽地分布稀少，面积分别为953.95 hm^2，仅占区域潜力规模的0.81%。

④甘南高原区：包括甘南藏族自治州。乡村生产空间潜力规模为723.42 hm^2，占全省潜力规模的0.22%，类型包括其他草地、内陆滩涂、盐碱地、沼泽地、沙地和裸地这6种，其中以内陆滩涂居多，面积为478.26 hm^2，占区域潜力规模的66.11%；裸地次之，面积为158.65 hm^2，占21.93%；沙地和其他草地分布较少，面积分别为28.99 hm^{2}和23.23 hm^2，分别占区域潜力规模的4.01%和3.21%；盐碱地和沼泽地分布稀少，面积分别为6.75 hm^2、0.44 hm^2，分别仅占区域潜力规模的0.93%、0.06%。

8.2.2　乡村生产空间开发限制因素

（1）自然因素

针对不同地类的11项指标，对各分区的乡村生产空间开发限制因素进行统计，得出不同区域的自然因素限制条件。

黄土高原区不宜耕土地的主要制约因素为地形坡度、耕作便利度和生态条件，该区分别约有65.45%、38.76%、23.12%的未利用地受以上因素影响不宜耕；另外，土层厚度和母质条件、土壤质地对该区生产空间的扩展也有一定程度的影响（表8-6）。

表8-6　黄土高原区不宜耕土地评价指标面积占比统计

评价指标	宜耕	不宜耕	不考虑	合计
生态条件	76.57%	23.12%	0.31%	100%
大于10 ℃的年积温	97.09%	2.59%	0.32%	100%
年降水量和灌溉条件	16.19%	5.16%	78.65%	100%
土壤污染状况	97.96%	1.73%	0.31%	100%
排水条件	28.60%	0.93%	70.47%	100%
土层厚度和母质条件	80.40%	18.14%	1.46%	100%
地形坡度	33.21%	65.45%	1.34%	100%
盐渍化程度	92.08%	0.06%	7.86%	100%
土壤质地	87.94%	11.50%	0.56%	100%
土壤pH值	92.21%	0.01%	7.78%	100%
耕作便利度	60.93%	38.76%	0.31%	100%

南部山地区不宜耕土地的主要制约因素为地形坡度，该区约有85.53%的未利用地受该因素影响不宜耕；另外，土壤质地、土层厚度和母质条件对该区生产空间的扩展也有一定程度的影响（表8-7）。

表8-7　南部山地区不宜耕土地评价指标面积占比统计

评价指标	宜耕	不宜耕	不考虑	合计
生态条件	91.59%	7.78%	0.63%	100%
大于10 ℃的年积温	99.37%	0	0.63%	100%
年降水量和灌溉条件	0	0	100.00%	100%
土壤污染状况	99.37%	0	0.63%	100%
排水条件	22.37%	0.72%	76.91%	100%
土层厚度和母质条件	61.30%	21.25%	17.45%	100%

续表8-7

评价指标	宜耕	不宜耕	不考虑	合计
地形坡度	10.77%	85.53%	3.70%	100%
盐渍化程度	20.00%	0	80.00%	100%
土壤质地	57.41%	23.75%	18.84%	100%
土壤pH值	20.43%	0	79.57%	100%
耕作便利度	94.94%	4.43%	0.63%	100%

河西走廊区是甘肃省农业生产空间开发的重点地区，不宜耕土地的主要制约因素为年降水量和灌溉条件、生态条件、土层厚度和母质条件，该区分别约有78.82%、57.14%、53.18%的未利用地受上述因素影响不宜耕；另外，土壤质地、地形坡度对该区生产空间的扩展也有一定程度的影响。

河西走廊区水资源有限且分布不均，地下水的补给来源和补给量随着水资源开发利用率的提高会发生变化，同时，一个地区水资源的开发还会影响相邻地区的开发利用，特别是石羊河流域、黑河流域上下游地区的用水相互影响程度较大，中游、上游用水过多易倒逼下游开采地下水，造成区域性地下水位下降，引起土地旱化、沙化。石羊河流域从2007年起实施关井压田，一部分耕地已经被压减，因此，后续的生产空间开发需重点评估灌溉水源的保障程度，科学论证水资源开发利用条件和保证程度，实现以水定地。同时，在现有农业开发中应规划建设各项节水工程，做到水资源在区域、灌区间的有效调配（表8-8）。

表8-8 河西走廊区不宜耕土地评价指标面积占比统计

评价指标	宜耕	不宜耕	不考虑	合计
生态条件	42.85%	57.14%	0.01%	100%
大于10 ℃的年积温	95.73%	4.26%	0.01%	100%
年降水量和灌溉条件	20.32%	78.82%	0.86%	100%
土壤污染状况	99.73%	0.26%	0.01%	100%
排水条件	78.48%	14.63%	6.89%	100%
土层厚度和母质条件	36.19%	53.18%	10.63%	100%
地形坡度	65.39%	33.12%	1.49%	100%
盐渍化程度	82.97%	15.65%	1.38%	100%
土壤质地	48.22%	41.33%	10.45%	100%
土壤pH值	89.89%	0.13%	9.98%	100%
耕作便利度	92.54%	7.45%	0.01%	100%

根据《全国重要生态系统保护和修复重大工程总体规划（2021—2035年）》，甘南高原区的合作市、碌曲县、玛曲县、夏河县、卓尼县、临潭县布局在青藏高原生态屏障区，迭部县、舟曲县布局在黄河重点生态区。根据统计，甘南高原区不宜耕土地的主要制约因素为地形坡度、生态条件和大于10 ℃的年积温，该区分别约有84.06%、77.66%和55.28%的未利用地受以上因素影响不宜耕；另外，土层厚度和母质条件、排水条件对该区生产空间的扩展也有一定程度的影响（表8-9）。

表8-9　甘南高原区不宜耕土地评价指标面积占比统计

评价指标	宜耕	不宜耕	不考虑	合计
生态条件	22.34%	77.66%	0	100%
大于10 ℃的年积温	44.72%	55.28%	0	100%
年降水量和灌溉条件	99.13%	0	0.87%	100%
土壤污染状况	99.64%	0.36%	0	100%
排水条件	89.75%	10.24%	0.01%	100%
土层厚度和母质条件	86.33%	12.80%	0.87%	100%
地形坡度	9.37%	84.06%	6.57%	100%
盐渍化程度	100.00%	0	0	100%
土壤质地	96.25%	3.75%	0	100%
土壤pH值	98.79%	0	1.21%	100%
耕作便利度	92.14%	7.86%	0	100%

（2）社会因素

生产空间扩展开发的社会因素从利用条件和空间形态两方面考虑。首先，利用条件的重点是耕作距离和耕作便利度，主要体现潜力资源开发利用的便利度和可行性，因此，偏远地区、周围无耕地的潜力资源即使土壤和地形条件较好，耕作利用程度也并不高。全省潜力资源较为丰富的陇中地区，由于38.76%的潜力资源便利程度不佳，尚未纳入生产空间潜力范围。其次，潜力资源的空间形态是否连续将会对开发利用后耕地的产能、作物的产量、耕地价值的提高及其生态功能的发挥有极其重要的影响。全省潜力资源中，65.1%为集中连片，除河西走廊区外，陇中的兰州、天水，陇东的平凉、庆阳，以及陇南的潜力资源图斑均具有破碎不集中的分布特征。潜力资源的破碎零散将导致开发利用成本升高，不利于国土空间功能分区的划分，不利于综合整治项目的有效实施。

（3）经济因素

开发利用生产空间潜力资源需在土地整理、改善农田基础设施条件等方面投入大量资金，配套相应的水利设施、电力设施和骨干道路建设等，同时还需考虑山水林田湖草生态系统的整体修复，将开发与治理相结合，加大生态投入，改善生态环境。

甘肃省为经济欠发达区，2019年全省地区生产总值8 718.3亿元，列全国31个省（区、市）中的第27位，人均地区生产总值32 995元，列全国最后一位，防止返贫、巩固脱贫成效的压力较大，全省的财力十分有限，因此，资金问题也是制约甘肃省生产空间潜力资源开发利用的重要因素。根据甘肃省自然资源厅《甘肃省自然资源厅关于鼓励和引导社会资本参与国土空间生态修复的指导意见》（甘资规发〔2019〕3号）精神，未来应考虑推行市场化运作、开放式治理模式，通过赋予一定期限自然资源资产使用权等激励机制，鼓励和引导企业、农村集体经济组织、工商资本、金融资本等社会资本参与生产空间潜力资源开发。

8.3 甘肃省乡村生活空间整治潜力

8.3.1 农村建设用地规模现状

中国可持续健康发展模式提出要在土地利用方面走建设用地挖潜的路径，《乡村振兴战略规划（2018—2022年）》提出要通过“分类推进乡村发展”“盘活农村存量建设用地”等手段加强乡村振兴用地保障，完善城乡融合发展政策体系。农村建设用地是建设用地的重要组成部分，也是农村土地利用的主要方向，对区域农村发展起着至关重要的作用。

农村人均建设用地面积是农村建设用地面积按农村人口分配的人均面积，用来表征乡村生活空间的现状。本书采用2019年末甘肃省土地利用变更调查成果中“农村宅基地”（农村用于生活居住的宅基地）的统计面积和2019年末甘肃省农村人口数据计算农村人均建设用地面积（图8-13、表8-10），计算公式如公式8-1所示：

$$a_i = \frac{A_i}{P_i} \tag{8-1}$$

其中：a_i为各县（市、区）的农村人均建设用地面积；A_i为各县（市、区）的农村建设用地面积；P_i为各县（市、区）的农村人口。

经测算，甘肃省农村人均建设用地面积为171 m^2，整体呈现由西向东逐渐减小的趋势，其中，酒泉市、武威市、庆阳市农村人均建设用地水平较高，部分县区人均建设用地面积超过了300 m^2；兰州市、天水市、陇南市的大部分地区人均建设用地面积较小，在200 m^2以下。

根据《镇规划标准》（GB 50188—2007），农村人均建设用地面积最大不超过120 m^2，除玛曲县（94.08 m^2）、临夏市（101.06 m^2）、武山县（108.23 m^2）、舟曲县（109.21 m^2）、秦州区（112.76 m^2）、甘谷县（114.31 m^2）、张家川县（119.91 m^2）外，甘肃省的其余县区均超过了标准数。

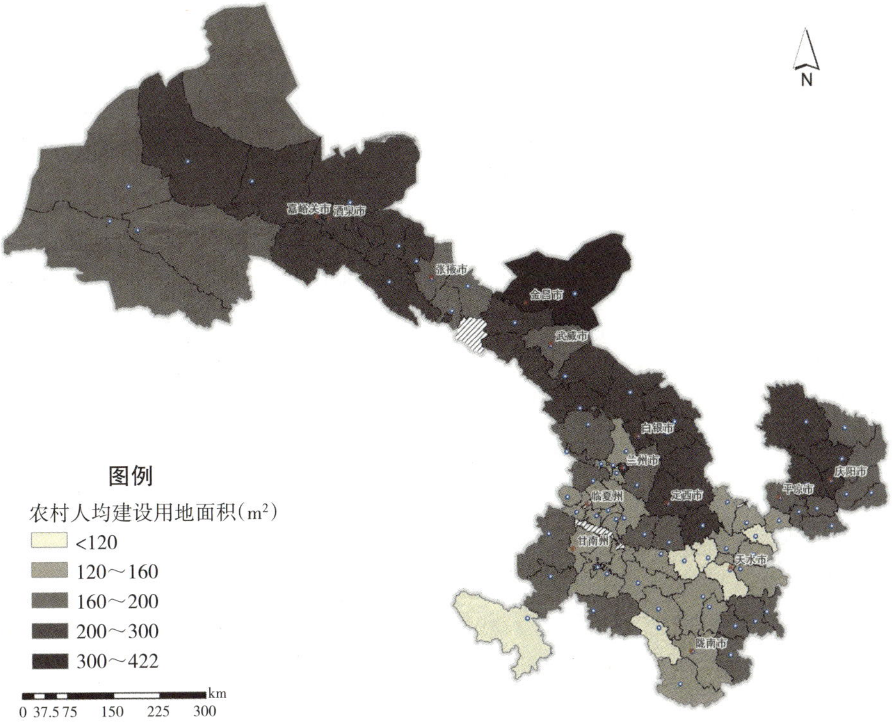

图 8–13　甘肃省农村人均建设用地规模空间分布

表 8–10　甘肃省各市(州)农村人均建设用地统计

行政代码	区域名称	农村建设用地面积（hm^2）	农村人口（万人）	农村人均建设用地面积（m^2）
620100	兰州市	19 957.81	118.72	168.11
620200	嘉峪关市	546.94	2.14	255.58
620300	金昌市	5 658.57	23.58	239.97
620400	白银市	27 671.62	130.25	212.45
620500	天水市	36 703.07	306.52	119.74
620900	酒泉市	14 054.25	63.22	222.31
620700	张掖市	19 915.85	101.17	196.86
620600	武威市	31 221.75	145.06	215.23
621100	定西市	47 688.41	261.63	182.27
621200	陇南市	35 318.40	249.74	141.42
620800	平凉市	30 925.48	190.97	161.94
621000	庆阳市	49 521.05	232.41	213.08
622900	临夏州	25 887.37	186.86	138.54
623000	甘南州	8 216.27	56.84	144.55

注：兰州市安宁区 2019 年末无农村人口，不参与相关评价。

8.3.2 农村空心化程度评价

《农村绿皮书：中国农村经济形势分析与预测（2018—2019）》显示，我国农村宅基地空置率为10.7%，其中有3.77%的村庄空心化率超过40.00%，空心化率最高的村庄达到了62.18%。据《第三次全国农业普查主要数据公报》，全国约有2.3亿套农村房屋，以10.7%的空置率计算，接近2 500万套住房空置。农村空心化不仅影响村容村貌和农村的发展，而且造成了严重的土地浪费，特别是在中国土地供需矛盾尖锐的背景下，宅基地空心化一方面造成大量农村土地的闲置，另一方面导致村庄周围耕地的不断流失，使中国的耕地保护形势较严峻。近年来，我国政府高度重视以"空心村"整治为重点的农村居民点整治。《全国土地利用总体规划纲要（2006—2020年）》强调，要稳步推进农村建设用地整治，加强对"空心村"用地的改造。计算农村空心化程度，适时进行"空心村"整治，对统筹农用地、建设用地治理具有重要作用，是盘活存量土地、强化集约用地、保持乡村地域系统良性发展的有效途径和重要手段。

本书以甘肃省县域为基本单元，借助ArcGIS空间分析技术，从刻画农村空心化的土地、人口两个子系统出发，定量评价农村空心化的空间特征与差异，并进行地域分区，以期整体把握各县区农村空心化的差异，为有序、分区、分类推进"空心村"整治提供科学依据。

（1）数据来源

县区农村人口、城镇人口、行政村个数、人均生产总值、农民人均纯收入、三次产业产值、农民非农就业率等数据直接或间接取自2012年、2020年《甘肃发展年鉴》；建设用地、居民点用地等土地利用相关数据来源于2011年、2019年土地利用变更数据库；土地利用分类标准依据国家标准《土地利用现状分类》（GB/T 21010—2017）的村域土地利用现状分类体系；县市宅基地利用标准依据《中华人民共和国土地管理法》、《土地管理条例》、《农村宅基地管理办法》、《镇规划标准》（GB 50188—2007）等资料确定。

（2）研究方法

1）数据标准化处理

采取极差标准化的方法对指标进行标准化，相关性为正的指标采用公式8-2进行标准化，相关性为负的指标采用公式8-3进行标准化，具体公式如下：

$$Z_{ij} = \frac{X_{ij} - X_{i,\min}}{X_{i,\max} - X_{i,\min}} \quad (8\text{-}2)$$

$$Z_{ij} = \frac{X_{i,\max} - X_{ij}}{X_{i,\max} - X_{i,\min}} \quad (8\text{-}3)$$

式中：Z_{ij}为第i样本的j指标的标准化值，$i=1, 2, 3, \cdots, n$，n为样本容量；X_{ij}为第i样本的j指标的原始值；$X_{i,\max}$为该指标的最大值；$X_{i,\min}$为该指标的最小值。

2）农村空心化程度评价指标体系及现状值

通过检索相关文献，选取能够反映和衡量农村空心化程度的7个代表性评价指标构建综合评价指标体系（表8-11），以实现对农村空心化的综合测度及其差异格局分析。

其中，村庄相对扩散度反映了农村人口与农村用地的相对变化趋势，当农村用地的增长速度快于农村人口增长速度，或农村用地的减少速度慢于农村人口减少速度，或农村用地增加而农村人口减少时，表明农村人均用地趋于增加，土地粗放利用情况趋于严重，对应的农村空心化程度也随之加重。宅建比可用于反映在地形、生活习俗、经济发展阶段等众多因素影响下农村宅基地的粗放利用程度。人均宅基地相对规模反映了人类活动驱动下的农村宅基地占新增建设用地的比例，如果转型度较高，则表明村庄用地规模相对较大，城市化及村庄闲置用地的整治潜力显著，对应的空心化程度也越高。人口非农化相对比重反映了农村人口空心化程度，其值越低，表明农民“离土不离乡”的情况越为严重，村庄空心化程度相应越高。村庄人口规模反映了区域农村分布的集中程度，若单位行政村的乡村人口数量较多，则村庄人口中心度越高，村镇体系位于高级层次，空心化程度相应较低。非农行业务工人员占比能够决定就业结构，非农产业发展越快，农民非农就业越多，农村要素非农化转移越显著，农村空心化相对越高。

表8–11 农村空心化程度评价指标体系

指标	基础数据	计算方式	相关性	权重
村庄相对扩散度	2019年农村建设用地面积、2011年农村建设用地面积、2019年农村人口、2011年农村人口	（2019年农村建设用地面积/2011年农村建设用地面积）/（2019年农村人口/2011年农村人口）	正相关	0.226 8
人均宅基地相对规模	人均居民点用地面积、县（市）宅基地利用标准	人均居民点用地面积/县（市）宅基地利用标准	正相关	0.125 7
宅建比	农村居民点用地面积、建设用地面积	农村居民点用地面积/建设用地面积	正相关	0.176 2
人口非农化相对比重	城镇化率、农民非农就业率	城镇化率/农民非农就业率	正相关	0.081 8
村庄用地人口密度	乡村人口、农村居民点用地面积	乡村人口/农村居民点用地面积	负相关	0.143 7
村庄人口规模	乡村人口、行政村个数	乡村人口/行政村个数	负相关	0.092 4
非农行业务工人员占比	2019年非农行业务工人员数、2019年农村人口	2019年非农行业务工人员数/2019年农村人口	正相关	0.153 4

注：正相关表示值越大，空心化程度越高；负相关表示值越小，空心化程度越高。

（3）结果与分析

在遵循综合区划地域相似性、主导因素一致性、不打破行政边界等原则的基础上，结合土地、人口、经济三个子系统，采用多指标综合评价法来计算得出农村空心化程度综合评价结果，见图8–14。

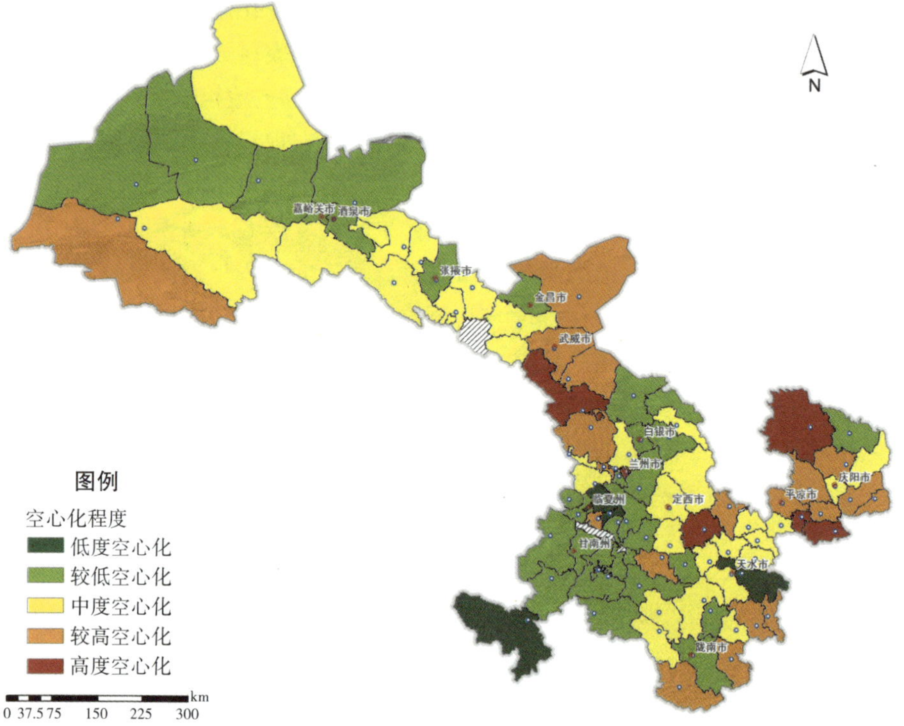

图8-14 甘肃省各县(区)农村空心化程度综合评价结果

87个县（市、区）农村空心化程度综合测度值（K_i）介于0.133 5～0.532 1之间。用自然断裂法将农村空心化程度划分为低度空心化（K_i<0.304）、较低空心化（0.304≤K_i<0.363）、中度空心化（0.363≤K_i<0.398）、较高空心化（0.398≤K_i<0.439）、高度空心化（K_i>0.439）共5个区间，5种类型的县（市、区）个数占比分别为6.98%、32.56%、31.40%、20.93%、8.14%（表8-12）。

表8-12 甘肃省各县(区)农村空心化类型的主要特征

类型	县(市、区)数量	占比
低度空心化	6	6.98%
较低空心化	28	32.56%
中度空心化	27	31.40%
较高空心化	18	20.93%
高度空心化	7	8.14%

结果表明：

①低度和较低农村空心化县域主要集中在甘南、临夏两个民族自治州以及陇中和陇南地区，这些地区的农村经济相对落后，城镇化进程缓慢，农村人口有效转移度较小。

②中度农村空心化县域在省内分布较为集中，主要在河西走廊地区和天水、陇南一带，这些地区随着中心城市城镇化、工业化推进，大量的农业人口转向非农就业，农村

人口有效转移度较高，易导致农村空心化现象发生。

③较高农村空心化县域较集中地分布在武威和庆阳，农村人均建设用地水平较高和非农就业范围较广是其空心化程度较高的主要原因。

④高度农村空心化县域分布较为零散，主要由农村人均建设用地规模较大和经济相对发达的县域构成。其中，经济相对发达的县域，农村人口转移进入稳定期，农村空心化现象趋于稳定或向实心化发展。

8.3.3　农村建设用地整治潜力评价

关于农村建设用地整治潜力的研究，当前多集中在农村居民点的整治内涵、整治类型分区、整治时序安排等方面，潜力测算方法主要有人均建设用地标准法、户均建设用地标准法、闲置土地抽样调查法，多数研究更注重规模潜力测算，而对问题研判和实现路径设计考虑较少。考虑到甘肃省地域辽阔，不同地区自然、经济社会发展状况差异较大，因此开展全省范围内的农村建设用地整治工作时，需全面评价农村建设用地整治潜力的空间分布特征，明确整治时序，甄别不同区域的限制性因素及存在的主要问题，分析与之相匹配的整治潜力实现路径。本书以县级行政区为评价单元，以人均建设用地标准法为基础，从农村居民点用地整理潜力、整理能力和整理迫切度三方面构建甘肃全省范围内农村建设用地整治潜力评价模型，采用修正系数计算现实潜力。

（1）数据来源

农村建设用地面积来自2019年末甘肃省土地利用变更调查数据，农村人口、社会经济数据直接或间接取自2012年、2020年《甘肃发展年鉴》；土地利用分类标准依据国家标准《土地利用现状分类》（GB/T 21010—2017）的村域土地利用现状分类体系；村镇建设用地规划标准依据甘肃《中华人民共和国土地管理法》、《土地管理条例》、《镇规划标准》（GB 50188—2007）等资料确定；地形地貌、土壤数据来自中国科学院资源环境数据云平台。

（2）评价指标体系及现状值

从整治迫切性、自然适宜性、经济可行性等方面构建指标体系，测算甘肃省各县农村建设用地整治潜力。测算模型和总体评价如下：

$$P_T = \left(A_{人均现状} - A_{人均标准}\right) \times P_t \tag{8-5}$$

$$P_R = P_T \times \left(f_P \times r_p + f_S \times r_s + f_K \times r_k\right) \tag{8-6}$$

式中：P_T为农村建设用地整治的理论潜力；$A_{人均现状}$为农村人均居民点现状面积；$A_{人均标准}$为农村人均居民点用地标准；P_t为目标年的农村人口数。P_R为农村建设用地整治的现实潜力；f_P为农村建设用地整治迫切性指数，r_p为整治迫切性的指标权重；f_S为自然适宜性指数，r_s为自然适宜性的指标权重；f_K为经济可行性指数，r_k为经济可行性的指标权重。

①整治迫切性评价指标的选取及修正系数确定。

一般来说，人口越密集，地域人地关系矛盾越突出，人均耕地面积越少，经济发展对土地的需求量越大，后备土地资源约束力越强，通过农村居民点整治实现耕地保护目标和“占补平衡”的需要便越强烈，从而使政府能够最大限度地为农村居民点整治提供物力、财力和政策支持，有利于潜力的释放。农村人口集聚度越小，在发展过程中的村庄相对扩散程度越大，就越需要通过农村建设用地综合整治来实现土地的集约节约利用。而乡村空心化程度越高，公共基础设施配置越匮乏，通过农村居民点整治改善居民生产、生活环境的紧迫性便越强。一般采用村庄相对扩散度、公共设施用地比率来表征人地关系约束下的农村建设用地整治的紧迫性。

利用标准化后的评价指标值及其相应权重，计算研究区农村建设用地整治迫切性的修正系数，公式如下：

$$f_P = \sum_{i=1}^{n} P_i \omega_i \quad (8\text{-}7)$$

式中：f_P为某行政区农村建设用地整治迫切性的修正系数；P_i为评价指标i的指标值；ω_i为指标i的权重；n为指标个数。

②自然适宜性评价指标的选取及修正系数确定。

自然环境是人类赖以生存和发展的物质基础，区域的地形地貌、土壤质地、水文特征等自然因素构成农村建设用地整治空间分布的宏观地理背景，这些因素制约着农村建设用地整治后转换为其他土地类型的适宜性。对于自然适宜性的指标选取，首先考虑当地的地貌类型和土壤条件，不同的地形条件和土壤条件会对土地整治的效果产生影响；其次考虑农村地区土地的粮食生产能力，粮食产量的高低可以反映一个地区光照、热量、水土资源等自然禀赋的优劣，可作为自然适宜性指标来对潜力评价结果进行修正。

利用标准化后的评价指标值及其相应权重，计算研究区农村建设用地自然适宜性的修正系数，公式如下：

$$f_S = \sum_{i=1}^{n} S_i \omega_i \quad (8\text{-}8)$$

式中：f_S为某行政区农村建设用地自然适宜性的修正系数；S_i为评价指标i的指标值；ω_i为指标i的权重；n为指标个数。

③经济可行性评价指标的选取及修正系数确定。

农村建设用地整治涉及房屋拆迁补偿、农民集中居住小区建设、农村基础设施配套建设、土地复垦等，是一项投资较大的系统性工程。因此，整理能力的强弱是居民点整理能否达到预期目标的关键因素。整理能力与政府政策、地方经济实力、县域地方财政预算内收入、居民储蓄及收入水平等密切相关。经济可行性指标体系的构建主要考虑地方开展农村建设用地整治的经济能力、地方财政能力、区域发展能力及经济结构等经济因素，相对来说，地区的经济水平越高，地方财政能力越强，其开展农村建设用地整治的可行性就越高；而农民的收入水平及受教育程度，在较大程度上影响着当地政府和农户开展农村建设用地整治的积极性。

利用标准化后的评价指标值及其相应权重，计算研究区农村建设用地经济可行性的修正系数，公式如下：

$$f_K = \sum_{i=1}^{n} K_i \omega_i \quad (8\text{-}9)$$

式中：f_K为某行政区农村建设用地经济可行性的修正系数；K_i为评价指标i的指标值；ω_i为指标i的权重；n为指标个数。

综合以上结果，采用熵权法和层次分析法确定该指标体系的指标权重，构建双层结构体系用于农村建设用地整治潜力评价。其中，第一层是目标层，由整治迫切性、自然适宜性、经济可行性三个方面构成；第二层是指标层，由农村人口集聚度、空心化程度、地貌类型、区域发展能力、农民收入水平等在内的15个指标共同构成。评价指标体系见表8-13。

表8-13　农村建设用地整治潜力修正系数评价指标体系

目标层	目标层权重	指标层	所用数据	计算方式	相关性	指标层权重
整治迫切性	0.412 6	人均粮食产量	粮食产量、农村人口	粮食产量/农村人口	负相关	0.286 2
		农村人口集聚度	农村人口、农村建设用地面积	农村人口/农村建设用地面积	负相关	0.165
		建设用地粗放利用度	人均建设用地面积、村镇建设用地规划标准	人均建设用地面积/村镇建设用地规划标准	正相关	0.165
		村庄相对扩散度	2019年、2011年农村建设用地面积与农村人口	(2019年农村建设用地面积/2011年农村建设面积)/(2019年农村人口/2011年农村人口)	正相关	0.086
		公共设施用地比率	公共设施用地面积、农村建设用地面积	公共设施用地面积/农村建设用地面积	负相关	0.121
		空心化程度	利用空心化程度评价结果		正相关	0.176 8
自然适宜性	0.327 5	地貌类型	1∶100万地貌类型空间分布数据	地形坡度大于15°的国土面积/行政区总面积	负相关	0.666 6
		土壤条件	土壤质地、土壤构型及土壤有机质含量	average(粉砂土含量小于40%的国土面积/行政区总面积，结构为“土壤团粒结构体”的国土面积/行政区总面积，土壤有机质含量大于20 g/kg的国土面积/行政区总面积)	正相关	0.166 7
		区域粮食生产能力	粮食产量、粮食播种面积	粮食产量/粮食播种面积	正相关	0.166 7

续表8-13

目标层	目标层权重	指标层	所用数据	计算方式	相关性	指标层权重
经济可行性	0.259 9	经济发展水平	人均GDP	按人均GDP计算	正相关	0.255
		地方财政能力	地方财政收入、总人口	地方财政收入/总人口	正相关	0.202 4
		区域发展能力	全社会固定资产投资、总人口	全社会固定资产投资/总人口	正相关	0.243 1
		区域经济结构	第二、三产业GDP占比	按第二、三产业GDP占比计算	正相关	0.133 8
		农民收入水平	农民人均纯收入	按照农民人均纯收入计算	正相关	0.088 4
		受教育程度	中小学生在校人数比率	用中小学生在校人数比率计算	正相关	0.077 2

注：正相关表示值越大，整治潜力越大；负相关表示值越小，整治潜力越小。

（3）结果与分析

根据实际整治潜力规模，参照自然断裂法结果，将全省各县（市、区）划分为一级优先区（1 200～2 889 hm^2）、二级优先区（500～1 200 hm^2）、三级优先区（150～500 hm^2）、四级优先区（<150 hm^2）（表8-14、图8-15）。

表8-14 甘肃省农村建设用地整治优先度评价分级

整治级别	县级数	农村人口（万人）	农村宅基地（万 hm^2）	人均农村建设用地（m^2）	整治实际潜力面积（hm^2）
一级优先区	13	521.41	11.09	213	22 202.55
二级优先区	20	478.51	9.16	191	15 376.76
三级优先区	26	533.19	8.38	157	7 430.99
四级优先区	20	333.47	4.41	132	1 253.55

一级优先区包括13个县（市、区），集中分布在武威市、白银市及庆阳市，二级优先区包括20个县（市、区），集中分布在酒泉市、张掖市、兰州市及定西市一带。一级与二级优先区农村人均建设用地面积较大，地区整体的经济水平较高，应将这些地区列为重点整治区，整治效果将比较明显。

三级优先区包括26个县（市、区），大部分区域集中在定西市、天水市、陇南市、张掖市，同时在白银市、平凉市、临夏州、酒泉市、陇南市等地区也有零星分布。

四级优先区包括20个县（市、区），集中分布在甘南、临夏两个民族自治州和陇南市等地，这些地区普遍面临道路等基础设施不完善、产业发展滞后等情况，可作为整治微调区。

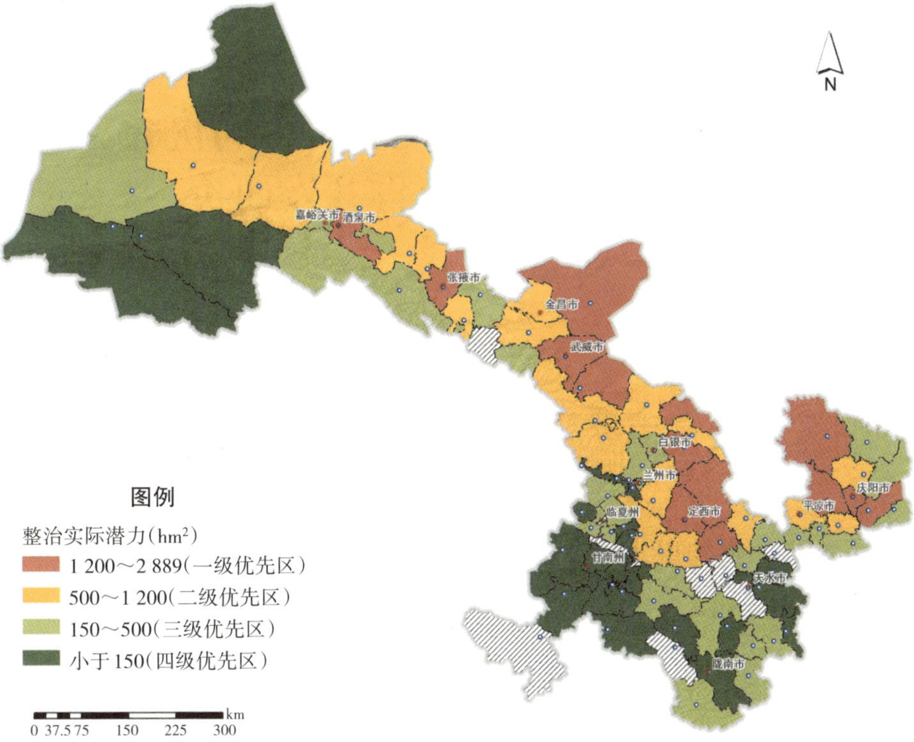

图8-15　甘肃省农村建设用地整治优先度评价分级空间分布

第9章　甘肃省城镇空间布局优化及低效建设用地再开发研究

9.1　甘肃省主要中心城区建设用地集约性评价

9.1.1　中心城区建设用地结构

（1）建设用地规模

对于甘肃省整体而言，中心城区建设用地评价区域面积占城镇规模边界（允许建设区）面积的70.76%，占城市总体规划建设用地控制规模的67.39%。从甘肃省各市（州）中心城区建设用地规模方面看（表9-1、图9-1），兰州市、嘉峪关市和白银市的中心城区建设用地评价区域面积最大，分别为24 090.17 hm^2、16 492.04 hm^2和9 212.00 hm^2；平凉市、陇南市和甘南州的中心城区建设用地评价区域面积最小，分别为2 894.03 hm^2、1 981.33 hm^2和951.88 hm^2。在城镇规模边界（允许建设区）面积方面，兰州市、天水市的城镇规模边界面积最大，分别为22 752.00 hm^2、22 194.00 hm^2；甘南州的城镇规模边界面积最小，为994.24 hm^2。在城市总体规划建设用地控制规模方面，兰州市、天水市的建设用地控制规模最大，分别为24 998.12 hm^2、24 010.00 hm^2；甘南州、陇南市的建设用地控制规模最小，分别为1 095.00 hm^2、2 238.80 hm^2。

表9-1　甘肃省各市（州）中心城区建设用地规模

各市(州)	评价区域面积(hm^2)	城镇规模边界(允许建设区)面积(hm^2)	城市总体规划建设用地控制规模(hm^2)
兰州市	24 090.17	22 752.00	24 998.12
嘉峪关市	16 492.01	164 92.01	19 383.54
白银市	9 212.00	15 640.49	19 677.90
张掖市	7 703.04	7 703.04	7 686.00
酒泉市	6 438.37	9 040.17	9 725.80
天水市	5 755.71	22 194.00	24 010.00
金昌市	4 905.84	6 080.97	5 230.00
武威市	4 038.67	5 445.51	5 300.00

续表9-1

各市(州)	评价区域面积(hm^2)	城镇规模边界(允许建设区)面积(hm^2)	城市总体规划建设用地控制规模(hm^2)
庆阳市	3 227.34	6 167.19	6 079.35
定西市	3 157.69	8 024.17	3 587.50
临夏州	2 931.37	3 930.00	5 211.00
平凉市	2 894.03	5 000.00	4 944.00
陇南市	1 981.33	3 067.33	2 238.80
甘南州	951.88	994.24	1 095.00
甘肃省	93 779.45	132 531.13	139 167.01

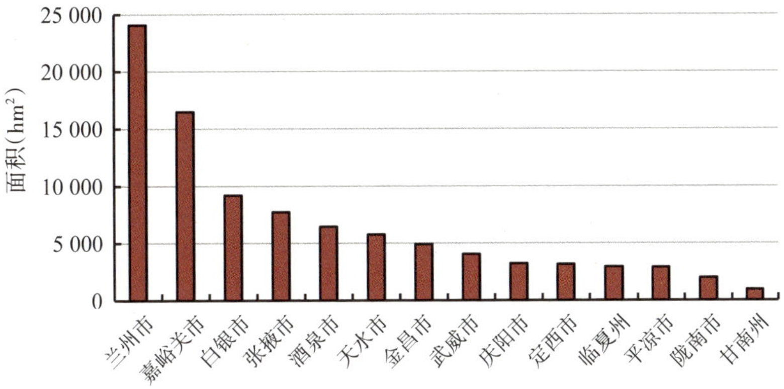

图9-1　甘肃省各市(州)中心城区建设评价地域面积

从甘肃省各市（州）中心城区评价区域面积占城镇规模边界（允许建设区）面积的比例来看（图9-2），兰州市的占比超过了100%，达到了105.88%，说明兰州市中心城区已经被充分开发；嘉峪关市、张掖市和甘南州的占比接近甚至达到了100%，说明这几个市（州）中心城区的土地开发率与城市发展需求相符。甘肃省各市（州）中中心城区评价区域面积占城镇规模边界（允许建设区）面积比例比较小的城市为定西和天水，占比分别为39.35%和25.93%。

从甘肃省各市（州）中心城区评价区域面积占城市总体规划建设用地控制规模的比例来看（图9-3），张掖市的中心城区评价区域面积已经达到城市总体规划建设用地控制规模，其他城市中心城区评价区域面积均未超过城市总体规划建设用地控制规模。兰州市、金昌市、陇南市、定西市、甘南州和嘉峪关市的中心城区评价区域面积占城市总体规划建设用地控制规模的比例均超过了80%，说明这几个市（州）符合城市总体规划建设用地控制规模的预期。平凉市、临夏州、庆阳市、白银市和天水市的中心城区评价区域面积占城市总体规划建设用地控制规模的比例均低于60%，说明这几个市（州）可能存在城市规划预留的建设用地过多的情况，不符合当地经济发展实际需要，因此，在今后的国土空间规划中应当预留适宜规模的中心城区建设用地。

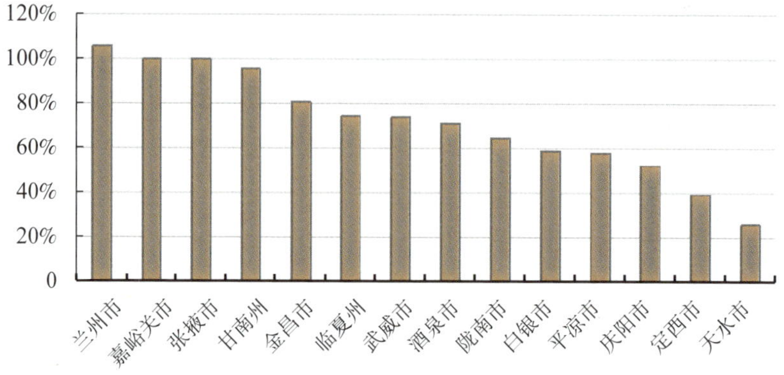

图9-2 甘肃省各市(州)中心城区评价区域面积占城镇规模边界(允许建设区)面积的比例

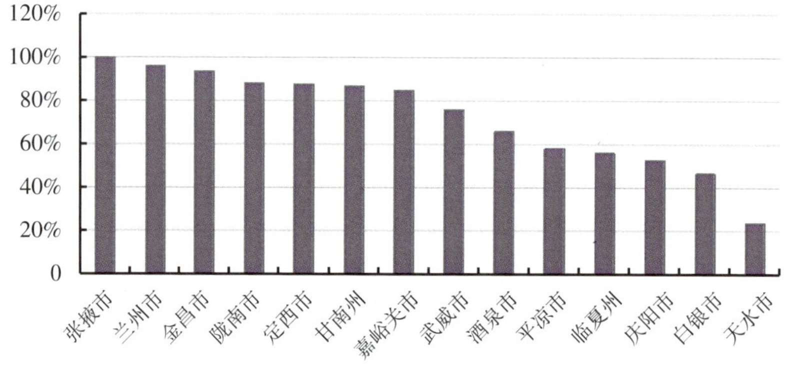

图9-3 甘肃省各市(州)中心城区评价区域面积占城市总体规划建设用地控制规模的比例

(2) 建设用地结构

从甘肃省各市（州）中心城区总体用地结构来看（图9-4），工业用地、其他建设用地和居住用地总体占比最大，分别达25.11%、24.96%和24.34%；广场用地、教育用地（中小学）和机关团体用地占比最小，分别为0.43%、1.21%和1.82%。

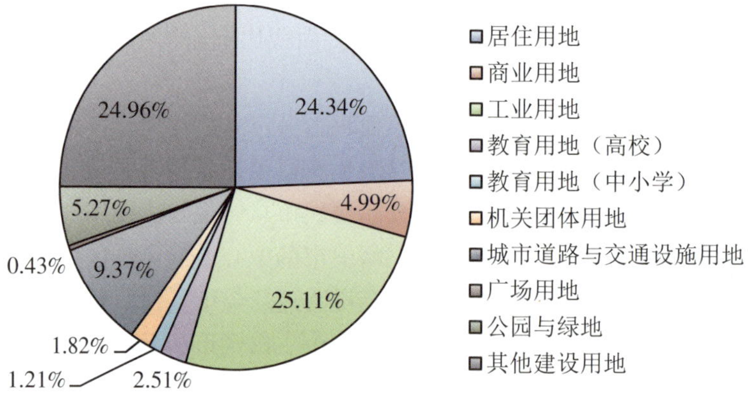

图9-4 甘肃省各市(州)中心城区总体用地结构

如表9-2所示，甘肃省各市（州）中，中心城区居住用地面积占建设用地总面积比例最高的为陇南市，达到了58.35%；其次为平凉市、天水市和临夏州，占比分别为42.40%、38.20%和37.17%。占比最少的为嘉峪关市，仅为10.81%；其次为白银市、金昌市和张掖市，占比分别为17.15%、18.69%和23.86%。

商业用地面积占建设用地总面积比例最高的为庆阳市，达到了16.21%；占比最少的为嘉峪关市，仅为0.79%。工业用地面积占建设用地总面积比例最高的为金昌市，达到了45.40%；占比最少的为陇南市，仅为1.04%。教育用地（高校）面积占建设用地总面积比例最高的为甘南州，达到了8.55%；占比最少的为嘉峪关市，仅为0.28%。机关团体用地面积占建设用地总面积比例最高的为甘南州，达到了4.62%；最少的为白银市，仅为0.56%。城市道路与交通设施用地面积占建设用地总面积比例最高的为张掖市，达到了14.46%；占比最少的为白银市，仅为4.24%。广场用地面积占建设用地总面积比例最高的为天水市，达到了2.65%；占比最少的为嘉峪关市，仅为0.03%。公园与绿地面积占建设用地总面积比例最高的为白银市，达到了12.02%；占比最少的为陇南市，仅为0.32%。

表9-2　甘肃省各市(州)中心城区不同用地类型面积占建设用地总面积的比例（单位：%）

各市(州)	居住用地	商业用地	工业用地	教育用地(高校)	教育用地(中小学)	机关团体用地	城市道路与交通设施用地	广场用地	公园与绿地	其他建设用地
陇南市	58.35	2.46	1.04	0.79	2.08	2.83	12.5	0.24	0.32	19.39
平凉市	42.40	5.83	5.47	3.88	1.62	2.26	9.04	0.51	2.04	29.09
天水市	38.20	5.54	25.59	2.86	2.36	1.60	9.84	2.65	9.29	2.08
临夏州	37.17	9.50	1.97	1.10	0.63	1.88	7.63	0.31	1.18	38.63
庆阳市	36.60	16.21	8.87	3.83	1.80	2.33	10.94	0.77	0.53	18.21
定西市	31.91	4.26	25.45	3.11	2.11	1.68	12.42	0.08	3.91	15.07
甘南州	31.28	13.66	4.99	8.55	2.83	4.62	11.52	1.85	1.66	19.03
酒泉市	30.86	6.17	38.66	2.97	1.95	1.54	8.30	0.29	5.59	3.66
武威市	30.23	7.72	15.47	1.65	1.45	2.84	8.36	0.94	3.70	27.65
兰州市	27.93	4.4	21.19	4.41	1.26	2.66	9.15	0.17	4.65	24.18
张掖市	23.86	8.36	3.88	2.32	1.11	0.85	14.46	0.29	5.14	39.73
金昌市	18.69	2.63	45.40	0.93	1.18	0.99	9.59	0.19	6.40	15.19
白银市	17.15	3.56	41.46	1.00	0.71	0.56	4.24	0.40	12.02	18.90
嘉峪关市	10.81	0.79	34.63	0.28	0.15	1.31	8.62	0.03	3.71	39.67

甘肃省各市（州）中，中心城区工业用地面积占建设用地总面积比例较高的城市有金昌市、白银市、酒泉市、嘉峪关市、天水市、定西市、兰州市和武威市。这些城市中心城区建设用地结构的一个显著特点是工业用地占比大于商业用地占比，而一些依靠第一、第三产业的城市（州），如庆阳市、平凉市、甘南州、张掖市、临夏州和陇南市，则表现为商业用地面积占比大于工业用地面积占比（图9-5）。

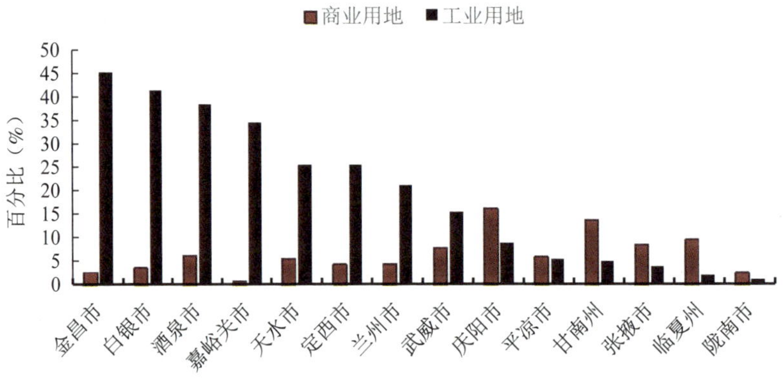

图9-5　甘肃省各市(州)中心城区工业用地、商业用地面积占建设用地总面积的比例

甘肃省各市（州）中，一些典型工业城市（如金昌市、白银市、酒泉市、嘉峪关市）居住用地面积占建设用地总面积的比例小于工业用地面积的占比，而一些依靠第一、第三产业的城市或州（如庆阳市、平凉市、甘南州、张掖市、临夏州和陇南市）居住用地面积占比很大（图9-6）。

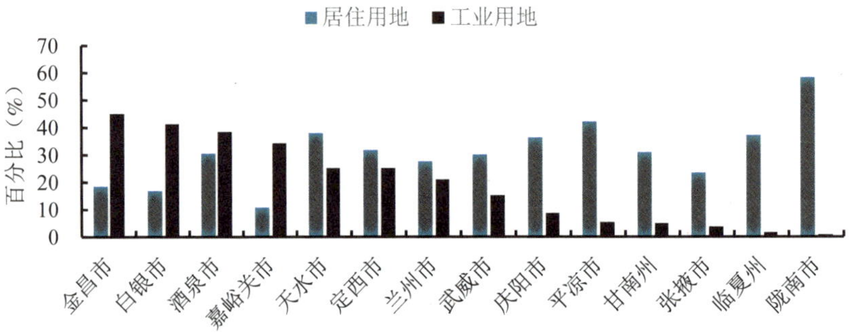

图9-6　甘肃省各市(州)中心城区居住用地、工业用地面积占建设用地总面积的比例

探讨中心城区建设用地结构设置是否合理和是否需要优化是进行现状评价的原因，将居住用地面积按占比大小依次排列，可以发现一些居住用地面积占比较大的城市，其中心城区的公园面积与绿地面积占比较少，仅白银市的公园面积与绿地面积占比较高（图9-7）。甘南州公园面积与绿地面积占比较低的原因是其气候为高寒气候，不利于景观植物生长。而兰州等城市，则更多是由于其地形等因素限制，建设用地紧张，因此在中心城区建设用地分配上会稍倾向于其他种类的用地类型。

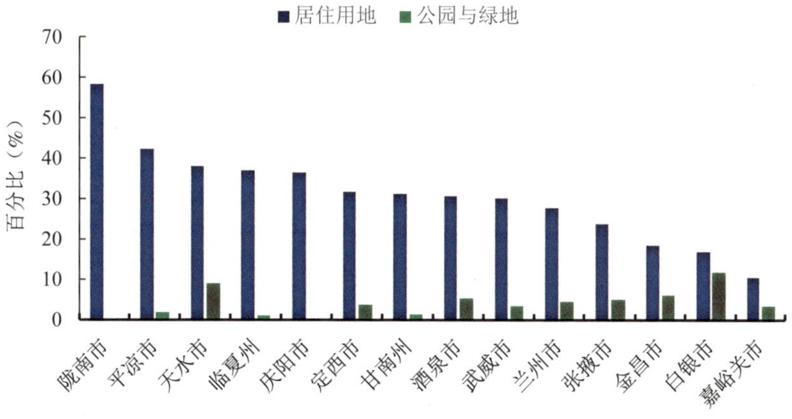

图9-7　甘肃省各市（州）中心城区居住用地、公园与绿地面积占建设用地总面积的比例

通过对比居住用地面积和商业用地面积占比（图9-8），可以发现商业用地的面积现状是否合理。陇南市和嘉峪关市的居住用地多而商业用地少，庆阳市和甘南州的居住用地面积和商业用地面积占比较协调，这是由于商业用地规模一方面受城市性质影响，另一方面也受地形限制（平地的多少），此外，也与城市人口数量有关。

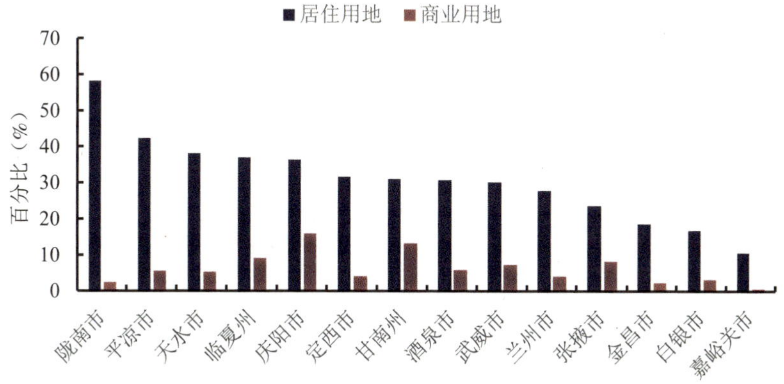

图9-8　甘肃省各市（州）中心城区居住用地、商业用地面积占建设用地总面积的比例

（3）建设用地布局

甘肃省各市（州）的用地布局受地形限制，如兰州市位于黄土高原的西部，西部和南部高，东北低，市区南北群山对峙，东西黄河穿城而过；定西市西南部为山地，北部为丘陵；还有陇南等城市，这些城市因位于黄土高原丘陵沟壑或者高山河谷区域而形成长条形布局，沿着东西、南北方向或沿着河流展开。

一般各市（州）医疗卫生、文化教育、行政办公等用地主要分布在老城区，例如兰州市城关区作为原有的政治、经济、文化中心，集中了全市较好的医疗卫生、文化教育、行政办公等公共资源，分布着大量人口。这也带来了一些问题，例如兰州市城关区、武威市凉州区西大街、白银市南北部教育用地分布较多，而其他区域教育用地较少，这就造成了教育资源的区域分布不平衡，并且这些老城区大多面临着旧城改造问题。各市（州）建立的新城区则主要用于承担综合性的区级公共中心、新的经济、高品质居住区的功能。一些城市采用了多核发展模式，例如天水市的麦积、秦州两区相向连片发展；庆阳市北部城区和南部城区发展模式；甘南州的旧城区用于行政商业，城东新区主要为居住中心，附带文教科研功能，城北为文化旅游区，这些不同区域结合自身特征分别承担着不同功能的集中作用。随着“出城入园”政策的开展，目前很多工业企业都转移到各市建立的开发区，因而中心城区的工业用地会进一步减少。一般而言，大部分城市的工业用地分布于城市四周，比较分散。但酒泉市的工业用地则集中于城区西北部和南部的两片园区，其中西园为联系嘉峪关市与酒泉市的纽带，南园为主城区与火车站的联通区域，两个工业园区组成了酒泉市的“两翼”。

一些城市受地形限制，其中心城区建设用地规模有限，因此往往选择紧邻城市的区域建设高规格新城。例如，兰州市选择在偏离城市的区域建设新区，虽然新区距主城区较远，与城市连接发展不便，不能完全承担综合性的区级公共中心、新的经济、高品质居住区的功能，但也在一定程度上缓解了城市用地不足的局面。

9.1.2 中心城区建设用地利用强度

（1）强度分析指标

中心城区建设用地利用强度分析是在各中心城区的评价工作底图中，按地域范围以及居住、商业、工业、行政办公、教育用地的地类图斑为单元，分别提取评价工作地域范围内的建设用地总面积以及各类用途用地的总面积，按照表9-3对应的指标含义，计算评价工作地域综合容积率和居住等各类用途用地综合容积率，最后总结分析整个甘肃省建设用地利用强度，并通过图表的形式表示出来。

表9-3 中心城区建设用地利用强度分析指标含义

表征指标	指标含义	数据来源
评价工作地域综合容积率	评价工作地域范围内建筑总面积与评价工作地域建设用地总面积之比	工作底图
居住用地综合容积率	评价工作地域范围内居住用地建筑总面积与评价工作地域范围内的居住用地面积之比	
商业用地综合容积率	评价工作地域范围内商业用地建筑总面积与评价工作地域范围内的商业用地面积之比	
工业用地综合容积率	评价工作地域范围内工业用地建筑总面积与评价工作地域范围内的工业用地面积之比	
行政办公用地综合容积率	评价工作地域范围内行政办公用地建筑总面积与评价工作地域范围内的行政办公用地面积之比	
教育用地综合容积率	评价工作地域范围内教育用地建筑总面积与评价工作地域范围内的教育用地面积之比	

(2) 强度分析

通过比较全部建设用地强度指标发现，甘肃省14个地级市（州）居住用地综合容积率明显高于其他用地的综合容积率，这说明居住用地规划指标基本实现，集约程度较高；而各市（州）工业用地综合容积率普遍较低，说明工业用地集约程度较低，企业较为分散，这与工业用地往往布局在城市外围区域，不但受区位条件影响最不敏感，而且受工艺流程的制约，在很多情况下没有容积率的限制有关（图9-9）。

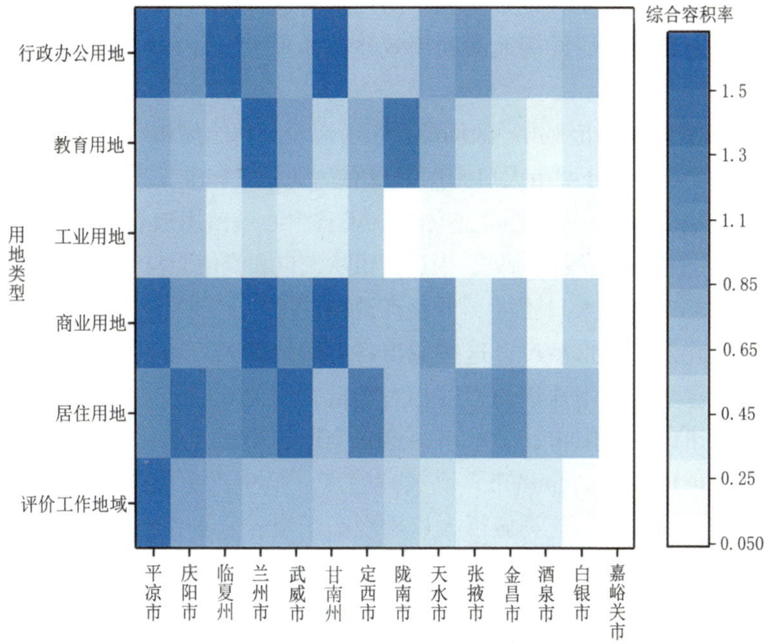

图9-9　甘肃省各市(州)中心城区建设用地综合容积率

(3) 强度分析结果

通过对比上述14个市（州）中心城区各类型用地的容积率，可以将这14个城市（州）的土地利用强度划分为高、中、低三种用地强度，其中高强度的城市（州）有兰州市、临夏州、平凉市、庆阳市、武威市；中等强度的城市（州）有定西市、甘南州；低强度的城市有白银市、嘉峪关市、金昌市、酒泉市、陇南市、天水市、张掖市。

总的来说，甘肃省各市（州）土地利用强度一般，河东地区的土地利用强度大于河西地区，而陇南地区和甘南地区受自然环境和地理位置影响，土地利用集约程度不高，经济发展相对落后，政府需加大扶持力度；居住用地综合容积率相对较高的城市也依旧存在“城中村”和“棚户区”等亟待改造的现象，降低了居住用地土地利用的强度和集约度；工业用地综合容积率较低，一方面要考虑工业用地的分布区位影响，另一方面要考虑如酒泉市、嘉峪关市等城市工业园区普遍存在大量供而未建的土地，进驻企业规模大多偏小，除城市功能定位所需的风、光电设备制造及物流等典型行业之外，园区行业分布较为宽泛，产业集聚程度不高，工业园区内企业布局分散的问题，因而需要加大工业园区内集约化建设。

9.1.3 中心城区建设用地效益

中心城区建设用地效益状况分析，主要是通过计算评价工作地域单位面积地区生产总值和人口密度，居住用地人口密度，商业用地单位面积第三产业增加值、单位面积从业职工数，工业用地单位面积固定资产总额、单位面积工业总产值和单位面积工业利税额，行政办公用地单位面积服务人员数，以及教育用地单位面积服务学生数等表征指标，并与相关法规规划标准、城市政府集约用地管理目标进行横向比较，综合分析并揭示中心城区及其主要用途建设用地的利用效益总体水平、分布规律、主要特征及存在问题等。

通过对比甘肃省14个市（州）的用地效益，以及与每个城市（州）自身的规划值作对比，可以发现甘肃省大部分城市人口密度都没有达到相关标准，人口密度较低，且各类用地集约度都与理想值存在一定差距。整体上甘肃省中心城镇用地效益一般，呈现出以兰州市为增长极带动周边城市发展的趋势，周边城市从人口和产值而言都相对优于其他城市。

14个市（州）中，低人口密度、低生产总值的城市（州）有白银市、定西市、甘南州、嘉峪关市、酒泉市、张掖市，这些城市各类用地的人口密度以及工业单位面积生产总值等均低于全省水平，用地集约程度相对较低，用地效益较差；高人口密度、高生产总值的城市有兰州市、庆阳市、天水市，这三个市的用地效益居全省较高水平；低人口密度、高生产总值的城市有金昌市；高人口密度、低生产总值的城市（州）有临夏州、陇南市、平凉市、武威市，这类城市人口密度高于全省水平，但是单位面积产值不及其他城市，用地效益一般。

进一步总结可以发现，就整个甘肃省而言，河东地区的用地效益普遍高于河西地区，河东地区的庆阳市、平凉市等黄土高原区往往人口密度较高，特别是教育和行政用地的服务人员数较多，各类用地的综合容积率较高，用地效益也较高；而陇南市和甘南州由于地理位置的影响，发展相对较缓慢，人口密度较低，且单位产值也较低，用地效益不高；河西地区大多以工业城市为主，如白银市、酒泉市、嘉峪关市等，工业城市人口密度低，工业产值也较低，可见城市的发展潜力较大，后续发展中在进行人才引进的同时还要进行集约化生产，以提高各类用地的综合容积率，提高单位面积的产值；而以兰州为中心的周边城市（州），如临夏州、金昌市用地效益普遍较高，这是受到了兰州市的影响，可见兰州市作为甘肃省的增长极，在有效地带动着周边城市的发展。

9.2 甘肃省主要中心城区建设用地集约利用定量评价

9.2.1 评价指标体系

中心城区建设用地集约利用潜力定量评价，主要以划定的居住、商业、工业、行政办公、教育和其他用地这6种不同类型功能区作为评价单元，按照《城市建设用地节约集约利用评价操作手册》的要求选择评价指标（表9-4），进行理想值指标标准化，计算各功能区的土地利用集约度指数，判定土地利用状况类型，揭示不同类型功能区的土地集约利用水平及其空间分布规律。

表9-4　中心城区用地状况定量评价指标体系

功能区类型（代码）	指标（代码）	指标含义	指标属性	选择要求
居住功能区（R）	综合容积率（R1）	居住功能区内的各类建筑总面积（万 m^2）/居住功能区总面积（hm^2）	正向相关指标	必选
	人口密度（R2）	居住功能区内的居住人数（人）/居住功能区总面积（hm^2）	正向相关指标	必选
	基础设施完备度（R3）	居住功能区内的水、电、路等基础设施的配套程度	正向相关指标	必选
	住宅地价实现水平（R4）	居住功能区现状条件下的单位土地市场地价（元/米^2）/居住功能区所在级别基准地价（元/米^2）	正向相关指标	必选
	建筑密度（R5）	居住功能区内的各类建筑基底面积（万 m^2）/居住功能区总面积（hm^2）	适度相关指标	必选
商业功能区（C）	综合容积率（C1）	商业功能区内的各类建筑总面积（万 m^2）/商业功能区总面积（hm^2）	正向相关指标	必选
	基础设施完备度（C2）	商业功能区内的水、电、路等基础设施的配套程度	正向相关指标	必选
	商业地价实现水平（C3）	商业功能区现状条件下的单位土地市场地价（元/米^2）/商业功能区所在级别基准地价（元/米^2）	正向相关指标	必选
	建筑密度（C4）	商业功能区内的各类建筑基底面积（万 m^2）/商业功能区土地面积（hm^2）	适度相关指标	必选
	商业物业出租（营业）率（C5）	商业功能区内的物业平均出租率或营业率（%）	正向相关指标	备选
工业功能区（I）	综合容积率（I1）	工业功能区内的各类建筑总面积（万 m^2）/工业功能区总面积（hm^2）	正向相关指标	必选
	基础设施完备度（I2）	工业功能区的水、电、路等基础设施的配套程度	正向相关指标	必选

续表9-4

功能区类型（代码）	指标（代码）	指标含义	指标属性	选择要求
	单位用地固定资产总额（I3）	工业功能区内的工业（物流）企业固定资产原价（万元）/工业功能区总面积（hm^2）	正向相关指标	必选
	单位用地工业总收入（I4）	工业功能区内的工业（物流）企业总收入（万元）/工业功能区总面积（hm^2）	正向相关指标	必选
	建筑密度（I5）	工业功能区内的各类建筑基底面积（万 m^2）/工业功能区总面积（hm^2）	适度相关指标	必选
行政办公功能区（G）	综合容积率（G1）	行政办公功能区内的各类建筑总面积（万 m^2）/行政办公功能区总面积（hm^2）	正向相关指标	必选
	基础设施完备度（G2）	行政办公功能区内的水、电、路等基础设施的配套程度	正向相关指标	必选
	单位用地服务行政办公人员数（G3）	行政办公功能区内的行政办公人员数（人）/行政办公功能区总面积（hm^2）	正向相关指标	必选
	建筑密度（G4）	行政办公功能区内的各类建筑基底面积（万 m^2）/行政办公功能区总面积（hm^2）	适度相关指标	必选
教育功能区（E）	综合容积率（E1）	教育功能区内的各类建筑总面积（万 m^2）/教育功能区总面积（hm^2）	正向相关指标	必选
	基础设施完备度（E2）	教育功能区内的水、电、路等基础设施的配套程度	正向相关指标	必选
	单位用地服务学生数（E3）	教育功能区内的服务学生总数（人）/教育功能区总面积（hm^2）	正向相关指标	必选
	建筑密度（E4）	教育功能区内的各类建筑基底面积（万 m^2）/教育功能区总面积（hm^2）	适度相关指标	必选
其他功能区（X）	综合容积率（X1）	其他功能区内的各类建筑总面积（万 m^2）/其他功能区总面积（hm^2）	正向相关指标	必选
	建筑密度（X2）	其他功能区内的各类建筑基底面积（万 m^2）/其他功能区总面积（hm^2）	适度相关指标	必选

9.2.2　建设用地状况指标理想值

甘肃省各市（州）依据《城市建设用地节约集约利用评价操作手册》与各市（州）土地利用总体规划及经济发展情况，结合各市（州）具体情况，对划定的居住、商业、工业、行政办公、教育和其他6种不同的功能区理想值进行细分与确定。

甘肃省各市（州）中心城区建设用地状况居住功能区指标理想值见表9-5。居住功能区各项指标中，综合容积率理想值大多数分布于1.0～3.0之间，白银市综合容积率理想值下限较低，而临夏州、陇南市、平凉市与庆阳市这4个市（州）的上限较高。主要原因是，虽然白银市的居住功能区个数较多，但其居住功能区面积占白银市中心城区面积的比例却较低，且建筑面积所占比例较高，影响了其容积率；其他4个市（州）的容积率上限较高，是由于中心城区以居住功能区为主，其所占面积较大，影响了容积率上限。而陇南市与甘南州人口密度理想值较低，是因为陇南市中心城区虽然主要由居住功能区构成，但受地形影响，其面积较少，但居住人口较多；而甘南州相反，其居住功能区面积较大，但其居住人口较少，影响了其人口密度理想值。对于住宅地价实现水平理想值，甘肃省各市（州）依据《城市建设用地节约集约利用评价操作手册》、国土空间规划及相关政策进行设置。

表9-5　甘肃省各市(州)中心城区建设用地状况居住功能区指标理想值

参评城市(州)名称	代码	综合容积率理想值	人口密度理想值	基础设施完备度理想值	住宅地价实现水平理想值	建筑密度理想值
兰州市	620100	[2.0,2.5]	200.00	100.00	100.000	[20,30]
酒泉市	620900	[1.5,2.8]	275.93	100.00	210.833	[25,30]
白银市	620400	[0.5,2.5]	350.00	100.00	160.000	[20,40]
定西市	621100	[1.3,3.0]	150.00	100.00	150.000	[30,35]
甘南州	623001	[1.2,2.5]	84.00	100.00	100.000	[34,39]
武威市	620600	[1.5,2.2]	650.00	100.00	10.000	[30,45]
嘉峪关市	620200	[0.8,1.2]	100.00	100.00	100.000	[20,25]
金昌市	620300	[0.8,2.5]	300.00	100.00	200.000	[20,40]
临夏州	622901	[1.5,3.5]	250.00	100.00	150.000	[25,35]
陇南市	621200	[1.0,3.5]	68.00	100.00	375.000	[25,35]
平凉市	620800	[1.1,3.5]	370.00	100.00	150.000	[25,35]
庆阳市	621000	[2.0,3.5]	250.00	100.00	150.000	[25,40]
天水市	620500	[1.3,1.8]	300.00	100.00	102.000	[35,45]
张掖市	620700	[1.2,2.5]	262.00	100.00	100.000	[28,35]

甘肃省各市（州）中心城区建设用地状况商业功能区指标理想值见表9–6。商业功能区各项指标差异较大，其中临夏州与庆阳市的综合容积率理想值区间较大，是因为商业功能区较大，但商业功能区各类建筑的面积差异较大，所以综合容积率理想值区间较大。而陇南市商业地价实现水平理想值与其他市相比较高的原因是中心城区面积有限，导致其商业功能区单位土地市场价远高于所在级别基准地价。而金昌市与张掖市的商业功能区单位土地市场价基本符合其所在级别基准地价，且甘肃省其他城市均出现了商业功能区单位土地市场价高于其所在级别基准地价的情况。

表9–6　甘肃省各市(州)中心城区建设用地状况商业功能区指标理想值

参评城市(州)名称	代码	综合容积率理想值	基础设施完备度理想值	商业地价实现水平理想值	建筑密度理想值	商业物业出租(营业)率理想值
兰州市	620100	[1.5,2.0]	100.00	100.000	[20,30]	0.00
酒泉市	620900	[0.5,3.5]	100.00	179.440	[30,50]	95.00
白银市	620400	[1.3,3.5]	100.00	165.000	[20,50]	80.00
定西市	621100	[1.0,5.0]	100.00	130.000	[35,45]	95.00
甘南州	623001	[0.68,3.0]	100.00	100.000	[30,37]	0.00
武威市	620600	[1.6,2.5]	100.00	25.000	[25,40]	0.00
嘉峪关市	620200	[0.8,1.5]	100.00	100.000	[20,30]	0.00
金昌市	620300	[1.0,3.0]	100.00	1.850	[30,50]	95.00
临夏州	622901	[2.0,6.0]	100.00	200.000	[25,45]	95.00
陇南市	621200	[3.5,4.0]	100.00	401.340	[25,40]	0.00
平凉市	620800	[2.5,5.5]	100.00	100.000	[40,45]	100.00
庆阳市	621000	[2.0,6.0]	100.00	200.000	[20,45]	95.00
天水市	620500	[1.3,3.0]	100.00	154.000	[35,50]	95
张掖市	620700	[1.0,2.5]	100.00	1.805	[28,35]	95.00

甘肃省各市（州）中心城区建设用地状况工业功能区指标理想值见表9–7。工业功能区指标理想值中，综合容积率理想值均分布在0～2.5之间，其中兰州市、定西市、白银市和陇南市综合容积率理想值上限均高于或等于2.0；除陇南市工业面积较小而各类建筑总面积较大外，其他三个市均由于工业功能区面积占中心城区面积比例较大，且工业功能区中各类建筑的总面积占比较大，使得综合容积率理想值较高。酒泉市、甘南州与白银市的单位用地固定资产总额理想值与单位用地工业总收入理想值，以及平凉市单位用地工业总收入理想值与全省水平相比处于较低水平。其中，酒泉市与白银市是由于工业功能区企业固定资产较高，导致单位用地固定资产总额与单位用地工业总收入较低，平凉市与甘南州是因为工业功能区面积较小，导致指标理想值较低。

表9-7 甘肃省各市(州)中心城区建设用地状况工业功能区指标理想值

参评城市(州)名称	代码	综合容积率理想值	基础设施完备度理想值	单位用地固定资产总额理想值	单位用地工业总收入理想值	建筑密度理想值
兰州市	620100	[1.5,2.0]	100.00	6 000.00	3 000.00	[20,30]
酒泉市	620900	[0.6,0.8]	100.00	408.69	360.75	[30,35]
白银市	620400	[0.5,2.0]	100.00	500.00	500.00	[8,20]
定西市	621100	[1.0,2.0]	100.00	3 000.00	3 500.00	[35,45]
甘南州	623001	[0.32,0.80]	100.00	510.00	120.00	[30,35]
武威市	620600	[0.5,1.0]	100.00	1 200.00	2 000.00	[25,35]
嘉峪关市	620200	[0.3,0.8]	100.00	5 300.00	4 500.00	[10,15]
金昌市	620300	[0.6,1.2]	100.00	2 000.00	2 000.00	[8,25]
临夏州	622901	[0.7,1.5]	100.00	2 250.00	2 500.00	[30,45]
陇南市	621200	[0.5,2.5]	100.00	10 000.00	10 000.00	[25,40]
平凉市	620800	[0.8,1.2]	100.00	5 407.30	451.41	[30,45]
庆阳市	621000	[0.8,1.5]	100.00	2 250.00	3 000.00	[25,40]
天水市	620500	[0.4,1.0]	100.00	2706.53	6 495.34	[30,35]
张掖市	620700	[0.6,1.5]	100.00	6 000.00	2 680.00	[25,35]

甘肃省各市（州）中心城区建设用地状况行政办公功能区指标理想值见表9-8，其中定西市、武威市、临夏州、平凉市与庆阳市的单位用地服务行政办公人员数理想值均大于或等于1 000，这是由于这5个市（州）中心城区的行政办公功能区范围内的在职人员数较高，而行政办公功能区总面积较小。该项指标数值大于其他城市指标数值，而酒泉市、白银市、甘南州均由于新修整办公功能区面积较大，人数较少，指标理想值较低。

表9-8 甘肃省各市(州)中心城区建设用地状况行政办公功能区指标理想值

参评城市(州)名称	代码	综合容积率理想值	基础设施完备度理想值	单位用地服务行政办公人员数理想值	建筑密度理想值
兰州市	620100	[2.0,2.5]	100.00	100.00	[20,30]
酒泉市	620900	[1.2,2.5]	100.00	87.00	[25,35]
白银市	620400	[0.5,1.6]	100.00	60.00	[12,30]
定西市	621100	[1.5,5.0]	100.00	1 000.00	[30,35]
甘南州	623001	[2.2,3.5]	100.00	17.00	[34,40]
武威市	620600	[0.8,1.6]	100.00	1 200.00	[25,40]
嘉峪关市	620200	[0.7,2.5]	100.00	220.00	[20,40]

续表9-8

参评城市(州)名称	代码	综合容积率理想值	基础设施完备度理想值	单位用地服务行政办公人员数理想值	建筑密度理想值
金昌市	620300	[0.5,1.6]	100.00	100.00	[20,40]
临夏州	622901	[2.0,3.5]	100.00	1 000.00	[25,35]
陇南市	621200	[1.2,2.0]	100.00	203.73	[25,40]
平凉市	620800	[2.2,5.0]	100.00	1 299.00	[25,40]
庆阳市	621000	[2.0,3.0]	100.00	1 000.00	[30,35]
天水市	620500	[1.0,3.0]	100.00	164.00	[30,35]
张掖市	620700	[0.6,2.2]	100.00	404.00	[25,35]

甘肃省各市（州）中心城区建设用地状况教育功能区指标理想值见表9-9。教育功能区各项指标中，差异较大的是单位用地服务学生数理想值，其中兰州市与天水市的指标理想值与全省其他城市相比较高，是因为分布在兰州市的各所大学以及中小学较多，对教育功能区所占面积来说，学生人数较多，所以其单位用地服务学生数理想值较高。天水市的情况与兰州市相同，虽然服务学生数比兰州市少，但与其教育功能区所占面积相比，人数仍然较多。

表9-9 甘肃省各市(州)中心城区建设用地状况教育功能区指标理想值

参评城市(州)名称	代码	综合容积率理想值	基础设施完备度理想值	单位用地服务学生数理想值	建筑密度理想值
兰州市	620100	[1.5,2.0]	80.00	1 000.00	[15,20]
酒泉市	620900	[1.5,2.5]	100.00	103.00	[15,25]
白银市	620400	[0.5,0.5]	100.00	200.00	[10,15]
定西市	621100	[0.8,2.0]	100.00	330.00	[25,35]
甘南州	623001	[0.9,1.6]	100.00	200.00	[20,30]
武威市	620600	[0.5,1.2]	100.00	700.00	[25,35]
嘉峪关市	620200	[0.7,1.0]	100.00	260.00	[20,23]
金昌市	620300	[0.5,0.5]	100.00	200.00	[10,15]
临夏州	622901	[0.8,1.5]	100.00	500.00	[20,35]
陇南市	621200	[1.0,1.2]	100.00	600.00	[25,30]
平凉市	620800	[0.8,1.7]	100.00	392.73	[30,35]
庆阳市	621000	[0.6,0.9]	100.00	330.00	[20,30]
天水市	620500	[1.5,3.0]	100.00	800.00	[30,35]
张掖市	620700	[0.8,1.8]	100.00	255.00	[20,35]

甘肃省各市（州）中心城区建设用地状况其他功能区指标理想值见表9-10。其他功能区指标理想值中，整体而言差异较小，除去平凉市综合容积率理想值较高外，其他城市（州）的水平相差较小。

表9-10　甘肃省各市(州)中心城区建设用地状况其他功能区指标理想值

参评城市名称(州)	代码	综合容积率理想值	建筑密度理想值
兰州市	620100	[1.5,2.5]	[20,30]
酒泉市	620900	[1.5,2.8]	[25,35]
白银市	620400	[0.6,2.5]	[10,22]
定西市	621100	[1.0,2.0]	[25,35]
甘南州	623001	[0.32,1.8]	[30,35]
武威市	620600	[0.8,1.5]	[25,40]
嘉峪关市	620200	[0.8,1.5]	[20,23]
金昌市	620300	[0.6,1.0]	[10,22]
临夏州	622901	[1.0,2.0]	[25,35]
陇南市	621200	[0.3,1.5]	[25,30]
平凉市	620800	[1.1,5.5]	[25,40]
庆阳市	621000	[1.0,2.0]	[25,35]
天水市	620500	[1.5,2.8]	[25,30]
张掖市	620700	[1.0,3.5]	[20,35]

9.2.3　评价结果

依据定量分析结果显示，甘肃省各市（州）中心城区建设用地集约利用程度均表现出以下特点：①由城市中心地带向城郊区降低；②人口密度较大的地区集约利用程度较高；③旧城区集约程度高于新城区集约程度；④集约程度一般的工业利用区均分布于离中心城区有一定距离的地区；⑤各市低度利用区分布于城中村与“旧城改造”等方案所在地区；⑥地理环境的差异对城市中心城区土地集约程度的影响较为明显。

结合甘肃省各市（州）中心城区建设用地土地集约利用分布进行分析可知，影响各中心城区土地集约程度的主要因素如下：①旧城区作为各个城市的行政中心，是开发历史最久的片区，几乎所有的功能区都处于集约利用类型；②旧城区人口密度较大，道路、街巷整治，基础设施和楼房的翻改建难度较高；③新城区依照城市总体利用规划进行建设，虽然土地集约利用程度较低，但拥有较高的潜力；④理想值估值过高或理想值估值过低，会使中心城区土地集约利用程度过低或过高；⑤甘肃省中心城区规划与现状的差异，造成理想值与土地利用状况不一致，会影响到中心城区的集约程度估算。

甘南州、陇南市、兰州市由于土地利用以及地理环境的差异，集约利用程度的分布不同。甘南州地处青藏高原边缘区，其地形对城市建设用地造成较大的限制，集约利用区集中在旧城区国道213两侧，集约利用程度由北向南降低；陇南市白龙江左岸的土地集约利用程度高于右岸，处于集约利用和中度利用的功能区绝大多数分布于左岸，白龙江成为天然的分界线，建设用地的紧张及构成的单一，使其集约利用程度受到了较大限制；兰州市由于政治地位不同，以及黄河穿城而过，所以城市中心城区分为城关区、安宁区、七里河区、西固区、榆中和平工业园区，不同的地区集约利用程度有较大差异。城关区作为兰州市中心城区的首善之区，集约利用程度较高；安宁区是兰州市已有的教育集中区和老工业区，其教育用地、工业用地和“城中村”用地相互混杂，土地整体集约利用度欠缺；七里河区为兰州市已有的机械老工业集中区，其工业用地、“城中村”和棚户区用地相互混杂，土地整体集约利用程度较低；而西固区作为兰州市已有的石化工业基地，其工业用地集中布局，与“城中村”和职工住宅区相对分离，土地整体集约利用程度较低；榆中和平工业园区是兰州市东拓的新建区域，土地集约利用程度较低。

9.3 甘肃省主要中心城区低效建设用地再开发潜力测算

建设用地集约利用潜力是指在现有技术、经济和制度条件下，通过提高土地集约利用程度，而提升建设用地利用效率和经济效益的空间。中心城区用地潜力测算主要包括规模潜力测算、经济潜力测算、潜力分区和城市可节地率测算等五个方面的内容。

9.3.1 中心城区潜力测算的基本规定

（1）规模潜力

规模潜力是指将特定时间点的现实土地容量与符合土地利用总体规划、城市规划及相关法规规定的土地容量的差距进行换算形成的土地规模。

（2）经济潜力

经济潜力是指将现状土地改造为规划允许的土地利用状况时产生的经济价值差额。

规模潜力和经济潜力测算包含基于全面改造和基于现实条件改造两种情形。其中，基于全面改造的潜力测算，是指潜力测算对象以全部拆除现有物业方式进行整体改造挖潜时的规模潜力空间和经济潜力大小；基于现实条件改造的潜力测算，主要从城市的现实经济社会条件出发，依据潜力测算对象在现实条件下是否具备挖潜可行性以及在最佳的挖潜方式（主要区分利用空闲地挖潜、部分拆除现有物业改造挖潜、整体拆除现有物业改造挖潜三种方式）下可以实施挖潜改造的改造区域的规模潜力空间和经济潜力大小。

对于教育功能区、行政办公功能区以及规划用途为公益性用地的其他功能区，仅测算规模潜力；基于全面改造下的经济潜力测算，可视各地实际予以测算或不予测算。

（3）潜力分区

潜力分区主要根据潜力测算对象的相对规模潜力的高低或单位土地经济潜力的大小，按照高潜力区、中潜力区、低潜力区、无潜力区等不同类型，通过分区来揭示城市建设用地集约利用潜力的空间分布特征。潜力分区包括规模潜力分区和经济潜力分区。

（4）城市可节地率

可节地率是指基于现实条件改造的绝对规模潜力总量与中心城区用地状况评价工作地域面积的比值。

9.3.2　基于现实条件改造的用地潜力测算

（1）对象界定

基于现实条件改造的潜力测算，主要针对所有基于全面改造的潜力测算对象，从参评城市经济社会发展、城市规划实施等现实条件出发，通过定性分析判定在评价时点具备挖潜改造经济、技术可行性的功能区，依据其不同的最佳挖潜方式，划定相应的空闲地、改造地等挖潜区域，作为潜力测算的对象。具体判别的依据和方法如下：

①判定在现实条件下具备挖潜改造可能性的功能区。判定所有列入基于全面改造潜力测算对象的功能区。一般来说，现状建筑物状况良好、现状用途与规划用途基本保持一致、土地开发过程中得到较严格的规划管理，且内部不存在可供开发利用的空闲、闲置地或破旧建筑物需要拆除等现象的功能区，从现实条件出发尚不具有挖潜的可行性，应予以剔除。

②判别在现实条件下具备挖潜改造可能性功能区的最佳挖潜方式。功能区在现实条件下的最佳挖潜方式，主要有利用空闲地挖潜、部分拆除现有物业改造挖潜和整体拆除现有物业改造挖潜三种情形。其中，判定为利用空闲地挖潜情形的，主要是功能区土地存在空闲地、闲置地，从现实条件出发，对其实施挖潜仅限于对这些空闲地、闲置地的开发利用最具经济技术可行性的功能区；判定为部分拆除现有物业改造挖潜情形的，主要是功能区土地存在部分破旧建筑物或其间有部分空闲地、闲置地，从规划实施的现实条件出发，保留现有建筑质量良好的区域，仅对部分破旧建筑物区域及其空闲、闲置地予以拆除挖潜最具经济技术可行性的功能区；判定为整体拆除现有物业改造挖潜情形的，主要是功能区的现状用途与规划用途整体不一致，或建筑物整体破旧、环境状况恶劣等，需要通过整体拆迁、成片改造方能提升土地集约利用程度的功能区（其中，对现状主导用途与规划主导用途不一致区域的所有功能区，原则上均应视为整体拆除现有物业改造挖潜的情形）。判别完最佳挖潜方式后，填写潜力测算对象汇总表。

③划定空闲地、改造地范围，确定功能区潜力测算对象。针对所有判定为现实条件下具备挖潜可行性的功能区，依据其最佳的挖潜方式，在评价工作底图上通过勾绘或归并地类图斑，划定功能区范围内的空闲地、改造地范围界线（属于整体拆除现有物业改造挖潜情形的，空闲地、改造地范围界线与功能区界线一致），量算空闲地、改造地面积，提取相应的现状建筑面积数据等，计算每个功能区范围内空闲地、改造地的现状综合容积率。同时，按照前述功能区划允许容积率标准值的确定方法及公式，相应确定各

个功能区范围内空闲地、改造地的规划允许容积率标准，填写潜力测算对象汇总表和基于现实条件改造的空闲地、改造地情况汇总表，并结合实地踏勘，对属于旧村庄、旧城镇、旧厂房等“三旧”的低效用地予以特别关注。

（2）基于现实条件改造的用地规模潜力分区

对基于现实条件改造的土地的经济潜力进行分值区段划分，从表9-11中可知，现实条件下甘肃省高潜力阈值的下限均保持在70%以上，其中理想条件下潜力保持较高的天水市、酒泉市及陇南市的阈值较低，其他分区的阈值差异较为明显，没有形成典型的地域特色。

表9-11 甘肃省中心城区建设用地基于现实条件改造的功能用地规模潜力分区阈值

名称	高潜力区	中潜力区	低潜力区	无潜力区
兰州市	[80,+∞)	[50,80)	[20,50)	[0,20)
嘉峪关市	[80,100]	[60,80)	[20,60)	[0,20)
金昌市	(90，100]	(75，90]	(60，75]	[0,60]
白银市	(80，100]	(60，80]	(40，60]	(0，40]
天水市	[70,100]	[50,70)	[0,50)	(-∞，0)
酒泉市	[74,100]	[42,74)	(0，42)	[0,0]
张掖市	(80，101]	(60，80]	(10，60]	[0,10]
武威市	(80，100]	(60，80]	(30，60]	[0,30]
定西市	[80,100]	[60,80)	[40,60)	[0,40)
陇南市	[71,100)	[50,71)	[0.00,50)	(-100，0.00)
平凉市	(80，100]	(70，80]	(60，70]	[0,60]
庆阳市	[80,100]	[60,80)	[40,60)	[0,40)
临夏州	[80,100]	[60,80)	[40,60)	[0,40)
甘南州	(80，100]	(60，80]	(30，60]	[0,30]

统计基于现实条件改造的不同功能区绝对规模潜力的面积，得出甘肃省中心城区中需挖潜总面积为2.44×10^4 hm^2，其中高潜力区面积1.15×10^4 hm^2，中潜力区面积0.48×10^4 hm^2，低潜力区面积0.48×10^4 hm^2；各市（州）无潜力区总面积0.18×10^2 hm^2。然后统计各中心城区基于现实条件改造的不同功能区规模潜力的面积，其中，白银市的高潜力区面积在四种潜力区中的占比最高（为50.28%），其次是无潜力区；定西市的中潜力区面积占比最高（为47.06%），其他三种潜力区面积占比均低于20%；甘南州的四种潜力区面积占比均不超过40%，其中最高的低潜力区面积占比为38.96%；嘉峪关市的低潜力区面积占比最高，为57.01%；金昌市的无潜力区面积占比较高；酒泉市的高潜力区面积占比超过了60%，其他潜力区面积占比较低；兰州市的高潜力区面积占比超过

50%，在四种潜力区中占比最高，其次为中低潜力区；临夏州的高、中潜力区面积占比较高，分别为46.39%、41.94%；陇南市的中、低潜力区面积占比均超过30%；平凉市的高潜力区面积占比达到60%，其中低无潜区面积占比较低；庆阳市的高潜力区面积占比最高；天水市的中、低潜力区面积占比较高，均超过了40%；武威市的四种潜力区面积占比较均匀；张掖市的高潜力区面积占比最高（为70.33%），且在各中心城区的高潜力区面积占比也是最高的。

居住功能区中需挖潜总面积为0.66×10^4 hm^2，其中高潜力区面积0.17×10^4 hm^2，中潜力区面积0.25×10^4 hm^2，低潜力区面积0.18×10^4 hm^2；各市（州）无潜力区总面积566 hm^2。然后统计各中心城区基于现实条件改造的居住功能区规模潜力的面积，其中，白银市的高潜力区面积占比较高（为63.3%），中低潜力区面积占比较低，且无潜力区的挖潜面积最小；嘉峪关市的无潜力区面积占比为100%，可挖潜面积最大；陇南市的中潜力区面积占比为50.6%，在四种潜力区中可挖潜面积为最大；庆阳市的低潜力区面积占比超过了60%；其他城市（州），如定西市、甘南州、金昌市、酒泉市、兰州市、临夏州、平凉市、天水市的四种潜力区面积占比均不超过50%，没有较大的可挖潜力。

商业功能区中需挖潜总面积为0.15×10^4 hm^2，其中高潜力区面积488 hm^2，中潜力区面积669 hm^2，低潜力区面积286 hm^2；各市（州）无潜力区总面积54 hm^2。白银市的低潜力区占比较高，为65.11%，在这四种潜力区中低潜力区的可挖潜面积最大；嘉峪关市的中潜力区面积占比达到了80%，且可挖潜面积最大；酒泉市的低潜力区面积占比达到近60%，其他三种潜力区占比不到30%；酒泉市的高潜力区面积占比最高，达到80%，具有较大的可挖潜面积；兰州市的中潜力区可挖潜面积最大；陇南市的低潜力区面积占比达到了100%；天水市和张掖市的高潜力区面积占比达到了60%；甘南州商业功能区的四种潜力区面积为0。

工业功能区中需挖潜总面积为0.58×10^4 hm^2，其中高潜力区面积0.14×10^4 hm^2，中潜力区面积0.12×10^4 hm^2，低潜力区面积0.22×10^4 hm^2；各市（州）无潜力区总面积0.10×10^4 hm^2。定西市的低潜力区面积占比超过了60%，为最高；甘南州的高潜力区面积占比达到了100%；嘉峪关市、兰州市的低潜力区可挖潜面积均为较大；临夏州、陇南市的高潜力区面积占比均较高，可进行挖潜；庆阳市、天水市的中潜力区面积占比超过了50%；其他城市，如白银市、平凉市、武威市、张掖市的四种潜力区面积占比均不到50%。

行政办公功能区中需挖潜总面积为160 hm^2，其中高潜力区面积51 hm^2，中潜力区面积26 hm^2，低潜力区面积65 hm^2；各市（州）无潜力区总面积17 hm^2。白银市、甘南州、嘉峪关市、兰州市、天水市及武威市的低潜力区在四种潜力分区中的面积占比较大，达到了50%以上；金昌市、酒泉市、平凉市、张掖市的高潜力区面积占比也超过了50%，具有较大的挖潜面积；临夏州的无潜力区面积占比达到了100%，拥有较高的绝对规模潜力；定西市、庆阳市的四种潜力区面积为0。

教育功能区中需挖潜总面积为176 hm^2，其中高潜力区面积1 872 hm^2，中潜力区面积35 hm^2，低潜力区面积70 hm^2；各市（州）无潜力区总面积59 hm^2。白银市、张掖市的中潜力区面积占比最高，均达到70%及以上；天水市、武威市的低潜力区面积占比达到了60%及以上，其低潜力区的绝对规模潜力较高；平凉市、兰州市的无潜力区面积占比较大；酒泉市的高潜力区面积占比达到了100%；定西市、甘南州、嘉峪关市、金昌市、临夏州、陇南市、庆阳市的四种潜力区面积均为0。

其他功能区中需挖潜总面积为7 525 hm^2，其中高潜力区面积1 013 hm^2，中潜力区面积195 hm^2，低潜力区面积54 hm^2；各市（州）无潜力区总面积9 408 hm^2。定西市、甘南州、嘉峪关市、酒泉市、兰州市、临夏州、陇南市、平凉市、庆阳市、武威市、张掖市的高潜力区面积占比均最高，达到了50%及以上，拥有较高的绝对规模潜力；白银市的中潜力区面积占比超过了60%，为最高；金昌市的低潜力区、无潜力区面积大约各占一半；天水市的低潜力区面积占比达到了60%。

（3）基于现实条件改造的用地经济潜力分区

参照表9-12中的阈值对甘肃省主要中心城区基于现实条件改造的不同功能区的潜力面积进行统计，对比之后可以发现：整体上中潜力区面积占比较大，其次是低潜力区面积占比。从分布的城市（州）来看，兰州市经济潜力面积最大，其次是嘉峪关和天水市，甘南州和临夏州的经济潜力面积最小。总体上看，甘肃省中心城区中经济发展水平较高的兰州市、嘉峪关市、白银市、金昌市、酒泉市的经济潜力面积较大。

表9-12 甘肃省中心城区建设用地基于现实条件改造的功能用地经济潜力分区阈值

名称	高潜力区	中潜力区	低潜力区	无潜力区
兰州市	[12 500,+∞)	[7 500,12 500)	[2 500,7 500)	[0,2 500)
嘉峪关市	[5 000,+∞)	[1 000,5 000)	[100,1 000)	(-∞,100)
金昌市	(2 500,6 000]	(1 500,2 500]	(500,1 500]	[0,500]
白银市	(3 000,+∞)	(2 000,3 000]	(1 000,2 000]	(-∞,1 000]
天水市	[1 484,+∞)	[900,1484)	[0,900)	(-∞,0)
酒泉市	[5 190,+∞)	[2 866.88,5 190)	(0,2 866.88)	(-∞,0]
张掖市	(3 000,30000]	(2 000,3 000]	(1 000,2 000]	[-20 000,1 000]
武威市	(18 000,275 000]	(10 000,18 000]	(5 000,10 000]	[0,5 000]
定西市	[5 500,15 000]	[4 000,5 500)	[2 500,4 000)	[0,2500)
陇南市	(500,+∞)	(200,500]	(0.00,200]	(-∞,0.00]
平凉市	(4 000,+∞)	(2 500,4 000]	(1 000,2 500]	(-∞,1000]
庆阳市	[7 000,+∞)	[5 000,7 000)	[3 000,5 000)	(-∞,3 000)
临夏州	[7 000,+∞)	[5 000,7 000)	[3 000,5 000)	(-∞,3 000)
甘南州	(4 500,+∞)	(3 000,4 500]	(2 000,3 000]	[0,2 000]

统计基于现实条件改造的不同功能区经济潜力的面积，得出甘肃省中心城区中需挖潜总面积为2.11×10^4 hm^2，其中高潜力区面积0.55×10^4 hm^2，中潜力区面积0.49×10^4 hm^2，

低潜力区面积0.73×10^4 hm²；各市（州）无潜力区总面积0.34×10^4 hm²。然后统计各中心城区基于现实条件改造的不同功能区经济潜力的面积，其中，白银市、定西市、甘南州、兰州市、陇南市、平凉市、庆阳市、天水市、张掖市的高潜力区面积占比在四种类型中均为最高，平凉市、庆阳市、张掖市的高潜力区面积占比达到了80%以上，说明这几个城市拥有较大的经济潜力面积；嘉峪关市、金昌市、酒泉市、武威市的低潜力区面积占比较高，其中，嘉峪关市、酒泉市的经济潜力面积占比超过60%。

居住功能区中需挖潜总面积为1.47×10^4 hm²，其中高潜力区面积0.17×10^4 hm²，中潜力区面积0.22×10^4 hm²，低潜力区面积0.26×10^4 hm²；各市（州）无潜力区总面积0.82×10^4 hm²。然后统计各中心城区基于现实条件改造的居住功能区经济潜力的面积，其中，白银市、甘南州、兰州市、平凉市、庆阳市的高潜力区面积占比均较高，白银市、甘南州、平凉市、庆阳市的面积占比超过了60%，其高潜力区的经济潜力面积较大；金昌市、酒泉市、临夏州、陇南市、天水市、张掖市的中潜力区面积占比较高，超过了40%；嘉峪关市、武威市的低潜力区面积占比达到了80%，其经济潜力面积较大，酒泉市和临夏州的低潜力区面积占比也较高，与其高潜力区面积的占比不相上下。

商业功能区中需挖潜总面积为0.20×10^4 hm²，其中高潜力区面积0.12×10^4 hm²，中潜力区面积313 hm²，低潜力区面积384 hm²；各市（州）无潜力区总面积146 hm²。白银市、嘉峪关市、金昌市、兰州市、临夏州、平凉市、庆阳市、天水市、张掖市的高潜力区面积占比较高，大多数城市都达到了80%以上；定西市、陇南市、武威市的中潜力区面积占比较高，陇南市的中潜力区面积占比达到了100%；甘南州的四种潜力区面积占比均为0。

工业功能区中需挖潜总面积为0.68×10^4 hm²，其中高潜力区面积0.10×10^4 hm²，中潜力区面积0.15×10^4 hm²，低潜力区面积0.31×10^4 hm²；各市（州）无潜力区总面积0.12×10^4 hm²。其中，嘉峪关市、金昌市、酒泉市、临夏州、陇南市、庆阳市的低潜力区面积在四种潜力区面积中占比均较高，嘉峪关市、酒泉市、临夏州、陇南市的低潜力区面积占比达到了100%，拥有较大的经济潜力面积；兰州市、平凉市的中潜力区面积占比达到了80%；定西市、甘南州、张掖市的无潜力区面积占比较高，除定西市外，其他两个城市的占比均达到了100%；天水市的高潜力区面积占比达到了80%。

行政办公功能区中需挖潜总面积为82 hm²，其中高潜力区面积2.5 hm²，中潜力区面积5 hm²，低潜力区面积35 hm²；各市（州）无潜力区总面积38 hm²，嘉峪关市的低潜力区面积占比达到了100%；金昌市的高、低潜力区面积占比约50%；武威市的中潜力区面积占比较高，超过了40%，其次是低潜力区的面积占比；白银市、定西市、甘南州、酒泉市、兰州市、临夏州、陇南市、平凉市、庆阳市、天水市、张掖市的四种潜力区面积占比均为0。

教育功能区中需挖潜总面积为30 hm²，武威市的无潜力区面积占比较高，其他市（州）无潜力区面积分布较少。这14个中心城区的四种潜力区面积占比均为0。

其他功能分区中需挖潜总面积为0.39×10^4 hm²，其中高潜力区面积0.16×10^4 hm²，中潜力区面积836 hm²，低潜力区面积0.12×10^4 hm²；各市（州）无潜力区总面积259 hm²。

白银市、定西市、金昌市、兰州市、陇南市、平凉市、庆阳市的高潜力区面积占比均较高，达到了60%及以上；甘南州、嘉峪关市的低潜力区面积占比达到了100%；临夏州、武威市的中潜力区面积占比较高，均在50%以上；酒泉市、天水市、张掖市的四种经济潜力分区面积均为0。

9.3.3 可节地率变化分析

从图9-10中可以看出，甘肃省各市（州）中心城区可节地率中，张掖市的可节地率最高（达到了45.72%），其次是兰州（达到了38%），排名3～6位的依次为兰州市、定西市、庆阳市、天水市，这些城市主要分布在黄土高原地区；河西走廊的酒泉市、武威市可节地率则高于20%，工业城市中白银市、金昌市、嘉峪关市的可节地率均较低。

统计甘肃省主要中心城区不同功能区平均可节地率可以看出（图9-11），整体上甘肃省各功能区平均可节地率在23.65%左右，其他功能区可节地率最高，超过了50%，其次是工业功能区，达到了39.9%，商业功能区也超过了30%，居住功能区平均可节地率接近甘肃省各功能区的平均水平，行政办公区和教育功能区的可节地率最低。

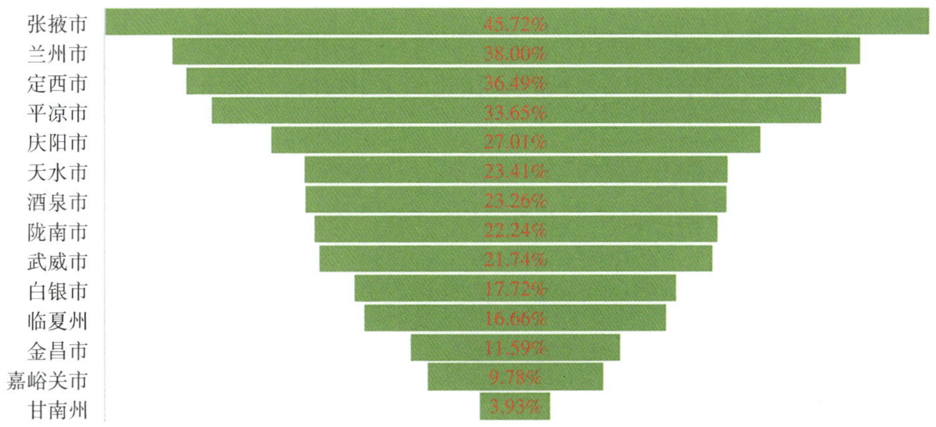

图9-10 甘肃省各市（州）中心城区所有功能区可节地率对比

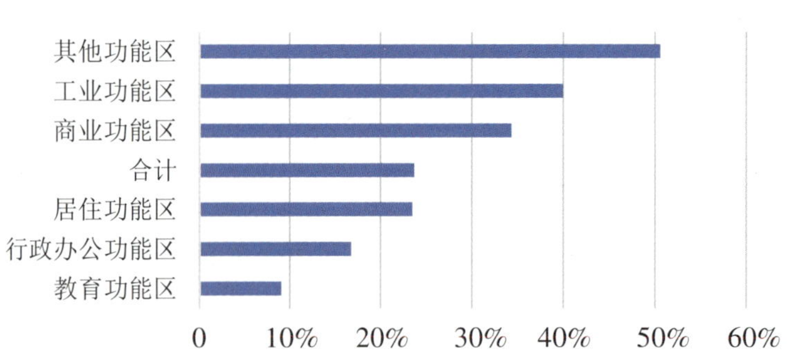

图9-11 甘肃省主要中心城区不同功能区平均可节地率

甘肃省各市（州）中心城区的教育、行政办公以及居住功能区的可节地率统计结果见图9-12，教育功能区中武威市可节地率达到了35.52%（为最高），其次是白银市和平凉市，分别为24.39%和24.92%，剩余城市（州）中除天水市达到了18.35%之外，其他城市（州）相对较低，其中定西市、庆阳市、陇南市、临夏州、金昌市、嘉峪关市以及甘南州的可节地率为0。行政办公功能区中平凉市的可节地率最高，达到了46.66%，其次是酒泉市、张掖市以及武威市，这三个城市的可节地率均超过了30%，白银市、金昌市、临夏州、兰州市、嘉峪关市以及甘南州的可节地率均低于20%，定西市、庆阳市以及陇南市的行政办公用地的可节地率均为0。居住功能区中定西市可节地率最高，为49.44%，其次为临夏、陇南以及兰州，均超过了30%，天水、白银以及平凉超过20%，酒泉为19.86，嘉峪关、金昌以及甘南在10%左右。

甘肃省各市（州）中心城区的商业、工业以及其他功能区的可节地率统计结果见图9-13，可以看出：商业功能区中张掖市可节地率最高（为69.15%），其次是武威市（为52.97%），兰州市、酒泉市、定西市以及嘉峪关市可节地率超过了40%，庆阳市、临夏州、金昌市、白银市的可节地率在30%～40%之间，平凉市为24.08%，天水市为14.92%，陇南市和甘南州低于10%。工业功能区中可节地率最高的为临夏州，其次是陇南市，为71.65%，张掖、庆阳、天水、酒泉、武威以及定西等城市的可节地率在40%～60%之间，剩余城市中除白银市可节地率为32%，其余城市的可节地率均在30%以下。其他功能区中，庆阳市和嘉峪关市的可节地率高达90%以上，张掖市、平凉市、定西市以及兰州市均在70%以上，武威市为57.98%，剩余城市（州）的其他功能区可节地率均低于50%。总体上看，甘肃省各市（州）的中心城区中其他功能区可节地率排名前7位的城市以其他功能区主导，临夏州、陇南市、天水市、甘南州以及白银市均以工业功能区节地率高为主导，金昌市和酒泉市则是以商业功能区可节地率高为主导。

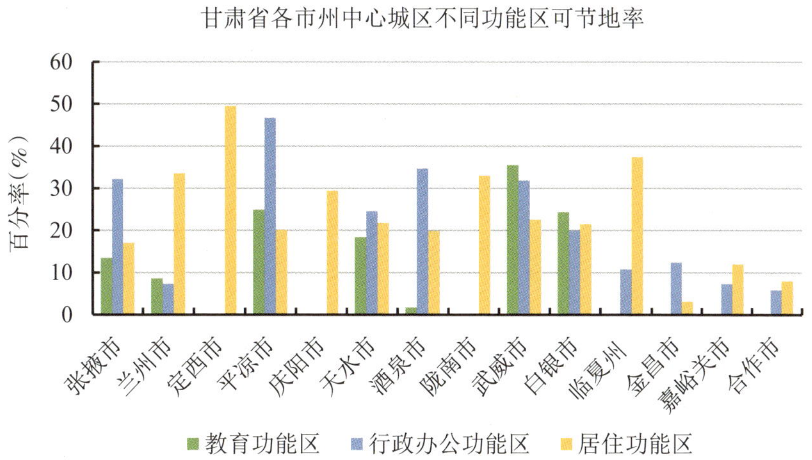

图9-12　甘肃省各市（州）中心城区不同功能区可节地率（1）

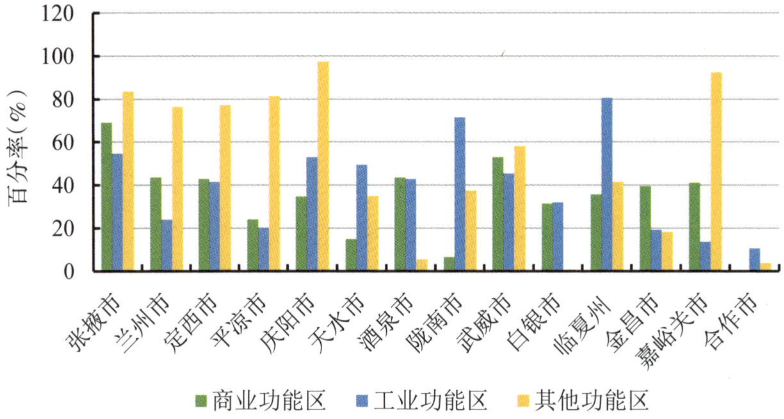

图9-13 甘肃省各市(州)中心城区不同功能区可节地率(2)

第10章　甘肃省矿业空间生态修复与综合治理研究

10.1　甘肃省矿产资源概况

10.1.1　矿产资源概况

甘肃省是矿产资源比较丰富的省份之一，境内成矿地质条件优越，矿产资源较为丰富，不但种类繁多、类型多样，而且组分复杂、规模各异，远景可观。截至2020年底，全省已发现各类矿产180种，已查明资源储量114种，其中，能源矿产7种，金属矿产36种，非金属矿产69种，水气矿产2种。查明资源储量名列全国第一位的有11种，位居前五的有33种，位居前十的有61种。

甘肃省已发现并探明储量的能源矿产主要有煤、石油、油页岩等，探明的黑色金属储量居西北前列。铁矿主要分布在祁连山北段、东段及秦岭西段迭部、舟曲一带。有色金属矿探明矿产种类多、储量丰富，而且拥有一批在国内外占有重要地位的大型、超大型矿床。非金属矿分布广泛，遍布于甘肃各地，目前已发现50多种矿种。

10.1.2　矿产资源开发利用现状

近年来，甘肃省矿产资源综合利用水平显著提高，已建成窑街煤炭资源综合利用示范基地、金川铜镍多金属矿资源综合利用示范基地，组织开展多个矿产资源综合利用示范工程项目。矿产资源开发与综合利用取得了新的突破，采选技术工艺水平与资源综合利用水平不断提高，矿产资源开发更趋合理，主要矿产“三率”（采矿回收率、采矿贫化率、选矿回收率）指标基本达到规划目标，推动26个国家级绿色矿山试点，开展和谐矿区建设，促进了矿业发展方式的转变，加快了转型升级的步伐。

10.2 甘肃省矿山生态环境现状及问题成因分析

10.2.1 矿山地质环境问题概述

甘肃省内矿山环境问题具有分布广、类型复杂、发生频率高、突发性强、隐患多、影响大等特点，其问题突出表现在以下几个方面：一是矿山活动引发的地质灾害，如地面塌陷、地裂缝、崩塌、滑坡以及泥石流等；二是矿山活动对土地资源的破坏；三是矿山活动对矿区地形地貌景观的破坏；四是矿山活动对地下含水层的破坏。

（1）矿山地质灾害

矿山地质灾害主要为露天开采引发的崩塌、滑坡灾害，弃土、弃渣堆积沟道引发的泥石流灾害，以及井工开采引发的地面塌陷、地裂缝。

（2）土地资源破坏

矿山活动对土地的损毁主要有挖损、压占2种类型。挖损损毁主要为露天采坑、采矿掌子面等活动致使原地表形态、土壤结构等的直接破坏，使土地原有功能丧失；压占损毁主要包括采矿过程中修建工业场地，采矿废弃物及表土等占用、堆砌对土地造成的破坏。

（3）地形地貌景观破坏

矿山活动必然会对矿区及其周围地质环境造成一定的影响与破坏，其表现形式主要为露天开采造成的采坑、掌子面、矿山滑坡、崩塌及泥石流，井工开采会引起地层的变形、裂缝甚至塌陷，造成地形地貌景观被破坏，矿山开采过程中产生的废石废渣、尾矿库等压占土地、破坏地形地貌景观。

（4）地下含水层破坏

矿山活动消耗水资源且污染、破坏水环境的问题日益严重，一是抽排地下水，使地下水补、径、排条件不同程度地遭到破坏，导致矿区及其周围地下水水位下降；二是采空区引发地面塌陷，导致井巷工作面顶板以上的隔水层转变为透水层，改变了地表水、松散岩类孔隙水、基岩裂隙水原有水系统平衡状态，使各种水体以矿井为降落漏斗中心的垂向位移速率加快，矿区浅部地下水位下降，而与之对应的是许多矿井工作面顶板出现大量渗水或突水现象，增加了开采难度和开采成本。

10.2.2 矿山生态环境问题成因

甘肃省自然地质条件复杂，矿区生态地质环境大部分较脆弱，矿山活动一旦介入，极易引起环境地质问题。

矿山综合利用水平低，存在大矿小开、优矿滥采现象。大多数乡镇及个体小矿工艺落后、技术水平及集约化程度低，甚至存在浪费、破坏矿产资源的现象。矿山普遍存在采矿回收率低、贫化率高和选矿回收率低的现象。往往国有矿山及大型矿山周围都分布着很多个体或乡镇小矿山，存在个体或乡镇矿山企业争抢矿产资源、采富弃贫、越界开采或无证偷采等现象，这不仅会破坏资源，干扰国有矿山的正常安全生产，也会加剧矿山地质环境的恶化，并造成安全隐患。

10.3　甘肃省矿山生态修复与综合治理现状

10.3.1　矿山生态修复与管理现状

多年以来，甘肃省在贯彻落实国家相关法律法规的同时，矿业开发及地质环境保护立法工作在逐步完善，甘肃省相继颁布并实施了《甘肃省矿产资源管理条例》《甘肃省地质环境保护条例》《甘肃省矿产资源监督管理暂行办法》《甘肃省生态环境保护条例》等15个法规条例，针对全省矿产资源开发利用、地质环境保护与恢复治理、地质灾害防治、地质环境监测、地质遗迹保护等方面做出了明确的规定，有力地促进了矿产资源开发管理、矿业秩序、矿山地质环境保护及矿业经济的可持续发展。同时，甘肃省积极开展环境保护宣传教育和普法工作，并多方筹措资金，逐步加大矿山环境保护与治理投资力度，对矿山环境予以恢复治理，引导和激励矿山企业不断提高矿产资源综合利用率。各项法规政策的贯彻落实和相关措施的实施，使矿山企业的环境保护意识不断增强，全省矿山环境保护工作在稳步推进。

第二轮矿产资源规划实施以来，甘肃省全面落实自然资源部《矿山地质环境保护规定》。坚持“预防为主、防治结合，谁开发谁保护，谁破坏谁治理、谁投资谁受益”的原则，积极促进矿山地质环境保护与治理恢复工作。进一步完善了矿山地质环境恢复治理保证金制度，科学确定存缴标准，做到应缴尽缴。各地自然资源部门和环境保护部门加大了对矿山环境保护的监管力度，一些地区启动了矿山环境监测工作，建立了矿山地质环境定期报表和检查制度；初步建立了重要区域和大型矿区监测点，一些大型矿山（如金川镍矿、厂坝铅锌矿、窑街煤矿等）初步建立了矿山监测网点。

同时，甘肃省严格管理矿产资源开发利用环境保护与土地复垦准入，编制新建矿山、生产矿山地质环境保护与恢复治理方案和土地复垦方案。按照新建矿山生态环境保护和准入条件，甘肃省积极执行新建矿山环境影响评价制度、矿山环境保护与土地复垦履约保证金制度及矿山环境恢复治理保证金制度。矿山建设严格执行“三同时”制度，即保证各项环境保护和治理措施、设施与主体工程同时设计、同时施工、同时投产。对生产矿山，将矿山地质环境保护与恢复治理目标、矿区土地复垦任务完成情况纳入矿山企业年检重要内容，对没有完成土地复垦任务的或没有依法缴纳土地复垦费的矿山企业不予通过年检，加强矿山生产过程中对环境影响的控制。禁止或严格限制在自然保护区、重要风景名胜区、地质遗迹和地质公园保护区（核心区）、地质灾害危险区、生态功能区、重要城市水源地及重大工程两侧一定范围内勘查、采矿。禁止新建会对生态环境产生不可恢复的有破坏性影响的矿产资源开采项目。禁止在风口等风蚀沙化区、移动沙丘形成与分布区等地质环境脆弱地区进行采矿活动。限制开采砂金、泥炭等矿种，禁止开采可耕地砖瓦用黏土等矿产，进一步加强禁止、限制勘查开采区的管理。上述措施的实施有效保护了甘肃省矿山地质环境。

10.3.2 矿山生态修复与治理现状

随着甘肃省矿产资源开发及生态环境保护立法工作的开展，各级自然资源行政主管部门监管力度日益加大，全省矿山企业地质环境保护意识不断增强，矿业开发者重开发轻保护、肆意破坏污染矿山环境的势头已有所扭转。一些国有大中型矿山企业积极筹集资金，在土地复垦、矿山生态环境建设、地质灾害防治、矿山废水废渣综合治理及利用研究等方面作出了示范性建设，取得了良好的效果。特别是近年来，甘肃省自然资源行政主管部门根据财政部、自然资源部《关于申报矿山地质环境治理项目的通知》精神，积极组织开展矿山地质环境恢复治理立项工作，争取国家资金投入，一些计划经济时期建立的国有大中型矿山或闭坑矿山的生态环境逐步得到恢复治理，成效显著。

截至2016年底，共申请财政资金111 700万元，其中，国家级财政资金98 690万元，省级财政资金13 010万元。对计划经济时期遗留下来的闭坑矿山及历史采矿造成环境破坏的矿山进行恢复治理，共实施了134个矿山地质环境治理项目。截至2022年底，全省历史遗留矿山地质环境恢复治理率约26%，矿山环境治理面积7 927 hm^2。

10.4 甘肃省矿山生态修复与综合治理措施探讨

甘肃省地域狭长，地形地貌及气候类型多样，地质环境条件复杂，各矿产资源区及矿产开采区地质环境条件差异较大，因此，矿山环境治理技术及工程措施也需要因地制宜，适地适治。

10.4.1 矿山地质灾害治理技术及措施

对于危害严重、治理难度较大、效益不大的矿山地质灾害，一般采取搬迁、避让措施；对于崩塌、滑坡，一般除加强监测外，还采取地表排水、地下排水、削方减载、锚固或支挡等工程措施予以治理；对于矿山泥石流地质灾害，除加强监测外，还采取拦排结合、稳固弃渣、土地复垦、生态恢复等工程措施予以治理；对于地面塌陷、地裂缝，除加强监测、加强采空区管理外，还采取回填塌陷坑、充填采空区、填埋地裂缝等工程措施予以治理。

10.4.2 土地复垦与生态环境建设技术及措施

（1）渣堆、废石场复垦

近年来，甘肃省在废石场复垦与绿化方面取得了一定的成绩，形成了一些复垦与绿化经验，如在废石堆上采用“平整—覆土—植树植草”的方法进行复垦，常用表层覆土、土壤改良等工程措施增加土壤肥力，以保证植物正常生长。

（2）露天采场复垦

对于露天采场复垦，一般根据采场规模、开采种类、地质条件的不同等，采取不同的土地复垦措施。对于长期开采、已形成大规模的露天采坑，多采取闭坑后的坑底复平整治、复垦绿化等措施，而对于一些大规模的露天采坑，可将其当作矿山遗迹直接利用，经不断建设，变废为利，使其成为矿山公园的主体或主要构成要素，如白银铜矿、金川铜镍矿形成的大面积露天采坑，已被建设成矿山公园。对于一些氧化矿类露天采场，采取平整场地、深翻造地或直接覆土后种草、种树恢复植被的措施，如李坝矿区氧化金矿露天采场；而对于短期内难以风化的原生矿类露天采场，一般采用穴状换土的办法，使林木植被逐渐恢复，如毕家山铅锌矿等露天采场土地的复垦。

对于开采规模较小或零散的露天采坑，甘肃省基本采用堆渣、废石回填露天采坑等措施进行综合复平整治和土地复垦，这种治理方式在省内比较普遍。

（3）尾矿复垦

对废弃的尾矿库，一方面采取直接掩埋封存、覆土造地的措施，将其当作农用耕地或用于植树育草，另一方面使用石灰石、污泥、肥料等各种调整剂，对含有硫化物等的尾矿土壤进行调整改良，在没有铺设表土层的尾矿堆上直接播种。

（4）塌陷区复垦

采矿塌陷区主要集中在煤矿。对塌陷区的治理，主要采取回填复垦、植被恢复或改造成其他建设用地等措施。

10.4.3　矿山废水治理及综合利用

目前，甘肃省大部分大型矿山企业建有污水处理站，如金川公司建设了污水处理总站，处理后的污水回用于选矿、冶炼等生产系统和经济开发区、生活区的植树绿化，而针对井下废水，建成了二矿、龙首矿井下废水沉淀处理系统，引水上山可用于矿山绿化。金川公司针对采、选、冶以及化工动力等各生产环节不同生产工艺所排放的废水，先后建成了含镍等贵金属离子的废水处理站、硫酸废水处理站、氯碱废水处理站、锅炉废水处理站、高含盐废水分流处理工程一级废水处理设施；建成了选矿、尾矿废水浓密回收利用系统、水淬渣废水循环利用系统、高硫磨浮废水循环利用系统；并在二厂区建成了可日处理3×10^4 t废水的污水处理总站及回收利用系统，使得年回用废水达500×10^4 t以上。金川公司将废水回收后，除大部分回用外，其他排入尾矿库，有效利用了宝贵的水资源，减轻了废水对水体、土壤的污染和破坏。

第11章　对甘肃省黄河流域生态保护修复的思考

黄河流域是我国北方重要的生态连廊，是人口活动和经济发展的重要区域，也是我国人地矛盾最为突出和复杂的区域之一。2019年8月，习近平总书记视察甘肃时做出关于黄河流域保护与发展的重要指示，9月，习近平总书记在河南省郑州市主持召开了黄河流域生态保护和高质量发展座谈会并发表了重要讲话，强调要着力加强生态保护治理、保障黄河长治久安、促进全流域高质量发展、改善人民群众生活、保护传承弘扬黄河文化，将黄河流域生态保护和高质量发展上升为国家重大战略。

11.1　甘肃省黄河流域概况

作为国家黄河战略的“首倡之地”，甘肃省使命特殊，责任重大。甘肃省黄河流域（图11-1）地处黄河上游地区，海拔783～4 748 m，地势西南高、东北低，北与石羊河流域以乌鞘岭为界，南与长江流域以西秦岭为界，总面积14.59万 km^2，占甘肃省总面积的34.3%，占黄河流域总面积的19.8%，包括甘南（除迭部、舟曲）、临夏、兰州、白银、定西、天水、平凉、庆阳8个市州及武威市天祝县和古浪县部分区域。

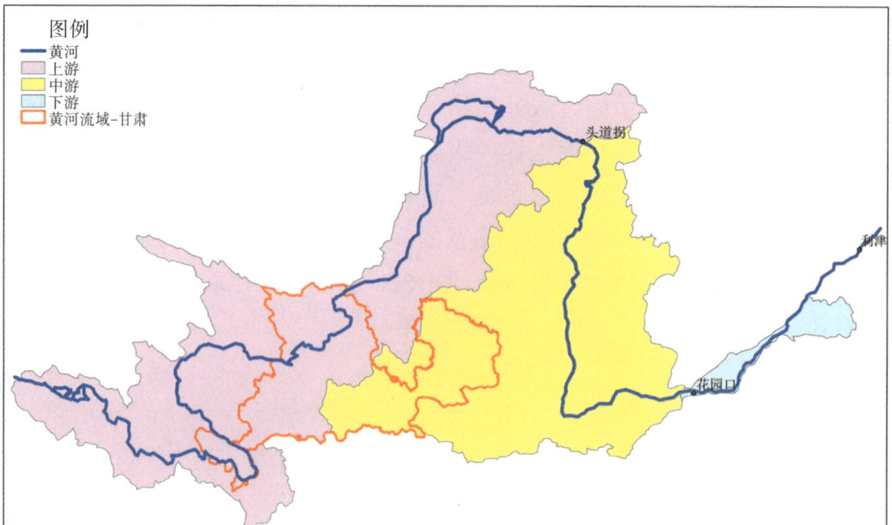

图11-1　黄河流域上、中、下游示意图

11.1.1　水资源

黄河从青海流入甘肃玛曲，又拐弯回到青海，然后从龙羊峡再次流入甘肃，甘肃省境内黄河干流河道总长913 km，占黄河全长的16.7%。甘肃境内黄河水系主要包括黄河干流、洮河、湟水、渭河、泾河、北洛河6个水系，支流有大通河、湟水、庄浪河、大夏河、渭河、祖厉河、泾河等，涵盖龙羊峡以上、龙羊峡至兰州、兰州至河口镇、龙门至三门峡等4个二级水资源分区（表11–1）。在甘肃省域内黄河干流兰州段以上有庄浪河、大夏河、祖厉河及直接流入干流的小支流，兰州段以下没有较大支流汇入。

表11–1　甘肃省黄河流域一、二、三级流域分区及面积

水资源分区名称			面积(km^2)
一级	二级	三级	
黄河	龙羊峡以上	河源至玛曲	6 502
		玛曲至龙羊峡	3 678
		小计	10 180
	龙羊峡至兰州	大通河享堂以上	2 525
		湟水	1 302
		大夏河	5 878
		洮河	25 225
		龙羊峡至兰州干流区	10 701
		小计	45 631
	兰州至河口镇	兰州至下河沿	29 752
		清水河与苦水河	1 233
		小计	30 985
	龙门至三门峡	北洛河源以上	2 330
		泾河张家山以上	30 979
		渭河宝鸡峡以上	25 790
		小计	59 099
合计			145 895

11.1.2　地貌特征

黄河流域西界巴颜喀拉山，北抵阴山，南至秦岭，东注入渤海，形成自西而东、由高及低的三级阶梯。第一级阶梯为青藏高原；第二级阶梯包括河套平原、黄土高原、鄂尔多斯高原等地貌单元，大致从祁连山脉到太行山脉；第三阶梯由太行山脉以东至滨海，由黄河下游冲积平原组成。甘肃省黄河流域在第一阶梯和第二阶梯上，包含甘南高原和黄土高原两个地貌单元，甘南高原属青藏高原东部区域，海拔较高。

11.1.3 流域气候

黄河流域处于中纬度地带，该区域位于我国干旱和半干旱地区，属半干旱气候，因东西地形差别以及受大气环流和季风环流的影响，流域内不同地区的气候差异较为显著，全区域常年平均气温5～10 ℃，甘南高原部分区域年平均气温不到5 ℃，东部庆阳部分区域年平均气温高于10 ℃。

受地形影响，区域降水集中，但分布不均，大致可分为4个降水区间：西南部及陇东东部年平均降水量500～800 mm；陇中和陇东大部分区域年平均降水量300～500 mm；白银部分区域年平均降水量不足300 mm，通常是春季少雨，夏季多雨，主要降水时间为每年的6—9月。

11.1.4 人口和经济状况

根据甘肃省统计年鉴，至2020年，全省人口总计为2 501.02万人，黄河流域主要涉及甘肃省8个市州，主要民族为汉族、回族、藏族、东乡族、保安族，汉族人口占到人口总数的89.38%。根据甘肃省发展年鉴，2020年底，黄河流域总人口1 803.26万人，占全省32%的面积上生活着全省72%的人口。2011—2020年，全省人口总体呈缓慢减少趋势，平均每年减少50.07万人，但黄河流域人口总体呈缓慢增加趋势，平均每年增长0.16万人。2020年，黄河流域城镇化率为53.02%，较2011年增长14.54%，平均每年增长1.45%。城镇化率最高的城市是省会兰州，高达83.10%，其次是白银市、天水市和平凉市，分别为56.56%、45.57%和44.77%，最低是定西市和临夏州，分别为38.39%和36.75%。

近年来，在党和国家的坚强领导下，甘肃省经济呈现快速发展的局面，尤其是兰州市。至2020年，全省生产总值达9 016.70亿元，其中第三产业4 966.52亿元，占比55.08%。甘肃省黄河流域8个市州2020年生产总值为6 225.48亿元，产业结构由2011年的第一、第二和第三产业分别占11.20%、48.18%和40.62%，调整为2020年的10.74%、30.40%和58.86%，第一、第二产业占比持续降低，第三产业占比稳步上升，产业结构日趋合理，对生态环境的负面影响显著降低。

11.2 甘肃省黄河流域国土空间现状分析

11.2.1 植被时空变化

根据甘肃省黄河流域NDVI数据①，NDVI相对高值集中分布在甘南州、临夏州、武

① 数据来源于中国科学院资源环境科学与数据中心(https://www.resdc.cn/)。

威市天祝县、庆阳市东部等，这些地区同样也是森林生态系统集中分布的区域；NDVI相对低值集中分布在兰州市、白银市和定西市北部，这些地区主要以农田生态系统为主，且社会经济活动密度较大。对比2010年和2020年数据（图11-2）可知，甘肃省黄河流域NDVI相对高值区和相对低值区的空间分布格局没有发生明显变化。

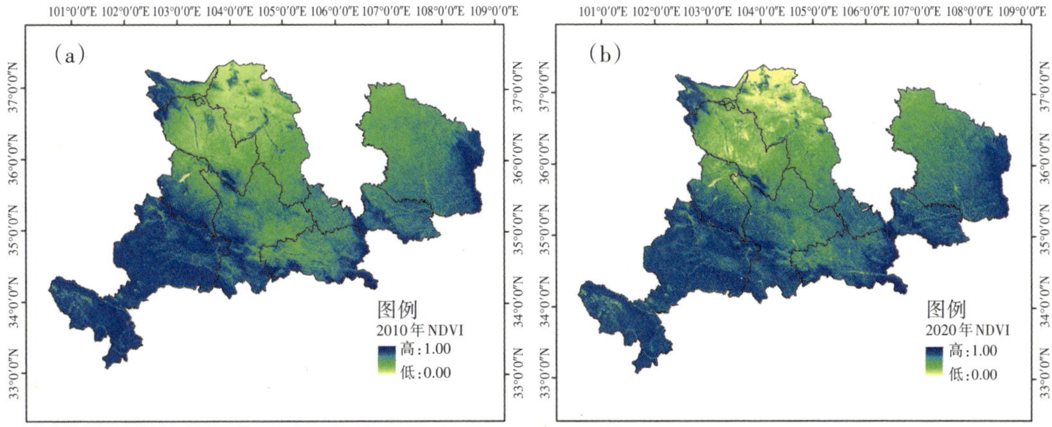

图11-2　2010年和2020年甘肃省黄河流域NDVI分布图

由回归趋势法计算得到2010—2020年甘肃省黄河流域NDVI变化趋势（Slope），并利用自然间断点分级法将其分为5个等级，结果如图11-3所示。2010—2020年，甘肃省黄河流域大部分区域NDVI呈增加趋势，Slope>0的面积占整个研究区面积的87.52%。甘南州、临夏州南部、武威市天祝县、定西市南部、庆阳市东部、兰州新区、兰州市南部、白银市东北部等地区植被出现退化现象，NDVI呈减少趋势，Slope<0的面积占比12.48%。

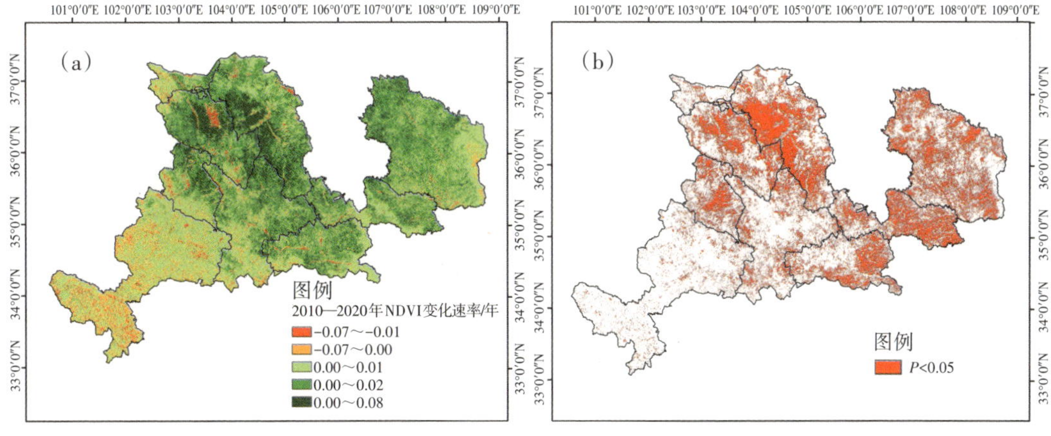

图11-3　2010—2020年甘肃省黄河流域NDVI变化趋势及显著性检验

将上述Slope分级结果分别定义为：中度退化、轻度退化、基本不变、轻微改善、中度改善。统计各市州每个等级的面积占比，结果如图11-4所示。比较各个市州NDVI变化不同等级的面积占比可知：兰州市、白银市、定西市、临夏州NDVI中度改善面积占比相对较高，这四个市州植被改善成效显著，而定西市和临夏州同时也面临着相对较高的轻度退化占比。庆阳市、平凉市、天水市NDVI轻微改善面积占比相对较高，且基本不变和轻微改善两个等级的面积占比共计超过80%。甘南州NDVI改善面积占比仅为2.37%，而轻度退化面积占比高达30.89%，是甘肃省黄河流域植被轻度退化最为严重的地区。同时，武威市NDVI轻度退化面积占比也达到了13.54%，仅次于甘南州。各市州NDVI中度退化的面积占比都比较小，其中兰州市和甘南州中度退化面积占比相对较高，兰州市植被的重度退化与近些年兰州新区的建成有很大关系，而甘南州则存在着较为严重的草地退化现象。

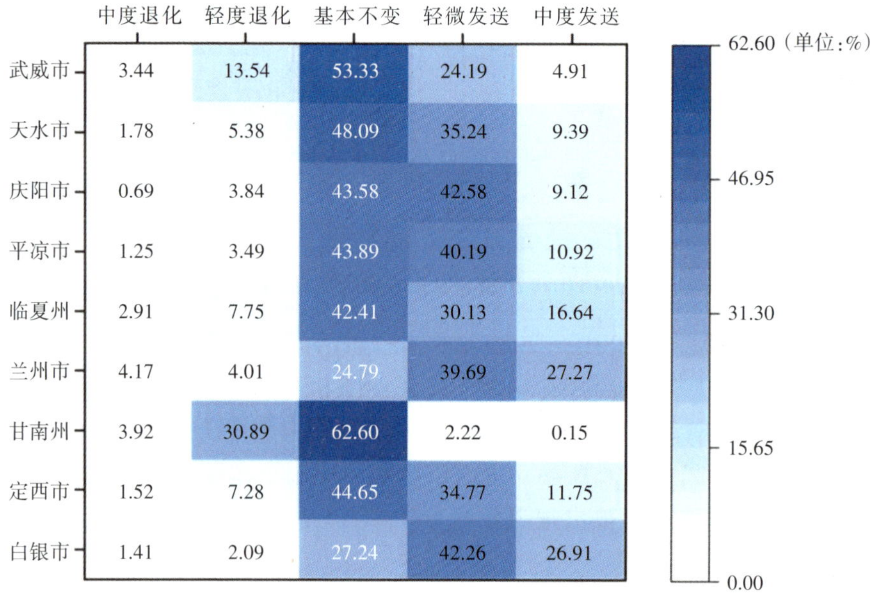

图11-4 NDVI变率分级面积占比

11.2.2 土地利用（LULC）变化

根据《2020年甘肃省自然资源公报》，全省各类土地构成包括耕地、种植园用地、林地、草地、湿地、城镇村及工矿用地、水域及水利设施用地和其他土地。甘肃省黄河流域内包含林地、草地、湿地、荒漠、农田等多种土地利用类型，其中草地面积占比最大，主要分布在甘南州、庆阳市、白银市等，且与林地交叉分布，在陇中地区呈小片零星分布；其次是农田，密集分布在陇中、陇东黄土高原地区；林地空间分布不均衡，主要集中分布在甘南州、庆阳市东部和武威市天祝县；荒漠主要分布在白银市北部（图11-5）。

为进一步分析2010—2020年甘肃省黄河流域土地利用的变化，根据2010年和2020年甘肃省黄河流域土地利用数据，建立对应土地利用结构变化表（表11-2），并制作土地利用转移矩阵（图11-6）。高、中、低覆盖度草地存在少量退化现象，转为沙地、裸土地、裸岩石质地、其他用地等。同时，部分高覆盖度草地向中覆盖度草地转移。

表11-2 2010—2020年甘肃省黄河流域土地利用矩阵(二级分类)²

2020年	2010年																								
	水田	旱地	有林地	灌木林	疏林地	其他林地	高覆盖度草地	中覆盖度草地	低覆盖度草地	河渠	湖泊	水库坑塘	永久性冰川雪地	滩地	城镇用地	农村居民点	其他建设用地	沙地	戈壁	盐碱地	沼泽地	裸土地	裸岩石质地	其他	总计
水田	27	18	0	0	0	1	1	2	2	5	0	0	0	0	0	8	0	0	0	0	0	0	0	0	64
旱地	15	21 429	233	636	549	159	812	9 523	5 562	107	3	5	0	159	34	1 036	18	24	1	0	3	101	4	0	40 413
有林地	0	227	2 580	279	133	20	930	502	30	3	0	0	0	4	2	8	2	0	0	0	0	0	0	5	4 725
灌木林	0	797	206	3 938	127	28	1 592	1 745	152	6	1	0	4	8	1	26	0	2	0	2	10	0	11	58	8 714
疏林地	1	631	139	140	1 434	3	396	803	230	5	0	0	1	1	2	25	0	0	1	0	0	2	6	4	3 824
其他林地	0	179	20	25	6	184	87	144	22	5	0	1	0	1	3	15	3	0	0	0	0	0	0	0	695
高覆盖度草地	0	940	902	1 534	423	75	8 244	1 932	530	20	3	1	1	22	0	21	0	9	3	0	216	6	4	56	14 942
中覆盖度草地	7	10 628	466	1 658	775	143	2 058	18 805	4 564	51	1	8	0	62	8	302	16	48	12	1	218	86	62	164	40 143
低覆盖度草地	6	5 670	20	129	216	25	468	4 345	9 349	33	0	8	0	39	4	158	11	28	29	1	111	102	43	60	20 855
河渠	2	107	9	9	8	4	21	60	24	28	0	0	0	15	9	23	2	0	2	0	4	0	1	0	328
湖泊	0	1	1	0	0	0	3	1	0	0	12	0	0	0	0	0	0	0	0	0	4	0	0	0	22
水库坑塘	0	30	3	1	1	0	4	15	11	10	0	89	0	16	1	4	1	1	0	2	0	0	0	0	189
永久性冰川雪地	0	0	0	1	4	0	4	0	0	0	0	0	3	0	0	0	0	0	0	0	0	0	0	0	12
滩地	1	168	1	5	3	2	22	63	52	6	0	0	0	62	1	18	0	8	0	0	5	8	0	0	425
城镇用地	2	241	5	0	11	17	7	24	32	4	0	1	0	3	232	39	13	0	0	0	0	0	0	0	631
农村居民点	2	1 253	18	21	31	21	52	346	190	21	0	3	0	27	6	208	0	7	1	0	2	2	0	0	2 211
其他建设用地	0	212	2	3	8	5	20	121	100	2	0	1	0	5	10	22	30	2	0	0	0	7	1	0	551
沙地	0	13	0	0	1	0	3	25	21	0	0	0	0	1	1	2	1	41	2	0	8	0	2	0	121
戈壁	0	5	0	0	0	0	5	5	24	2	0	0	0	2	0	0	0	1	28	0	1	1	0	0	74
盐碱地	0	6	0	0	0	0	0	5	4	0	0	0	0	0	0	0	0	0	0	23	0	0	0	0	38
沼泽地	0	1	1	17	0	0	243	199	74	1	2	0	0	1	0	0	0	7	1	0	805	0	16	0	1 368
裸土地	0	131	1	1	5	1	12	91	145	2	0	1	0	4	0	4	0	0	1	1	0	123	1	0	524
裸岩石质地	0	5	0	7	3	0	10	68	52	0	0	0	0	0	0	0	0	6	2	0	8	0	177	17	355
其他	0	0	2	35	8	0	56	142	54	0	1	0	0	0	0	0	0	0	0	0	0	0	0	288	586
总计	63	42 692	4 609	8 439	3 746	688	15 050	38 966	21 224	311	23	118	9	432	314	1 919	97	184	83	30	1 395	438	328	652	144 810

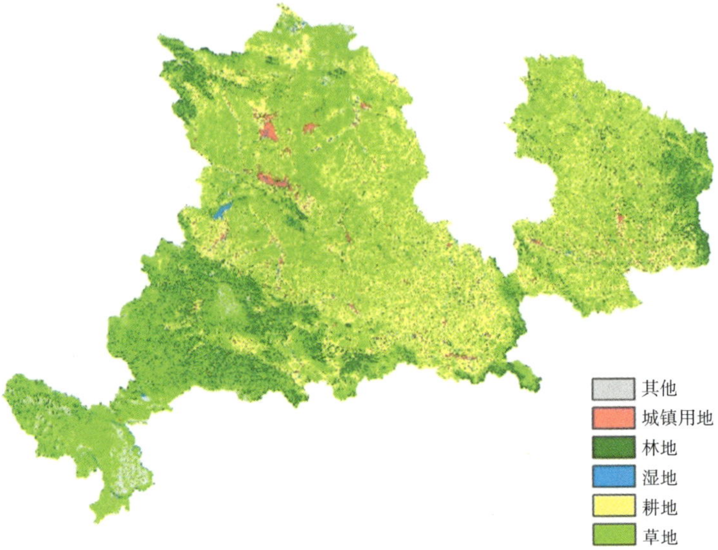

图 11-5 甘肃省黄河流域土地利用分布图①

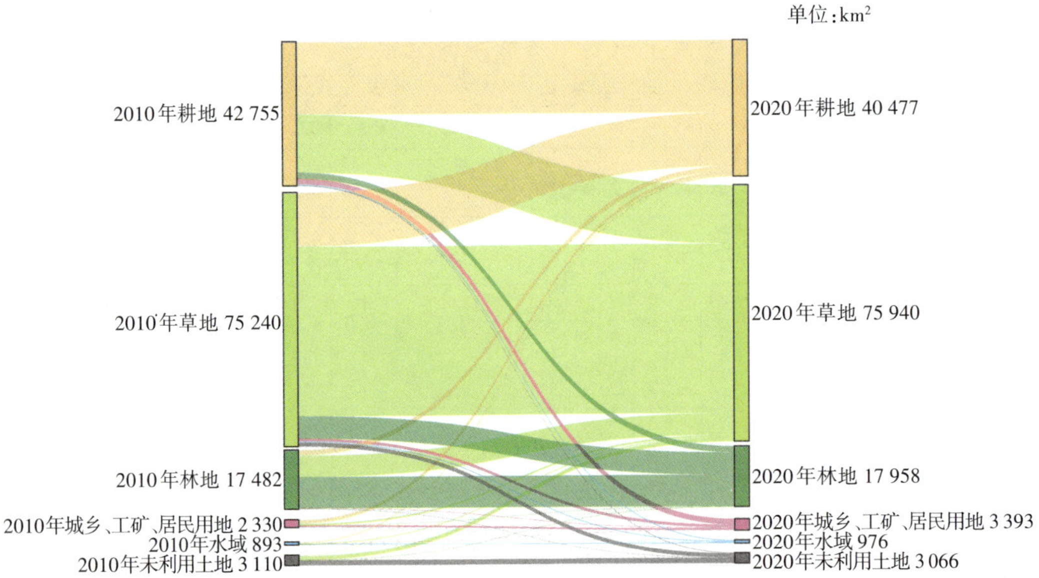

图 11-6 2010—2020 年甘肃省黄河流域 LULC 转移桑基图

由图 11-6 可以看出，2010—2020 年甘肃省黄河流域耕地、未利用土地面积减少，其他地类面积均有所增加。耕地和草地之间的相互转换最为明显，其次是草地和林地之间的相互转换，这与甘肃省实施退耕还林还草、“三北”防护林建设等生态工程有很大关系。城乡、工矿、居民用地扩张迅速，主要由少部分耕地、草地、林地转入，同时城乡、工矿、居民用地也向耕地、草地等转出，这与近些年甘肃省城市发展的实际情况相符。

① 土地利用数据来源于中国科学院资源环境科学与数据中心（https://www.resdc.cn/）。

11.2.3　生态系统服务功能

（1）数据来源与处理

①InVEST模型输入数据：

InVEST产水模块输入数据包括年降水量、潜在蒸散量、土地利用/覆被类型、植物可利用水、最大根系深度、研究区流域图层、提取的子流域图层、Zhang系数以及生物物理参数；水源涵养量计算需要土壤饱和导水率、地形指数、流速系数和填洼好的DEM；土壤侵蚀模块输入数据包括土地利用、年降水量、DEM和土壤数据。具体数据来源见表11-3。

表11-3　InVEST模型输入数据来源

数据	来源
土地利用和土地覆盖（LULC）	来源于资源环境科学与数据中心(https://www.resdc.cn/)的全国土地利用遥感监测空间分布数据集，该数据集是基于美国陆地卫星Landsat TM影像，通过人工目视解译生成的，空间分辨率为1 km
年降水量	来源于国家科技基础条件平台——国家地球系统科学数据中心(http://www.geodata.cn)
潜在蒸散量	来源于MOD16A2数据集，时间分辨率为8天，空间分辨为500 m
土壤深度	来源于世界土壤数据库(HWSD)中的中国土壤数据集
流速系数	通过模型所提供的参考数据得到
流域、子流域	基于DEM和生成的河网提取
Zhang系数	通过模型所提供的参考数据得到
DEM	来源于SRTM数据集，空间分辨率为90 m，下载于地理空间云(http://www.gscloud.cn)

②其他基础数据：

多源遥感数据包括NDVI数据、生态系统空间分布数据。NDVI数据来源于MOD13Q1数据集（https://lpdaac.usgs.gov/products/mod13q1v061/），该数据每16天生成一次，空间分辨率为250 m，通过最大值合成法得到2010—2020年研究区年NDVI最大值数据；生态系统分布数据是基于土地利用数据，按照中国陆地生态系统类型定义重分类划分得到的。

统计数据包括甘肃省各市州人均用水量、人均水资源量，水土流失面积，主要支流年径流量、年输沙量、年输沙模数，各等级土地沙化面积等，主要来源于《2020年甘肃省水资源公报》、《2020年甘肃省水土保持公报》、《甘肃省河流泥沙公报》（2013—2019年）、2021年甘肃省土地荒漠化和沙化防治情况报告等。

（2）研究方法

1）回归趋势法

采用一元线性回归趋势法分析甘肃省黄河流域2010—2020年植被变化特征，该方法可实现逐项元计算某一时期NDVI的变化趋势，充分反映研究区植被的时空演变格局，计算公式如下：

$$\mathrm{Slope}_j = \frac{n\sum_{i=1}^{n} i*\mathrm{NDVI}_{ij} j - \sum_{i=1}^{n} i \sum_{i=1}^{n} \mathrm{NDVI}_{ij}}{n\sum_{i=1}^{n} i^2 - (\sum_{i=1}^{n} i)^2} \tag{11-1}$$

式中，Slope j 为第 j 个像元多年回归斜率；n 为第 n 年；NDVI ij 为第 i 年第 j 个像元的NDVI值。当Slope $j > 0$ 时，表明随着年份 i 的增加，NDVI呈增加趋势；当Slope $j < 0$ 时，表明随着年份 i 的增加，NDVI呈减少趋势；Slope j 绝对值的大小表示平均每年NDVI增加或减少的速率大小。

2）InVEST模型

①产水模块：

本研究选择InVEST模型中的“Annual Water Yield”子模型模拟黄河流域产水量及其空间分布格局。产水量模型基于Budyko曲线和平均降水量，按照公式（11-2）确定景观上每个像素的年产水量：

$$Y_x = \left(1 - \frac{A_x}{P_x}\right) \times P_x \tag{11-2}$$

其中，A_x 为潜在蒸散量，P_x 为年降水量。

②水源涵养模块：

在产水量计算结果的基础上，再用地形指数、土壤饱和导水率和流速系数对产水量进行修正获得水源涵养量。

$$R = \min\left(1, \frac{249}{V}\right) \times \min\left(1, \frac{0.9 \times T}{3}\right) \times \min\left(1, \frac{K}{300}\right) \times Y \tag{11-3}$$

$$T = \left(\frac{D}{S \times P}\right) \tag{11-4}$$

式中，R 为水源涵养量（mm）；V 为流速系数；K 为土壤饱和导水率（mm/d），可根据土壤的黏粒、粉粒和砂粒含量计算得到；Y 为产水量；T 为地形指数；D 为集水区栅格数量；S 为土壤深度（mm），P 为坡度百分比。

③土壤侵蚀模块：

土壤流失方程是目前最常用的土壤保持服务的评估方法，以潜在土壤侵蚀量与实际土壤侵蚀量之差作为土壤保持量。InVEST模型中的泥沙输移比例模型（sediment delivery and retention，SDR）在通用土壤流失方程的基础上，用上坡来沙量乘下坡沉积物持留率来计算其所表示的地块泥沙持留量，又用其所表示的地块潜在侵蚀量减去实际侵蚀量来计算该地块因受到植被覆盖或水土保护等措施而增加或减少的土壤侵蚀量。计算原理如下：

$$A_x = R_x \times K_x \times LS_x \tag{11-5}$$

$$D_x = R_x \times K_x \times LS_x \times C_x \times P_x \tag{11-6}$$

$$T_x = E_x \sum_{y=1}^{x-1} D_y \prod_{z=y+1}^{x-1} (1 - E_z) \tag{11-7}$$

$$S_x = A_x - D_x + T_x \tag{11-8}$$

式中，A_x表示潜在土壤流失量，基于区域的特殊地形、气候变化条件可以得到；D_x表示实际土壤侵蚀量，即考虑区域内在土壤植被的自然覆盖或水土保持措施等多种因素的共同作用下可能产生的土壤侵蚀。R_x、K_x、LS_x、C_x、P_x分别是栅格x上的降雨侵蚀力因子、土壤可蚀性因子、坡度坡长因子、植被覆盖因子以及水土保持措施因子。S_x和T_x分别表示栅格x上的土壤保持量和本身拦截的沉积物持留量。E_x和E_z分别表示栅格x的持留率和上坡栅格z的泥沙截留率。

其中，降雨侵蚀力因子R根据生产建设项目土壤流失量测算导则计算，公式如下：

$$R_n = 0.053 \times P_n^{1.655} \tag{11-9}$$

式中，R_n为年降雨侵蚀力因子，P_n为年降雨量（mm）。

土壤可蚀性因子K采用Williams提出的EPIC模型估算，公式如下：

$$K = 0.013\,17 \times \left(-0.013\,83 \times K_{\mathrm{EPIC}}\right) \tag{11-10}$$

$$K_{\mathrm{EPIC}} = \left\{0.2 + 0.3 \times \exp\left[-0.025\,6 \times N \times \left(1 - \frac{L}{100}\right)\right]\right\} \times \left(\frac{L}{L + A}\right)^{0.3} \times \left[1 - 0.25 \times \frac{C}{C+\exp(3.72 - 2.95 \times C)}\right] \times \left[1 - 0.7 \times \frac{N}{N + \exp(22.9 \times N - 5.51)}\right] \tag{11-11}$$

式中，N、L和A分别表示黏粒、砂粒和粉粒所占的比重，C表示有机碳的含量，根据流域范围裁剪分别提取N、L、A和C字段进行运算，得到土壤可蚀性因子栅格图像。

（3）评价结果

①产水服务：

基于InVEST模型产水服务模块，计算得到2020年甘肃省黄河流域产水深度，结果如图11-7所示。2020年甘肃省黄河流域平均产水深度为100.00 mm，产水总量为145.22亿m^3。根据产水深度的空间分布可知，甘肃省黄河流域产水能力空间差异较大，产水较多的区域集中分布在黄河流域南部的甘南州、临夏州、定西市、天水市、平凉市和庆阳市，而兰州市和白银市产水能力较弱。

②水源涵养服务：

2020年甘肃省水源涵养深度见图11-8。从空间分布上看，甘肃省黄河流域水源涵养能力的空间差异也比较显著，高值集中分布在甘南州、定西市南部和庆阳市东部，低值集中分布在兰州市、白银市和武威市天祝县。甘南州西南部的玛曲县存在零星的水源涵养深度低值区。

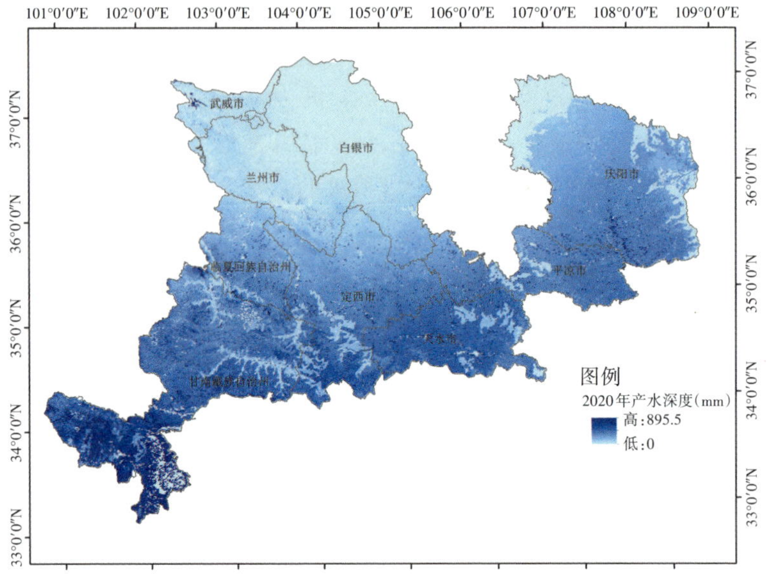

图11-7 2020年甘肃省黄河流域产水深度

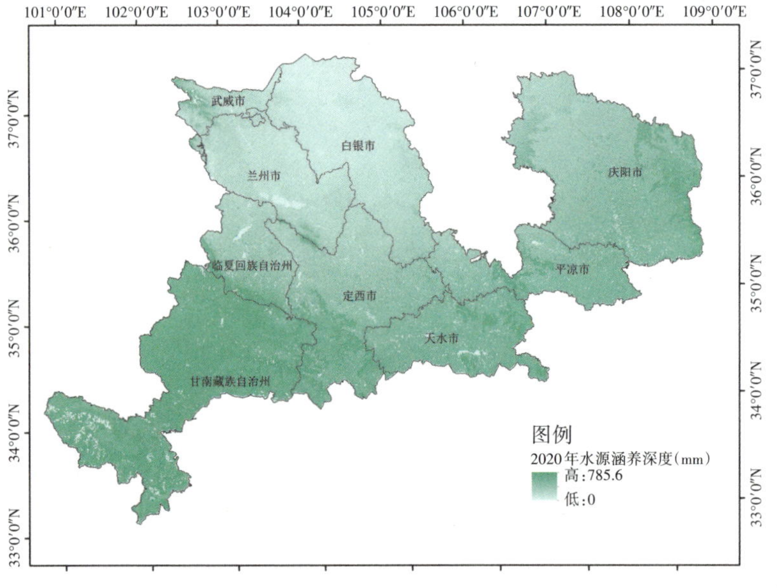

图11-8 2020年甘肃省黄河流域水源涵养深度

③土壤保持服务：

根据《土壤侵蚀分类分级标准》(SL 190—2007)，将甘肃省黄河流域土壤侵蚀强度进行分级，并按行政区域对不同土壤侵蚀强度的面积占比进行了统计，结果如图11-9和表11-4所示。甘肃省黄河流域以轻微度土壤侵蚀为主，共占比约97%，中度侵蚀以上主要分布在定西市、平凉市和天水市。土壤保持能力相对较高的区域集中分布在甘南州、武威市天祝县，土壤保持能力较低的区域集中分布在白银市北部和中部以及兰州市中部（图11-10）。

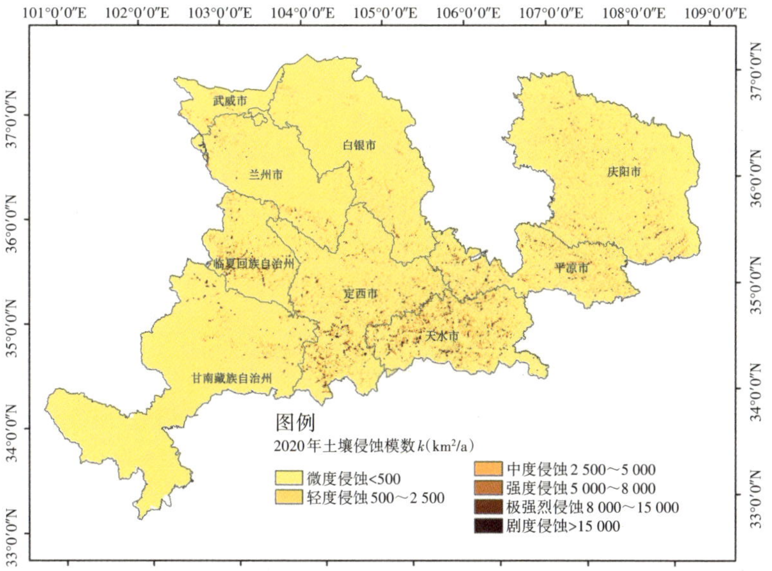

图11–9　2020年甘肃省黄河流域土壤侵蚀模数

表11–4　2020年甘肃省各市州不同土壤侵蚀强度占比

行政区	微度侵蚀	轻度侵蚀	中度侵蚀	强烈侵蚀	极强烈侵蚀	剧烈侵蚀
白银市	91.35	7.31	0.91	0.23	0.15	0.05
定西市	80.39	14.40	3.03	1.12	0.84	0.23
甘南藏族自治州	97.59	1.54	0.45	0.20	0.11	0.11
兰州市	93.38	4.89	1.11	0.39	0.17	0.05
临夏回族自治州	85.00	11.57	2.08	0.67	0.52	0.16
平凉市	74.32	19.76	3.52	1.03	1.10	0.28
庆阳市	82.76	14.33	1.88	0.48	0.44	0.11
天水市	72.89	21.04	3.96	1.23	0.71	0.17
武威市	92.83	5.35	1.15	0.41	0.21	0.06

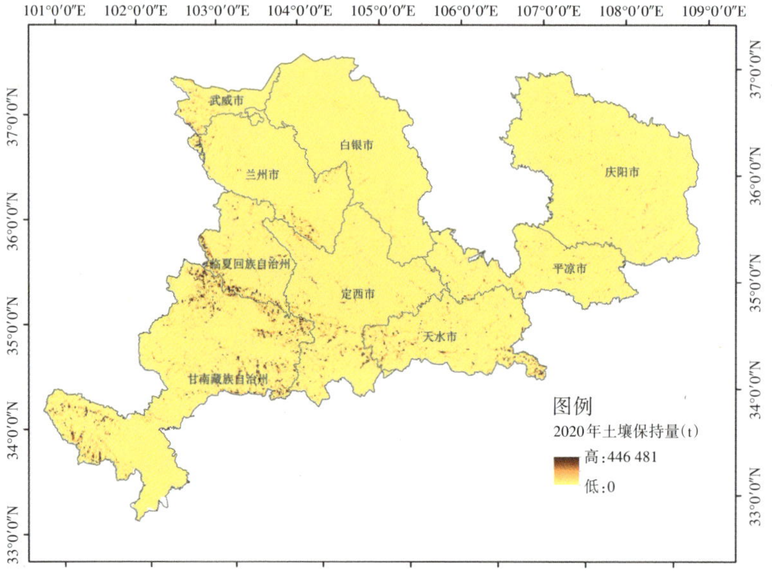

图11-10　2020年甘肃省黄河流域土壤保持量

11.3　甘肃省黄河流域存在的主要生态问题

11.3.1　水土流失仍需治理

甘肃黄土高原区是甘肃省水土流失最为严重的地区，甘肃省黄河流域的水土流失面积4.53万$km^2$①，占全甘肃省水土流失面积的24.63%②，占流域总面积的31.05%③，其中，洮河、渭河、泾河等支流年输沙量贡献较大。主要水土流失区域分布在庆阳西北部、平凉中部，以及定西市和甘南州的部分地区。高强度的水土流失为甘肃省黄河流域的植被恢复建设、土壤条件提质、生态环境改善等带来了巨大的压力。甘肃省黄河流域不同时段主要支流径流输沙变化见表11-5，黄河干流水文站（兰州站）历年径流量与输沙量见图11-11。

① 数据来源:《2020年甘肃省水土保持公报》。

② 数据来源:《2020年甘肃省水土保持公报》。

③ 数据来源:《2020年甘肃省水土保持公报》。

表 11–5　甘肃省黄河流域不同时段主要支流径流输沙变化①

站名	控制面积（万 km^2）	多年平均(1950—2015 年)			2019 年		
		年径流量（亿 m^3）	年输沙量（万 t）	年输沙模数（t/km）	年径流量（亿 m^3）	年输沙量（万 t）	年输沙模数（t/km）
洮河(红旗站)	2.49	45.09	2150	860	52.09	365	146
黄河干流(兰州站)	22.26	308.9	5800	261	477.3	2100	94.4
大夏河(折桥二)	0.68	8.694	246	361	10.96	117	172
湟水(民和三)	1.53	16.04	1350	880	25.82	208	136
大通河(亨堂三)	1.51	27.56	272	180	30.07	29.6	19.6
祖厉河(靖远站)	1.06	1.069	4330	4070	0.8251	380	357
泾河(杨家坪站)	1.41	6.647	6200	4390	6.727	334	236
庄浪河(红崖子)	0.4	1.223	155	387	4.008	136	339
渭河(北道站)	2.48	10.85	9720	3910	9.099	1060	426

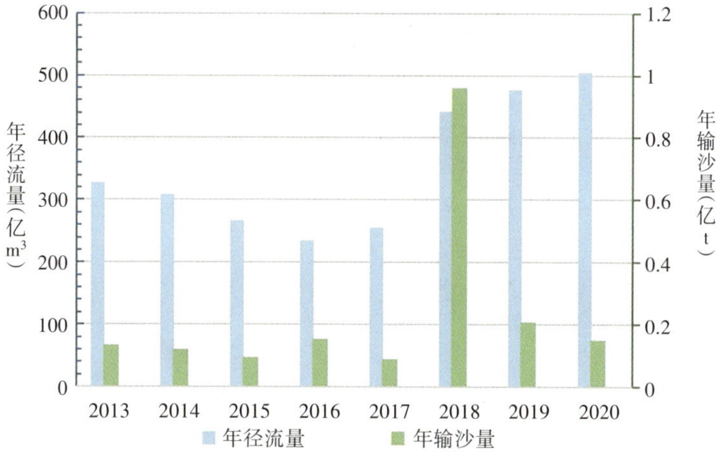

图 11–11　黄河干流水文站(兰州站)历年径流量与输沙量

11.3.2　水源涵养能力有待进一步提升

水源涵养是指生态系统通过其特有的结构与水相互作用，对降水进行截留、渗透、积蓄，并通过蒸散发实现对水流、水循环的调控。甘肃省黄河流域是全省林草资源相对丰富且集中的区域，也是全省农业生产的主产区。流域内森林覆盖率达到25%以上，但森林资源分布不均，主要集中分布在甘南高原（除玛曲县）、武威市天祝县和庆阳市东部边界地带，陇中陇东黄土高原区森林资源相对稀少。甘南州承担着流域内重要的水源涵养功能，而玛曲县等区域的草地却出现了不同程度退化。

① 数据来源:《甘肃省河流泥沙公报》(2013—2019 年)。

11.3.3 土地沙化问题依然存在

甘肃省黄河流域沙化土地主要分布在庆阳市环县北部和甘南州玛曲县黄河沿岸，其中环县沙化面积排在全省县区沙化面积的前十位。此外，甘肃省有明显沙化趋势的土地约占全省土地面积的4%，其中黄河流域内的白银市靖远县存在明显的土地沙化趋势①。

11.3.4 水资源产需矛盾比较突出

甘肃省黄河流域以全省30%的国土面积、44%的水资源量，承载着全省70%以上的人口和经济总量，水资源供给和消耗能力的空间差异明显（图11-12）。流域南部水资源供给能力较强，但人均耗水量较低，而北部的兰州市、白银市和武威市天祝县水资源供给能力较弱，但人均耗水量很高，存在水资源产需矛盾。

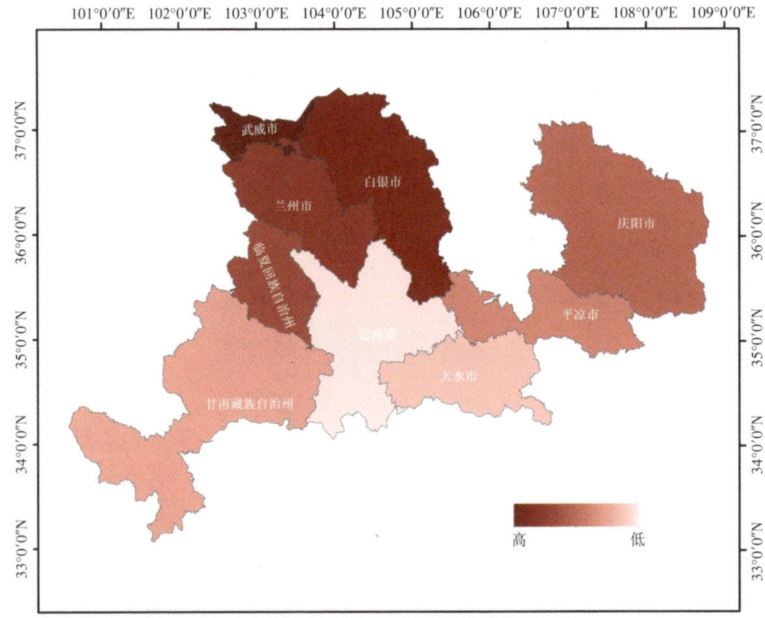

图11-12 2020年甘肃省黄河流域人均用水量②

11.4 对甘肃省黄河流域生态修复的思考

根据上述生态系统服务功能评价结果可知，甘肃省黄河流域水源涵养功能重要区分布在甘南高原、陇中黄土高原南部、陇东黄土高原东部子午岭地区，水土流失地区在整个流域广泛分布，尤以临夏州大夏河流域、定西市洮河流域、渭河流域、泾河流域等黄河支流最为严重。所以，甘肃省黄河流域生态保护和修复的主要目标是提升祁连山及甘

① 数据来源：《2020年甘肃省水土保持公报》。

② 数据来源：《2020年甘肃省水资源公报》。

南黄河上游的水源涵养能力，提升黄河重要支流水土保持及水源涵养能力，提升黄河流域北部区域的防风固沙能力。

11.4.1　提升祁连山及甘南黄河上游水源涵养能力

兰州段以上是黄河流域的关键产水区，尤其是洮河流域、湟水流域和大夏河流域，对补充黄河径流具有重要作用。同时，甘南州玛曲县被黄河干流贯穿，植被以高覆盖度草地为主，具有重要的水源补给和水源涵养功能。该区域生态敏感区和脆弱区面积大、类型多、程度深，水土流失严重，生态系统稳定性差，局部地区生态系统退化，湿地功能下降，土地沙化程度较深，区域总体水源涵养功能有待提升。黄河上游地区要严格落实草原禁牧、轮牧措施，推动以草定畜、定牧，实现草畜平衡，打造现代化生态牧场；推进玛曲、碌曲黑土滩等退化草原和沙化草原综合治理，加大草原鼠虫害防治力度；加强天然林保护和公益林管护，实施中幼林抚育和退化林修复，促进森林生态系统结构完整和功能稳定；加强太子山、莲花山等国家级自然保护区基础设施建设，提升生态保护能力。

11.4.2　提升黄河重要支流水土保持及水源涵养能力

甘肃境内黄河重要支流包括洮河、湟水、渭河、泾河、庄浪河、大夏河、祖厉河等，该区域大部分位于陇中陇东黄土高原地区，其中渭河、泾河、洮河、大夏河等河流是黄河重要的补给水源，也是沿黄生态带的重要组成，具有重要的水源涵养功能，有效保障了黄河上中游径流的稳定。该区域生态本底差，植被覆盖度不高，水资源亦十分短缺，水土流失严重，资源环境承载能力弱，加之人口密集，人类活动强度大，对地表植被和河流水系改造程度深，导致该区域水源涵养功能较弱。近年来，特别是党中央将黄河流域生态保护和高质量发展提升为重大国家战略以来，甘肃省主动作为，积极推进重要支流系统保护与治理，黄河重要支流渭河、洮河、大夏河等综合治理效果明显，泥沙入河量明显减少，水源涵养能力持续提升，生态保护与生态修复成效显著。甘肃省还要加强渭河、祖厉河等黄河重要支流的河源区生态保护修复，科学统筹山水林田湖草沙治理，提升渭河源区水源涵养补给能力；积极推进祖厉河、洮河、泾河、葫芦河、马莲河、庄浪河、水洛河、大通河、金强河等重要河流发源区和流经区的生态保护和综合治理，推进黄河永靖段湿地保护建设，加快黄河流域重要支流水源涵养生态系统修复。

11.4.3　提升黄河流域北部区域防风固沙能力

甘肃省黄河流域北部主要包括兰州市、白银市及庆阳市北部，该区域是甘肃省防沙治沙的前沿阵地，发挥着重要的防风固沙生态功能。该区域生态环境复杂而脆弱，受自然因素与人为因素的综合影响，盐碱化、沙化土地面积较大；植被覆盖率低，林草植被质量不高；风沙危害及土地荒漠化、沙化严重。多年来，甘肃省大力推进沙化土地综合治理及生态恢复项目，在防风固沙方面做了大量工作，在局部地区有效地阻止了沙漠的入侵并使部分沙化土地转变为人工绿洲，全省荒漠化和沙化程度总体呈面积减少、程度减轻态势，但仍有局部沙区生态环境持续退化，荒漠化、沙化形势依然较严峻。

第12章 结论与对策

12.1 对水资源利用及水生态保护的建议①

12.1.1 河西地区

河西内陆河流域冰川融水“先增后减”拐点已经或即将出现，未来冰川水源和“调丰补枯”作用会减弱甚至消失，区域水资源补给来源将以降水为主。因此，未来径流的季节分配将更加不均，年际丰枯变化将更加剧烈，并且极端丰枯变化发生的频率会升高。因此，对于整个河西地区，加强流域年调节能力、增加多年调节能力是应对冰川萎缩及气候变化影响的主要方向，积极响应、配合建设祁连山国家森林公园是保障区域水资源安全的重大举措。

针对河西三大流域上游产流、中游用水、下游生态保护的水资源格局，应该加强水资源管理利用措施。在现有的水资源管理方案基础上应进行以下调整：①继续加大上游产流区生态保护力度，在经充分论证不影响生态安全的前提下，采取适度修建水库等调蓄水工程措施，调洪补枯；②发展和促进中游节水农业、节水工业发展，以水定田、以水定产，确保水资源利用不触及生态红线；③保障下游河道和尾闾湖生态用水。在保障河道和尾闾湖有稳定水量供应的前提下，考虑到部分荒漠生态系统主要由洪水补给水源，中下游应保证适度洪水下泄量。

12.1.2 黄河流域

甘肃省内黄河流域除洮河外，其余大部分河流位于黄土高原及其边缘黄土区。多年以来，黄河流域内生态环境保护以防风固沙、水土保持为主要目的，相应的植树造林、退耕还林还草等措施效果显著。

随着国家新的治水思路提出，水资源管理理念也在不断创新，开始从水资源开发利用优先向节约保护优先转变，从供水管理向需水管理转变，水资源开发利用从过度开发

①本节仅从水资源角度提出以下建议和措施，甘肃省水资源管理利用综合建议还需要结合生态系统评估及社会经济发展规划等综合考虑。

向合理开发转变，水资源保护从事后治理向事前预防转变。这就要求水资源管理从行政管理向综合管理转变，保障供给与抑制需求，统筹生活、生产、生态用水，为经济社会转型跨越发展服务。

12.1.3　长江流域

长江流域内的白龙江及嘉陵江水量充沛，虽然预估未来水资源有减少趋势，但是减少量较少，在水量上不影响区域用水安全。

由于白龙江及嘉陵江流域河道流量大，河流流经的峡谷地带同时也是当地社会生活经济主要聚集区，未来极端暴雨、洪水频次增加的信度高，因此，一旦发生暴雨、洪水等极端事件，就会对当地居民的生命和财产产生毁灭性影响。

针对以上特点，长江流域水资源管理措施应该更倾向于：①加强暴雨及洪水预报，针对性地修建防洪设施。尤其是地质灾害频发区域，要重点监控滑坡、泥石流等地质灾害，制定合理的暴雨、洪水及次生灾害防控方案。②在保证当地用水量，并且不影响下游用水安全的前提下，可以适度增加水资源调度工程。③在河道落差大、水量足的区域，可以充分考虑水电开发。

12.2　对生态系统保护修复的建议

12.2.1　提高水资源利用效率和配置水平

甘肃省是我国水资源相对匮乏的省份，水资源匮乏使得甘肃省植被盖度较低，植被和土壤中累积的碳较少，生态系统碳密度低于全国平均水平（9.43 kg/m^2），因此生态系统固碳潜力巨大。对甘肃省来说，“碳”的问题本质上是“水”的问题，干旱和半干旱区生态系统固碳离不开水资源的保障，一旦水分亏缺，生态系统将会迅速退化，导致已固定在植被和土壤中的碳又会重新返回至大气中。因此，如何提高水资源利用效率和配置水平，发挥生态系统的固碳潜力，是未来甘肃省生态系统碳库管理中应重点考虑的问题。

12.2.2　加强典型生态系统管理

在耕地生态系统中，施用有机肥、秸秆还田、免耕等均可以提高耕地土壤中有机碳的含量，使得年固碳速率达到15～89 g/m^2，因此，应推广保护性耕作和秸秆还田等农业管理措施，严禁秸秆焚烧，推广农业废弃物碳化技术，减少农业开发导致的温室气体排放。在森林生态系统中，过熟林固碳能力降低，可以通过合理间伐并将其加工为长期使用的木制品，延长植被碳库返回大气的周期，同时提高幼龄和中龄林占比，从而充分发挥森林生态系统的固碳潜力。在草地生态系统中，应合理放牧和围封，发挥草地的固碳功能。

12.2.3 推进生态脆弱区保护与修复

过去40多年中，退耕还林还草、天然林保护、土地整治、草地和湿地修复、荒漠化防治等工程的实施产生了可观的碳汇，反映了生态保护与修复在生态系统固碳中的重要作用，因此，应大力推进生态脆弱区保护与修复措施的实施，挖掘受损生态系统的固碳潜力。具体包括：应用水源涵养林植被空间配置与结构优化技术、退化林地生态修复与建植等技术，开展祁连山、甘南和临夏山地退化森林与草地生态系统恢复保护工程建设；应用黑土滩、荒漠化土地退化生态系统修复技术，以及典型防护体系、物种组合和群落结构优化技术，开展黄河上游黑土滩和河西荒漠化综合治理工程建设；应用湿地生态系统修复与保护技术，开展甘南湿地保护和治理工程建设；应用山区水土保持技术、退耕还林还草工程和林灌草结构优化及其高效建植技术，开展陇东黄土高原区脆弱生态系统恢复与水土保持工程建设。通过以上生态保护与修复工程的建设，提高植被和土壤中的碳储量，发挥生态系统的固碳潜力，实现生态恢复与固碳的协同发展。

12.2.4 强化“碳中和”科技支撑体系建设

应强化系统性的生态系统固碳科学研究，培育甘肃省生态系统固碳创新研究基地，培养生态系统固碳评估和碳增汇技术研发方面的专业人才，构建甘肃省生态系统固碳技术模式和体系，提升生态生态系统碳库管理水平，助力甘肃省“碳中和”目标的实现，提高碳交易市场中甘肃省的碳汇份额，打造甘肃省在“双碳”背景下的“生态飞地”名片。

12.3 对土地资源保护利用的建议

12.3.1 对城镇空间土地集约利用的建议

（1）分类施策，加快批而未供土地的消化利用，依法处置存量闲置土地

白银、定西、临夏、陇南、天水、平凉、庆阳等城市储备用地较多，造成资源浪费现象较严重。针对这些城市的问题，首先应改善供应条件，加快项目落地，对未落实项目的土地，政府要加大招商推介力度，引导项目优先选址。对因规划调整、产业政策变化等原因造成项目无法继续实施的，由相关市（县、区）政府在符合国土空间规划（现行土地利用总体规划、城乡规划）的前提下，依法依规调整规划用地性质和规划条件，依法处理因企业原因造成的闲置土地。坚持“以用为先”，通过采取约谈、信用惩戒等行政、经济、法律综合措施，督促企业限期开发。对未按约定开工建设超过一年的企业，按规定征缴土地闲置费；对超过两年未开工建设的企业，无偿收回国有建设用地使用权；对难以实施的企业，由当地政府主导，有关部门协同配合，必要时协商司法机关参与，采取有效措施，实施联合处置。

(2) 建设“大都市圈”与内部挖潜一体化

粗放式的城市扩张模式容易导致城市生态环境承载力下降、土地利用效率低下、耕地及生态用地流失等一系列“城市病”。兰州、金昌、嘉峪关、武威、张掖等城市普遍存在“外源性扩张”接近饱和的现象。针对这一问题，甘肃省要发挥兰州增长极的作用，推动“兰白”一体化、“酒嘉”一体化融合发展，充分发挥兰州中心城区、兰州新区和榆中地区的增长极作用，按照一体化发展的要求，点-轴式发展，以利于资源集约利用，以极化效应带动周边小城市协调发展。同时要着眼推动河西走廊整体发展，促进生产要素自由流动，统筹推进生态环境治理、基础设施建设、特色产业发展，提升武威陆港、嘉峪关空港、敦煌空港经济效应，建设河西走廊绿色生态产业经济带；依托关中平原城市群和成渝双城经济圈，以完善交通基础设施为先导，以打造特色优势产业为重点，支持天水先进制造业升级发展，加快陇东、陇南地区融合发展；支持革命老区和民族地区加快发展，推动资源型城市和老工业基地创新转型发展。

此外，城市自身要注重内部挖潜，使用集约立体的挖潜方式对城镇存量低效用地进行再开发，代替原本粗放外延的二维平面扩张方式；重视城市的立体化建设，利用多维空间提高容积率和建筑高度界限，并在地下修建商场、停车场和服务设施等，增加城镇地下空间的利用率。

(3) 完善城市空间布局，加强城市修补

甘肃省中心城区普遍存在住宅、工业用地占城市规划用地比例较高，而公园绿地、交通设施用地与广场用地未达到规划水平的现象。甘肃省“十四五”规划提出，要推进以人为核心的新型城镇化，优化城镇化布局，推动大、中、小城市和小城镇协调发展。例如：加强对城市规划建设的管理，对城市进行有效修补，对不合理的功能区进行改造和功能梳理，构建完整的功能网；在城市的空白区和片断区根据需要填补新的城市功能；在现有道路系统的基础上，与生态相结合，打造快行、绿色一体的交通网，结合水系和绿化空间，建设慢行网络；采取修复水网、绿网及重建生态格局等措施完善绿色交通网。

(4) 加强基础设施建设，推进“新型智慧城市”建设

对于大部分城市老城区基础设施建设不完善、新老城区差异过大的问题，应当根据目前城市的公共基础设施现状，关注公共利益，修补多级设施网络，这不仅要着眼于传统基础设施的建设，还要依据“十四五”规划中明确指出的加强信息基础设施建设的要求，发展智慧交通、智慧医疗、智慧出行等，全面推进“新型智慧城市”建设。

(5) 实现以产业集聚为目标的优二模式

白银高新技术产业开发区、白银西区经济技术开发区、兰州高新经济技术开发区、天水经济技术开发区等工业园区，相比其他功能区，土地利用较为粗放，在开发之初便存在土地使用状况不合理的情况，有一定数量的存量城镇低效用地。同时，土地使用结构在早期开发过程中产生了以生产功能为主要导向的工业企业，存在缺乏生活型产业和配套设施等问题。所谓优二模式，旨在保持原有以工业为主的功能和性质，改善园区内投资和生活环境，腾退低效产业，引入新兴产业。可通过企业自行改造，腾退优化现有

产业；或由运营商租赁旧厂房，重新整体改造后，吸引新企业入驻；或拆除现有低效企业建筑，建造新型厂房，以降低能源消耗、减少环境污染、提高产出强度，达到土地利用高效益的目的。建议结合土地利用规划，一方面通过零星地整合，将其供应给就近且具有开发实力的企业；另一方面通过相关部门出资，或以租赁方式引导相关企业出资修建有偿的生态停车场。针对取得土地面积较大但又不具实力对其进行全部开发利用的企业，应优先考虑以谈判为主的方式进行收回，进行“二次招、拍、挂”，将其供应给有活力的企业。对处于停产或半停产状态的企业，管理部门应通过回购或拍卖的方式回收或出租厂房的使用权，同时也要严格禁止退出的企业擅自将厂房转让，避免“环评”要求不达标、产业与园区的产业导向不符合等情况发生。管理部门可以采取购买股权等方式对企业退出的低效用地进行更新，实现低效用地的再开发。通过以上途径，有针对地展开城镇存量低效用地再开发工作，使低效用地再开发工作稳健推进，有效地提高土地利用效能。

（6）推进新型城镇化建设，完善中心城市功能

中心城市在整个城镇化发展体系中起到牵头和引领的作用。目前，全省均存在不同程度的“城中村”问题，旧城虽有较好的基础设施，却由于人口密度较大而负荷较重，新城区则是存在资源不能集约利用的问题。建议完善中心城市功能，优化城市中心城区功能组合，促进职住平衡，有序推进棚户区、“城中村”、旧住宅小区和旧商业中心（街区）的改造，克服“城市病”，提升城市品质；将“智慧城市”“无废城市”“海绵城市”等发展理念贯穿到城市规划、能源、交通、建筑及其他产业发展中，提升中心城市的承载、辐射和带动能力。

12.3.2 对农业农村土地资源保护利用的建议

（1）针对现有耕地资源强化各项管护政策，适时开展耕地非粮化专项调查

充分整合各级自然资源、农业农村、生态环境、水利水务、交通等涉及农田建设部门的项目，统筹新增建设用地土地有偿使用费、耕地开垦费、土地复垦费、土地出让收益及生态保护修复治理等资金，推进以土地开发为主体的全域土地综合整治，重点在潜力丰富的白银市靖远、景泰、平川，张掖市山丹、高台、民乐、甘州，酒泉市肃州、瓜州，以及兰州市皋兰、永登等地实施土地开发重大项目。全域土地综合整治项目中，农用地整理的重点工程应包括土地平整与条田合并整治（增加耕地面积，便于耕地规模化、集约化经营）、考虑动物逃生通道的灌排水系统布设（恢复田间生物群落和生态链，保障灌溉）、农田防护林建设（减少自然灾害对农作物的破坏）、土壤肥力提升（可采取增施有机肥、推广秸秆还田、推广绿肥种植、制定轮作轮休制度、畜禽粪便肥料化利用等多种措施）。建议建立基本农田调整完善工作制度，对验收完毕的集中连片新增耕地，若其达到基本农田条件，及时认定并更新数据库，纳入基本农田管理。在重点乡镇附近、交通便利、农业资源丰富的区域，积极推进农村集体经营性建设用地入市和宅基地“三权”分置改革，加快发展与资源环境承载能力相适应的农产品加工业、休闲农业和乡村旅游业，拓宽非农就业空间和增收领域，使中小城镇发挥带动周围农村地区发展的作用，引导城镇有序发展和农村劳动力就地转移。

（2）引导乡村生活空间朝着集约化方向发展

从依托农业资本建设美丽乡村、实现乡村振兴出发，规划乡镇国土空间，通过集中布局建设、改善居住条件、降低人均标准等方式实现乡村生活空间整治潜力挖潜。对腾挪出来的建设用地，除少部分用于城乡建设用地增减挂钩外，其他依据《自然资源部、国家发展改革委、农业农村部关于保障和规范农村一二三产业融合发展用地的通知》（自然资发〔2021〕16号）要求，重点在以下三方面使用：用于美丽乡村建设所需的公路、污水垃圾收集等服务设施，以及乡风民约宣传馆、族谱祠堂、文化墙等公共设施；用于现代农业规模化经营所需的加工、仓储、物流、冷链、电子商务、农业展览、直销配送等建设项目；用于庆阳、平凉、天水、定西、白银、河西地区国（省）道沿线农耕文化展览馆建设，传承挖掘甘肃农耕文化的深厚底蕴，推进乡村文明。

（3）根据各地农业产业优势，发展特色农业，发挥乡村生产空间的最大效益

沿黄农业产业片区的临夏、兰州、白银，应大力改善农业综合配套设施条件，大力推进农业节水，发展节水灌溉农业。建议加快建设沿黄灌区粮食基地，重点发展优质高效农业，积极发展城郊农业，稳定粮、油、肉、蛋、水产品等农产品生产，打造高原夏菜、瓜果等优势品牌，提高农产品加工和供给保障能力。

河西走廊粮食主产片区的张掖、酒泉，应发挥光、温、水、土资源优势，利用戈壁现代农业技术和经验，加快农田水利建设，合理调整农业生产结构与布局，推进土地集约和适度规模开发，积极发展戈壁生态农业；强化粮食生产和安全保障，聚焦国内外市场，大力发展制种、棉花、油料、酿造原料、果蔬及牛羊肉等特色农产品生产及深加工，推进现代丝路寒旱农业及“一带一路”国际产业合作；充分利用天然草场和农区秸秆，大力发展牧区和农区畜牧业。

陇中旱作农业片区的定西、天水，应加强农田水利建设，提升灌溉保障能力，推广节水灌溉技术；采用地膜覆盖等旱作农业技术，培肥地力，提高土地产出能力；积极推进旱作集雨灌溉农业产业化模式，合理调整农作物布局，扩大马铃薯、中药材及花卉等特色农产品种植面积，延伸特色农产品产业链。

陇东农产品供给片区的平凉、庆阳，应以粮食生产为主体，以旱作农业和小流域治理为重点，稳定粮食生产，发挥粮食作物生产优势，建立农产品基地；把农业发展与水土保持相结合，增强水源涵养能力。

参考文献

［1］刘竣国，克莱尔.生态修复学导论［M］.北京：科学出版社，2017.

［2］温国胜.城市生态学［M］.北京：中国林业出版社，2013.

［3］刘举科，喜文华.甘肃国家生态安全屏障建设发展报告（2018）［M］.北京：社会科学文献出版社，2019.

［4］郝庆，孟旭光，刘天科.国土综合整治研究［M］.北京：科学出版社，2018.

［5］王文杰，蒋卫国，王维，等.黄河流域生态环境十年变化评估［M］.北京：科学出版社，2017.

［6］国土资源部土地整治中心.中国土地整治发展研究报告［M］.北京：社会科学文献出版社，2018.

［7］环境保护部环境与经济政策研究中心.农村环境保护与生态文明建设［M］.北京：中国环境出版社，2016.

［8］刘新卫，赵崔莉.乡村振兴阿视域中的农村土地整治［M］.北京：知识产权出版社，2019.

［9］吴次芳，叶艳妹.土地整治与美丽乡村建设［M］.杭州：浙江大学出版社，2018.

［10］欧阳志云，郑华.生态安全战略［M］.北京：学习出版社，2014.

［11］贾文涛，宇振荣.生态型土地整治指南［M］.北京：中国财政经济出版社，2019.

［12］欧阳志云，徐卫华，杜傲，等.中国国家公园总体空间布局研究［M］.北京：中国环境出版集团，2018.

［13］曾发琛.甘肃省黄河流域水资源开发利用存在的问题及对策研究［J］.甘肃水利水电技术，2016，52（2）：1-3，33.

［14］包延东，刘长仲.甘南州天然草原生态环境现状及恢复治理对策［J］.草原草业，2017，47（3）：108-109.

［15］CHEN R S，LU S H，KANG E S，et al. A distributed water-heat coupled model for mountainous watershed of an inland river basin of Northwest China（I）model structure and equations［J］. Environmental Geology，2007，53(6)：1299-1309.

［16］HEMPEL S，FRIELER K，WARSZAWSKI L，et al. A trend-preserving bias correction—the ISI-MIP approach［J］. Earth System Dynamics，2013，4(2)：219-236.

[17] MAIER H R, DANDY G C. Neural networks for the prediction and forecasting of water resources variables: a review of modelling issues and applications [J]. Environmental Modelling & Software, 2000, 15(1): 101-124.

[18] SU B, HUANG J, ZENG X, et al. Impacts of climate change on stream flow in the upper Yangtze River basin [J]. Climatic Change, 2017, 141(3): 533-546.

[19] WANG L, CHEN R, HAN C, et al. An improved spatial-temporal down scaling method for TRMM precipitation datasets in alpine regions: a case study in northwestern China's Qilian Mountains [J]. Remote Sensing, 2019, 11(7): 870.

[20] ZHANG Q, YU Y, ZHANG J. Characteristics of water cycle in the Qilian Mountains and the oases in Hexi inland river basins [J]. Journal of Glaciology and Geocryology, 2008, 30 (6): 907-913.

[21] 高由禧，徐淑英. 中国的季风区域和区域气候 [M]. 东亚季风的若干问题. 北京：科学出版社，1962.

[22] 李栋梁，刘德祥. 甘肃气候 [M]. 北京：气象出版社，2000.

[23] 马宝强，王潇，汤超，等. 甘肃省地下水资源开发利用特点分析 [J]. 地下水，2022，44 (3)：65-67.

[24] 孟秀敬，张士锋，张永勇. 河西走廊57年来气温和降水时空变化特征 [J]. 地理学报，2012，67 (11)：1482-1492.

[25] 钱纪良，林之光. 关于中国干湿气候区划的初步研究 [J]. 地理学报，1965，31 (1)：17-19.

[26] 施雅风，沈永平，李栋梁，等. 中国西北气候由暖干向暖湿转型的特征和趋势探讨 [J]. 第四纪研究，2003，23 (2)：152-164.

[27] 孙美平，刘时银，姚晓军，等. 近50年来祁连山冰川变化——基于中国第一、二次冰川编目数据 [J]. 地理学报，2015，70 (9)：1402-1414.

[28] 张家诚. 中国气候总论 [M]. 北京：气象出版社，1991.

[29] 中国科学院自然区划工作委员会. 中国自然区划 [Z]. 北京：科学出版社，1959.

[30] 王建红. 甘肃的战略位置与东西交流 [J]. 甘肃社会科学，1996 (5)：37-38.

[31] 姚晓军，张明军，孙美平. 甘肃省土地利用程度地域分异规律研究 [J]. 干旱区研究，2007 (3)：312-315.

[32] 秦大河. 中国西部环境演变评估 [M]. 北京：科学出版社，2002.

[33] 董哲仁. 河流形态多样性与生物群落多样性 [J]. 水利学报，2003 (11)：1-6.

[34] 谢高地，张钇锂，鲁春霞，等. 中国自然草地生态系统服务价值 [J]. 自然资源学报，2001 (1)：47-53.

[35] 刘国华，傅伯杰. 全球气候变化对森林生态系统的影响 [J]. 自然资源学报，2001 (1)：71-78.

[36] 崔保山，杨志峰. 湿地生态系统健康研究进展 [J]. 生态学杂志，2001 (3)：

31-36.

［37］陈利顶，傅伯杰. 农田生态系统管理与非点源污染控制［J］. 环境科学，2000（2）：98-100. DOI：10. 13227/j. hjkx. 2000. 02. 025.

［38］张存浩，陈竺. 彩图科技百科全书［M］. 上海：上海科学技术出版社，2014.

［39］左伟，周慧珍，王桥. 区域生态安全评价指标体系选取的概念框架研究［J］. 土壤，2003（1）：2-7.

［40］伍宜丹，马悦，吴浩然，等. 基于MODIS-EVI指数的四川省植被指数时空演变特征及驱动力［J］. 水土保持研究，2020，27（5）：230-236，243，2. DOI：10. 13869/j. cnki. rswc. 2020. 05. 031.

［41］孙玉梅. 黑河流域生态保护修复存在问题及对策［J］. 甘肃农业，2021（8）：67-69. DOI：10. 15979/j. cnki. cn62-1104/f. 2021. 08. 023.

［42］谢丽丽. 生态文明视域下祁连山生态保护与推进路径［J］. 开发研究，2021（4）：44-49. DOI：10. 13483/j. cnki. kfyj. 2021. 04. 006.

［43］任卫东，王博，何问. 祁连山"底色之变"［J］. 绿色中国，2021（16）：46-53.

［44］李霞，周自强，刘兴荣，等. 甘肃祁连山国家级自然保护区矿山生态修复技术研究［J］. 工程技术研究，2021，6（5）：235-236. DOI：10. 19537/j. cnki. 2096-2789. 2021. 05. 108.

［45］史如霞，李景铭. 浅议甘南州生态环境保护与可持续发展［J］. 南方农业，2021，15（21）：189-190. DOI：10. 19415/j. cnki. 1673-890x. 2021. 21. 089.

［46］张彩军，王小燕，姚宝辉，等. 甘南草原3种啮齿动物的食性及其营养生态位特征［J］. 草地学报，2021，29（7）：1484-1490.

［47］孙志龙. 草原鼠害及其绿色防控技术应用现状［J］. 农家参谋，2021（3）：136-137.

［48］才让吉. 探究甘南草地鼠害现状及防治对策［J］. 农村科学实验，2019（6）：90，93.

［49］FRAZIER A E, RENSCHLER C S, MILES S B . Evaluating post-disaster ecosystem resilience using MODIS GPP data［J］. International Journal of Applied Earth Observations & Geoinformation, 2013, 21: 43-52.

［50］毕云龙，兰井志，赵国君. 城市生态恢复力综合评价体系构建——以上海、香港、高雄、新加坡为实证［J］. 中国国土资源经济，2015，28（5）：47-52，57.

［51］布仁仓，胡远满，常禹，等. 景观指数之间的相关分析［J］. 生态学报，2005（10）：2764-2775.

［52］车生泉. 城市绿色廊道研究［J］. 城市规划，2001（11）：44-48.

［53］戴嘉昕. 长江泰兴城区段沿江生态廊道规划［D］. 长沙：中南林业科技大学，2019.

［54］甘肃发展年鉴编委会. 甘肃省发展年鉴［M］. 北京：中国统计出版社，2017.

［55］侯彩霞，周立华，文岩，等. 生态政策下草原社会-生态系统恢复力评价——以宁夏盐池县为例［J］. 中国人口·资源与环境，2018，28（8）：117-126.

［56］李丽. 冰雪冻灾干扰下森林生态系统恢复力的定量评价［D］. 西安：西安科技大学，2017.

［57］李欣格. 甘肃省清水县生态廊道规划设计研究［D］. 西安：西安建筑科技大学，2018.

［58］李易珺，杨自辉，满多清，等. 天祝县天然草地退化成因及对策分析［J］. 草业科学，2012，29（11）：1678-1683.

［59］梁立新. 资源型城市产业生态系统恢复力演化机制及提升策略研究［D］. 徐州：中国矿业大学，2017.

［60］廖柳文，秦建新，刘永强，等. 基于土地利用转型的湖南省生态弹性研究［J］. 经济地理，2015，35（9）：16-23.

［61］廖永峰，沈晓燕. 甘肃岷山大熊猫栖息地生态廊道的测定与标识［J］. 农业与技术，2020，40（23）：4-7.

［62］刘建泉，杨建红. 人类活动对甘肃境内国家重点保护野生动物的影响［J］. 安全与环境学报，2004（5）：29-33.

［63］刘晓平，李鹏，任宗萍，等. 榆林地区生态系统弹性力评价分析［J］. 生态学报，2016，36（22）：7479-7491.

［64］刘玥玮，秦华. 城市生态廊道建设探讨［J］. 南方农业，2010，4（2）：87-89.

［65］钱国权. 清代以来河西走廊水利开发与生态环境变迁研究［D］. 兰州：西北师范大学，2008.

［66］王乃昂，黄银洲，罗丹. 甘肃地理［M］. 北京：北京师范大学出版社，2020.

［67］王云霞. 北京市生态承载力与可持续发展研究［D］. 徐州：中国矿业大学，2010.

［68］王正兴，刘闯，HUETE A. 植被指数研究进展：从 AVHRR-NDVI 到 MODIS-EVI［J］. 生态学报，2003，23（5）：979-987.

［69］肖化顺. 城市生态廊道及其规划设计的理论探讨［J］. 中南林业调查规划，2005（2）：15-18.

［70］肖秀英. 都市郊区耕地生态系统恢复力研究［D］. 徐州：中国地质大学，2019.

［71］谢仁波，舒国勇. 铜仁西部不同时间尺度温度降水变率分析［J］. 贵州气象，2012，36（6）：16-19.

［72］徐雅晴. 植被恢复力遥感测度模型研究［D］. 徐州：中国矿业大学，2020. DOI：10. 27623/d. cnki. gzkyu. 2020. 001813.

［73］薛亚东，李迪强，孙志成，等. 利用卫星追踪颈圈对圈养野生双峰驼野化放归的监测［J］. 兽类学报，2017，37（4）：336-343.

［74］薛亚东，吴三雄，孙志成，等.野骆驼的研究和保护：现状与展望［J］.四川动物，2014，33（3）：476-480.

［75］闫海明，战金艳，张韬.生态系统恢复力研究进展综述［J］.地理科学进展，2012，31（3）：303-314.

［76］杨庚，曹银贵，罗古拜，等.生态系统恢复力评价研究进展［J］.浙江农业科学，2019，60（3）：508-513.

［77］姚玉璧，邓振镛，尹东，等.黄河重要水源补给区甘南高原气候变化及其对生态环境的影响［J］.地理研究，2007（4）：844-852.

［78］张肃斌.河西走廊生态系统退化特征与恢复策略研究［D］.榆林：西北农林科技大学，2007.

［79］赵强，李秀梅，谢嘉欣. 济南市生态弹性力评价研究［J］. 生态科学，2015，34（2）：156-160.

［80］郑好，高吉喜，谢高地，等.生态廊道［J］.生态与农村环境学报，2019，35（2）：137-144.

［81］周晓芳.从恢复力到社会——生态系统：国外研究对我国地理学的启示［J］.世界地理研究，2017，26（4）：156-167，155.

［82］周永祥.安南坝片区野骆驼生存现状分析及保护策略［J］.野生动物学报，2020，41（3）：814-817.

［83］诸葛海锦，林丹琪，李晓文.青藏高原高寒荒漠区藏羚生态廊道识别及其保护状况评估［J］.应用生态学报，2015，26（8）：2504-2510.

［84］ARIKEN M，ZHANG F，CHAN N W，et al. Exploring the industrial land use efficiency of China's resource-based cities［J］. Cities，1993：215-223.

［85］BAI X M，SHI P J，LIU Y S. Realizing China's urban dream［J］. Nature，2014（509）：158-160.

［86］EGIDI G，ZAMBON I，TOMBOLIN I，et al. Unraveling latent aspects of urban expansion：desertification risk reveals more［J］. Environmental Research and Public Health，2020，17：4001.

［87］FAN J，WANG Y，WANG C，et al. Reshaping the sustainable geographical pattern：a major function zoning model and its applications in China［J］. Earths Future，2019，7：25-42.

［88］JEONG A，DORN R I. Soil erosion from urbanization processes in the Sonoran Desert，Arizona，USA［J］. Land Degrad Dev，2019，30：226-238.

［89］LI W，HAI X，HAN L，et al. Does urbanization intensify regional water scarcity? Evidence and implications from a megaregion of China［J］. Cleaner Prod，2019：118592.

［90］LIU N，LIU C，XIA Y，et al. Examining the coordination between urbanization and eco-environment using coupling and spatial analyses：a case study in China［J］. Ecological Indicators. 2018，93：1163-1175.

［91］LIU T L，SONG Q J，LU J Q，et al. An integrated approach to evaluating the coupling coordination degree between low-carbon development and air quality in Chinese cities [J]. Advances in Climate Change Research, 2021, 12(5): 1674-9278.

[92] LIU Y, LI J, YANG Y. Strategic adjustment of land use policy under the economic transformation [J]. Land Use Policy, 2018, 74: 5-14.

[93] PETROVI'C N, BOJOVI'C N, PETROVI'C J. Appraisal of urbanization and traffic on environmental quality [J]. Journal of CO_2 Utilization, 2016, 16: 428-430.

[94] ROSA D L, PRIVITERA R. Characterization of non-urbanized areas for land-use planning of agricultural and green infrastructure in urban contexts [J]. Landscape and Urban Planning, 2013, 109: 94-106.

[95] SATTERTHWAITE D, MCGRANAHAN G, TACOLi C. Urbanization and its implications for food and farming [J]. Philosophical transactions of the Royal Society of London, 2015, 365: 2809-2820.

[96] SAYED Y A, FADL M E. Agricultural Sustainability Evaluation of the New Reclaimed Soils at Dairut Area, Assiut, Egypt using GIS Modeling [J]. The Egyptian Journal of Remote Sensing and Space Science, 2021, 24(3): 701-719.

[97] STIEPANI J, GILLIS L G, CHEE S Y, et al. Impacts of urbanization on mangrove forests and brachyuran crabs in Penang, Malaysia, 2021, 69: 1-13.

[98] TAN S, YANG J, YAN J Y. Development of the Low-carbon City Indicator (LCCI) Framework [J]. Energy Procedia, 2015, 75: 2516-2522.

[99] WANG Q S, LIU M Q, TIAN S, et al. Evaluation and improvement path of ecosystem health for resource-based city: A case study in China [J]. Ecological Indicators, 2021, 128: 107852.

[100] XIONG N, WONG S W, REN Y, et al. Regional disparity in urbanizing China: Empirical study of unbalanced development phenomenon of towns in southwest China [J]. Journal of Urban Planning and Development, 2020, 146: 05020013.

[101] YANG Z P, WANG S J, GUO M, et al. Spatiotemporal differentiation of territorial space development intensity and its habitat quality response in northeast China [J]. Land, 2021, 10: 573.

[102] YOU H, YANG X. Urban expansion in 30 megacities of China: Categorizing the driving force profiles to inform the urbanization policy [J]. Land Use Policy, 2017, 68: 531-551.

[103] ZHANG J, ZENG W, SHI H. Regional environmental efficiency in China: Analysis based on a regional slack-based measure with environmental undesirable outputs [J]. Ecological Indicators, 2016, 71: 218-228.

[104] ZIPPERER W C. Urban influences on forests [Chapter 5][J]. Research Forester, 2002: 73-91.

[105] 丛明珠，欧向军，赵清，等. 基于主成分分析法的江苏省土地利用综合分区

研究［J］．地理研究，2008（3）：574-582.

［106］郭子龙，王德彩，李青松，等．河南省城市人居环境定量评价研究［J］．河南农业大学学报，2015，49：389-395.

［107］林燕，白秀佳，叶泽宇，等．基于ArcGIS的南通市农业生产适宜性评价［J］．地质通报，2021，40：968-977.

［108］钱凤魁，项子璇，王贺兴，等．基于国土空间三线融合的城市周边耕地分区保护研究［J］．农业资源与环境学报，2022，39（6）：1164-1173.

［109］王天佑．国土空间开发建设适宜性评价——以延安市富县为例［J］．农业与技术，2021，41：24-31.

［110］谢宇剑，沈正平，赵洁．基于土地利用变化情景的徐州市生态系统碳储量评估［J］．国土与自然资源研究，2022（4）：13-21.

［111］夏楚瑜．基于土地利用视角的多尺度城市碳代谢及“减排”情景模拟研究［D］．杭州：浙江大学，2019.

［112］WANG S H，ZHANG Y G，JU W M，et al. Recent global decline of CO_2 fertilization effects on vegetation photosynthesis［J］. Science，2020，370(6522)：1295-1300.

［113］CHEN B Y，XU C，WU Y Y，et al. Spatiotemporal carbon emissions across the spectrum of Chinese cities：Insights from socioeconomic characteristics and ecological capacity［J］. Journal of Environmental Management，2022，306：114510.

［114］WANG J，FENG L，PALMER P I，et al. Large Chinese land carbon sink estimated from atmospheric carbon dioxide data［J］. Nature，2020，586：7831.

［115］徐俊．科技支撑碳中和目标实现的路径选择及政策研究［J］．China Economist，2022，17（2）：48-68.

［116］朴世龙，岳超，丁金枝，等．试论陆地生态系统碳汇“碳中和”目标中的作用［J］．中国科学：地球科学，2022，52（7）：1419-1426.

［117］邓喆，丁文广，蒲晓婷，等．基于InVEST模型的祁连山国家公园碳储量时空分布研究［J］．水土保持通报，2022，42（3）：324-334，396.

［118］LI H W，WU Y P，CHEN J，et al. Responses of soil organic carbon to climate change in the Qilian Mountains and its future projection［J］. Journal of Hydrology，2021，596：126110.

［119］杨元合，石岳，孙文娟，等．中国及全球陆地生态系统碳源汇特征及其对碳中和的贡献［J］．中国科学：生命科学，2022，52：534-574.

［120］朱志强，马晓双，胡洪．基于耦合FLUS-InVEST模型的广州市生态系统碳储量时空演变与预测［J］．水土保持通报，2021，41（2）：222-229，239.

［121］刘晓娟，黎夏，梁迅，等．基于FLUS-InVEST模型的中国未来土地利用变化及其对碳储量影响的模拟［J］．热带地理，2019，39（3）：397-409.

［122］孔君洽，杜泽玉，杨荣，等．荒漠绿洲农田垦殖过程中耕层土壤碳储量演变特征［J］．应用生态学报，2019，30（1）：180-188.

［123］ WANG Y L, WANG X H, WANG K, et al. The size of the land carbon sink in China [J]. Nature, 2022, 603: 7901.

［124］ 方精云，于贵瑞，任小波，等. 中国陆地生态系统固碳效应——中国科学院战略性先导科技专项“应对气候变化的碳收支认证及相关问题”之生态系统固碳任务群研究进展［J］. 中国科学院院刊，2015，30（6）：848-857，875.

［125］ 李若玮，叶冲冲，王毅，等. 基于InVEST模型的青藏高原碳储量估算及其驱动力分析［J］. 草地学报，2021，29（S1）：43-51.

［126］ LAL R. Carbon sequestration in dryland ecosystems [J]. Environmental management, 2004, 33(4): 528-544.

［127］ 孔君洽，杨荣，苏永中，等. 基于土地利用/覆被变化的荒漠绿洲碳储量动态评估［J］. 生态学报，2018，38（21）：7801-7812.

［128］ 吴佩君，刘小平，黎夏，等. 基于InVEST模型和元胞自动机的城市扩张对陆地生态系统碳储量影响评估——以广东省为例［J］. 地理与地理信息科学，2016，32（5）：22-28，36，2.

［129］ 杨洁，谢保鹏，张德罡. 基于InVEST和CA-Markov模型的黄河流域碳储量时空变化研究［J］. 中国生态农业学报（中英文），2021，29（6）：1018-1029.

［130］ 史名杰，武红旗，贾宏涛，等. 基于MCE-CA-Markov和InVEST模型的伊犁谷地碳储量时空演变及预测［J］. 农业资源与环境学报，2021，38（6）：1010-1019.

［131］ 刘洋，张军，周冬梅，等. 基于InVEST模型的疏勒河流域碳储量时空变化研究［J］. 生态学报，2021，41（10）：4052-4065.

［132］ 邹文涛，何友均，叶兵，等. 基于InVEST模型的钱江源国家公园生态系统碳储量研究［J］. 中南林业科技大学学报，2021，41（3）：120-128.

［133］ 解宪丽，孙波，周慧珍，等. 中国土壤有机碳密度和储量的估算与空间分布分析［J］. 土壤学报，2004（1）：35-43.

［134］ 于明雪，孙建国，杨维涛，等. 基于贝叶斯层次时空模型的甘肃省土地利用程度演变分析［J］. 地理科学，2022，42（5）：918-925.

［135］ GARIMA S, SHARMA L K, SHARMA K C. Assessment of land use change and its effect on soil carbon stock using multitemporal satellite data in semiarid region of Rajasthan, India [J]. Ecological Processes, 2019, 8(1): 8-17.

［136］ 李义平，蔡宏，田鹏举，等. 贵州省黎平县地表覆被变化引起的生态系统碳储量变化［J］. 水土保持通报，2020，40（2）：92-99，325.

［137］ 李珍珍. 甘肃省生态脆弱性时空演变及与土地利用关系研究［D］. 兰州：兰州大学，2019.

［138］ 任玺锦，裴婷婷，陈英，等. 基于碳密度修正的甘肃省土地利用变化对碳储量的影响［J］. 生态科学，2021，40（4）：66-74.

［139］ 张鹏岩，耿文亮，杨丹，等. 黄河下游地区土地利用和生态系统服务价值的时空演变［J］. 农业工程学报，2020，36（11）：277-288.

[140] 冯炜.石羊河流域土壤有机碳变化特征及其对气候与土地利用变化的响应[D].兰州：西北师范大学，2020.

[141] 周健.陆地生态系统碳储量的模拟不确定性及其成因溯源[D].上海：华东师范大学，2021.

[142] 习近平.决胜全面建成小康社会　夺取新时代中国特色社会主义伟大胜利[N].人民日报，2017-10-28（001）.DOI：10.28655/n.cnki.nrmrb.2017.009209.

[143] 中共中央国务院关于实施乡村振兴战略的意见[N].人民日报，2018-02-05（001）.DOI：10.28655/n.cnki.nrmrb.2018.001321.

[144] 黄安，许月卿，卢龙辉，等."生产-生活-生态"空间识别与优化研究进展[J].地理科学进展，2020，39（3）：503-518.

[145] 成金华，尤喆."山水林田湖草是生命共同体"原则的科学内涵与实践路径[J].中国人口·资源与环境，2019，29（2）：1-6.

[146] 王昆.基于适宜性评价的生产—生活—生态（三生）空间划定研究[D].杭州：浙江大学，2018.

[147] 刘继来，刘彦随，李裕瑞.中国"三生空间"分类评价与时空格局分析[J].地理学报，2017，72（7）：1290-1304.

[148] 夏乐天，朱元甡，沈永梅.加权马尔可夫链在降水状况预测中的应用[J].水利水电科技进展，2006（6）：20-23，27.

[149] 杨清可，段学军，王磊，等.基于"三生空间"的土地利用转型与生态环境效应——以长江三角洲核心区为例[J].地理科学，2018，38（1）：97-106.

[150] 刘瑞，朱道林.基于转移矩阵的土地利用变化信息挖掘方法探讨[J].资源科学，2010，32（8）：1544-1550.

[151] 黄安，许月卿，刘超，等.基于土地利用多功能性的县域乡村生活空间宜居性评价[J].农业工程学报，2018，34（8）：252-261，304.

[152] 方方，何仁伟.农户行为视角下乡村三生空间演化特征与机理研究[J].学习与实践，2018（1）：101-110.

[153] 余斌，卢燕，曾菊新，等.乡村生活空间研究进展及展望[J].地理科学，2017，37（3）：375-385.

[154] 洪惠坤，廖和平，李涛，等.基于熵值法和Dagum基尼系数分解的乡村空间功能时空演变分析[J].农业工程学报，2016，32（10）：240-248.

[155] 黄金川，林浩曦，漆潇潇.面向国土空间优化的三生空间研究进展[J].地理科学进展，2017，36（3）：378-391.

[156] 龙花楼.论土地整治与乡村空间重构[J].地理学报，2013，68（8）：1019-1028.

[157] 韩博，金晓斌，孙瑞，等.新时期国土综合整治分类体系初探[J].中国土地科学，2019，33（8）：79-88.

[158] 夏方舟，杨雨濛，严金明.中国国土综合整治近40年内涵研究综述：阶段演

进与发展变化［J］. 中国土地科学，2018，32（5）：78-85.

［159］邓玲，郝庆. 国土综合整治及其机制研究［J］. 科学，2016，68（3）：40-44.

［160］王晓峰，勒斯木初，张明明．“两屏三带”生态系统格局变化及其影响因素［J］. 生态学杂志，2019，38（7）：2138-2148.

［161］王铁军，赵礼剑，张溪. 青藏高原生态屏障区生态环境综合评价方法探讨［J］. 测绘通报，2018（9）：112-116.

［162］韩康宁. 黄河重点生态区生态修复的现状、问题与对策研究［J］. 三门峡职业技术学院学报，2021，20（1）：24-31.

［163］马艳艳，赵雪雁，兰海霞，等. 重点生态功能区农户的生计风险多维感知及影响因素——以甘南黄河水源补给区为例［J］. 生态学报，2020，40（5）：1810-1824.

［164］陈玉福，孙虎，刘彦随. 中国典型农区空心村综合整治模式［J］. 地理学报，2010，65（6）：727-735.

［165］刘彦随，刘玉. 中国农村空心化问题研究的进展与展望［J］. 地理研究，2010，29（1）：35-42.

［166］吕建树，吴泉源，张祖陆，等. 基于RS和GIS的济宁市土地利用变化及生态安全研究［J］. 地理科学，2012，32（8）：928-935. DOI：10. 13249/j. cnki. sgs. 2012. 08. 004.

［167］左伟，王桥，王文杰，等. 区域生态安全评价指标与标准研究［J］. 地理学与国土研究，2002（1）：67-71.

［168］孙丽娜. 县域农村居民点空心化程度评价及其空间布局优化［J］. 中国农学通报，2019，35（16）：152-158.

［169］杨忍，刘彦随，陈秧分. 中国农村空心化综合测度与分区［J］. 地理研究，2012，31（9）：1697-1706.

［170］刘彦随. 科学推进中国农村土地整治战略［J］. 中国土地科学，2011，25（4）：3-8. DOI：10. 13708/j. cnki. cn11-2640. 2011. 04. 006.

［171］郧文聚，杨红. 农村土地整治新思考［J］. 中国土地，2010（Z1）：69-71.

［172］曹芳洁，邱芸，邹艳. 基于H/T断裂法与POI数据的建成区快速提取方法［J］. 地理与地理信息科学，2020，36（6）：48-54.

［173］徐彩仙，巩杰，李焱，等. 基于地形梯度的甘肃白龙江流域典型生态系统服务分布特征［J］. 生态学报，2020，40（13）：4291-4301.

［174］师银芳，赵军，李传华. 张掖市典型绿洲农田生态系统生产力时空分布特征［J］. 水土保持通报，2017，37（2）：120-125. DOI：10. 13961/j. cnki. stbctb. 2017. 02. 017.

［175］欧阳志云，朱春全，杨广斌，等. 生态系统生产总值核算：概念、核算方法与案例研究［J］. 生态学报，2013，33（21）：6747-6761.

［176］马克明，傅伯杰，黎晓亚，等. 区域生态安全格局：概念与理论基础［J］.

生态学报，2004（4）：761-768.

［177］张敏.论生态文明及其当代价值［D］.北京：中共中央党校，2008.

［178］周晓红，赵景波.黄土高原气候变化与植被恢复［J］.干旱区研究，2005（1）：116-119.

［179］刘彦随，周扬.中国美丽乡村建设的挑战与对策［J］.农业资源与环境学报，2015，32（2）：97-105.

［180］王卫星.美丽乡村建设：现状与对策［J］.华中师范大学学报（人文社会科学版），2014，53（1）：1-6.

［181］周洁敏，寇文正.中国生态屏障格局分析与评价［J］.南京林业大学学报（自然科学版），2009，33（5）：1-6.

［182］孙迅.国土空间规划引领下城市高质量发展研究［D］.吉林：东北师范大学，2020.

［183］刘丽波.基于区域差异的经济高质量发展水平测度与进程监测［J］.统计与决策，2020，36（8）：110-114.

［184］马俊.新时期土地综合整治与生态修复研究［J］.甘肃农业，2020（7）：40-42.

［185］刘春芳，李鹏杰，刘立程，等.西北生态脆弱区省域国土空间生态修复分区［J］.农业工程学报，2020，36（17）：254-263.

［186］张春荣.兰州市三生空间共生现状与优化研究［D］.兰州：西北师范大学，2021.

［187］王凤娇.兰州市城市拓展与土地集约利用研究［J］.科技视界，2018（26）：249-251.

［188］吴亚亚，刘学录.兰州市城市化与土地集约利用耦合协调性及关联分析［J］.中国农学通报，2019，35（24）：82-88.

［189］余琦.基于三生融合理念的甘肃浅山区乡村规划策略研究［D］.兰州：兰州理工大学，2020.

［190］毛龙，陶卓琳，吴翠霞，等.关于甘肃省国土空间生态修复的几点思考［J］.甘肃科技，2021，37（17）：8-9.

［191］张生中，刘学录.甘肃省土地集约利用综述研究［J］.甘肃科技，2015，31（4）：10-13.

［192］鲁学孟，刘学录，张晶，等.甘肃省庆阳市土地集约利用与土地利用结构的耦合协调关系［J］.水土保持通报，2019，39（6）：240-245.

［193］张宇硕，白永平.甘肃省城市土地利用集约度时空差异研究［J］.现代城市研究，2010（12）：71-77.

［194］李丽娜，石培基，潘竟虎，等.甘肃省城市土地集约利用空间差异性的实证分析［J］.土壤通报，2012，43（1）：114-119.

［195］王怡睿，石培基，潘竟虎，等.甘肃省城市化与土地集约利用耦合协调发展

[J]．中国沙漠，2015，35（4）：1081-1088.

［196］潘竞虎，石培基，董晓峰．甘肃省城市化发展与土地集约利用研究［J］．干旱区资源与环境，2008，22（4）：28-33.

［197］黄凌翔，杨璐．城市建设用地再开发模式选择的国内外经验与启示［J］．当代经济管理，2018，40（5）：51-57.

［198］李宗阳．“三生空间”视角下西北干旱区城市综合承载力研究［D］．石河子：石河子大学，2019.

［199］王永锋．甘肃矿山地质生态环境问题的初步研究［D］．西安：西安科技大学，2010.

［200］徐步元．甘肃省矿山地质生态环境恢复治理对策研究［D］．兰州：兰州大学，2008.

［201］佘小龙，周超，刘建宏．新时代甘肃矿业绿色发展新蓝图——甘肃省矿产资源总体规划（2016-2020年）成果解读［J］．甘肃科技，2018，34（17）：71-74.

［202］李军，周斌．甘肃省矿山主要环境地质问题及防治对策探讨［J］．地下水，2013，35（5）：140-143.

［203］张永军，何云峰，魏洁．甘肃省矿山地质环境保护与治理区划［J］．世界有色金属，2019（7）：281-283.

［204］郭秀锐，杨居荣，毛显强．城市生态系统健康评价初探［J］．中国环境科学，2002（6）：46-50.

［205］王恺蓬．浅谈国土空间规划下的生态环境保护［J］．测绘与空间地理信息，2022，45（1）：118-120，124.

［206］裴江涛．自然资源利用和生态环境保护问题及对策分析［J］．资源节约与环保，2022（1）：34-37.

［207］王聪，伍星，傅伯杰，等．重点脆弱生态区生态恢复模式现状与发展方向［J］．生态学报，2019，39（20）：7333-7343.

［208］CHOPRA K，LEEMANS R，KUMAR P，et al. Ecosystems and human well-being：policy responses [M]. Washington，DC：Island Press，2005.

［209］朱教君，郑晓．关于三北防护林体系建设的思考与展望——基于40年建设综合评估结果［J］．生态学杂志，2019，38（5）：1600-1610.

［210］黄麟，祝萍，肖桐，等．近35年三北防护林体系建设工程的防风固沙效应［J］．地理科学，2018，38（4）：600-609.

［211］WANG X M，ZHANG C X，HASI E，et al. Has the three norths forest shelterbelt program solved the desertification and dust storm problems in arid and semiarid China [J]. Journal of Arid Environments，2010，74(1)：13-22.

［212］谢晨，王佳男，彭伟，等．新一轮退耕还林还草工程：政策改进与执行智慧——基于2015年退耕还林社会经济效益监测结果的分析［J］．林业经济，2016，38（3）：43-51，81.

［213］邢颖，孔红梅，刘天星．基于SCI发文的中国生态学研究态势文献计量分析［J］．生态环境学报，2010，19（2）：447-452.

［214］管英杰，刘俊国，崔文惠，等．中国生态修复研究进展态势分析［J］．生态学报，2022（12）：1-11.

［215］白中科．国土空间生态修复若干重大问题研究［J］．地学前缘，2021，28（4）：1-13.

［216］高世昌，苗利梅，肖文．国土空间生态修复工程的技术创新问题［J］．中国土地，2018（8）：32-34.

［217］李红举，宇振荣，梁军，等．统一山水林田湖草生态保护修复标准体系研究［J］．生态学报，2019，39（23）：8771-8779.

［218］袁兴中，陈鸿飞，扈玉兴．国土空间生态修复：理论认知与技术范式［J］．西部人居环境学刊，2020，35（4）：1-8.

［219］彭建，吕丹娜，张甜，等．山水林田湖草生态保护修复的系统性认知［J］．生态学报，2019，39（23）：8755-8762.

［220］傅伯杰，王帅，沈彦俊，等．黄河流域人地系统耦合机理与优化调控［J］．中国科学基金，2021，35（4）：504-509.

［221］王艳芬，陈怡平，王厚杰，等．黄河流域生态系统变化及其生态水文效应［J］．中国科学基金，2021，35（4）：520-528.

［222］迟妍妍，王夏晖，宝明涛，等．重大工程引领的黄河流域生态环境一体化治理战略研究［J］．中国工程科学，2022，24（1）：104-112.

［223］习近平．在黄河流域生态保护和高质量发展座谈会上的讲话［J］．中国水利，2019（20）：1-3.

［224］WANG S，FU B J，PIAO S L，et al. Reduced sediment transport in the Yellow River due to anthropogenic changes［J］. Nature Geoscience，2016，9(1)：38-41.

［225］杨大文，杨雨亭，高光耀，等．黄河流域水循环规律与水土过程耦合效应［J］．中国科学基金，2021，35（4）：544-551.

［226］梁海燕．甘肃在黄河流域生态保护和高质量发展国家战略中的定位及着力点探析［J］．社科纵横，2021，36（1）：69-72.

［227］“黄河流域生态保护和高质量发展战略研究”综合组．黄河流域生态保护和高质量发展协同战略体系研究［J］．中国工程科学，2022，24（1）：93-103.

［228］刘洋．基于InVEST模型的疏勒河流域生态系统服务功能时空演变［D］．兰州：甘肃农业大学，2020.

［229］刘树锋，陈记臣，关帅，等．基于InVEST模型的杨溪河流域土地利用变化对水源涵养功能的影响［J］．科学技术与工程，2022，22（12）：4746-4751.

［230］李怡颖，范继辉，廖莹．基于InVEST模型的张家口市水源涵养功能时空差异分析［J］．草业科学，2020，37（7）：1313-1324.

［231］刘月，赵文武，贾立志．土壤保持服务：概念、评估与展望［J］．生态学报，

2019，39（2）：432-440.

［232］饶恩明，肖燚，欧阳志云，等. 海南岛生态系统土壤保持功能空间特征及影响因素［J］. 生态学报，2013，33（3）：746-755.

［233］李煜. 土壤流失测算导则在水土保持区域评估中应用初探［J］. 农业与技术，2022，42（5）：108-111.

［234］计伟，刘海江，高吉喜，等. 黄河流域生态质量时空变化分析［J］. 环境科学研究，2021，34（7）：1700-1709. DOI：10. 13198/j. issn. 1001-6929. 2021. 03. 17.

［235］高云飞，张栋，赵帮元，等. 1990—2019年黄河流域水土流失动态变化分析［J］. 中国水土保持，2020（10）：64-67，7. DOI：10. 14123/j. cnki. swcc. 2020. 0250.

［236］左其亭，王娇阳，杨峰，等. 水源涵养相关概念辨析及水源涵养能力计算方法［J］. 水利水电科技进展，2022，42（2）：13-19.

［237］姜云，吴立新. 中国煤炭城市生态环境评价指标体系的构建［J］. 中国矿业，2003（3）：23-25.

［238］谌利，冉红. 九江生态环境质量评价指标体系构建［J］. 当代经济，2019（10）：97-99.

［239］朱未易. 构建地方法治建设监测数据指标体系的可能、原则与途径［J］. 政法论丛，2018（5）：65-73.

［240］彭张林，张爱萍，王素凤，等. 综合评价指标体系的设计原则与构建流程［J］. 科研管理，2017，38（S1）：209-215. DOI：10. 19571/j. cnki. 1000-2995. 2017. s1. 030.

［241］杨娜娜，张新长，朱紫阳，等. 广东省自然资源调查监测分类标准体系研究［J］. 测绘通报，2021（9）：145-150. DOI：10. 13474/j. cnki. 11-2246. 2021. 0292.

［242］叶艳妹，陈莎，边微，等. 基于恢复生态学的泰山地区“山水林田湖草”生态修复研究［J］. 生态学报，2019，39（23）：8878-8885.

［243］万本太，吴军，徐海根. 国家生态安全综合评价研究［J］. 环境科学研究，2008（4）：57-62. DOI：10. 13198/j. res. 2008. 04. 59. wanbt. 015.

［244］王壮壮，王浩，冯晓明，等. 重点脆弱生态区生态恢复综合效益评估指标体系［J］. 生态学报，2019，39（20）：7356-7366.

［245］杨兆平，高吉喜，周可新，等. 生态恢复评价的研究进展［J］. 生态学杂志，2013，32（9）：2494-2501. DOI：10. 13292/j. 1000-4890. 2013. 0344.

［246］ISUPOVA M V. The effects of the ili river runoff and water regulation function of the delta on the changing water level of balkhash lake depending on the delta forest coverage［J］. Water Resources，2019，46（1）：S29-S42.

［247］FOLEY J A，DEFRIES R，ASNER G P，et al. Global consequences of land use［J］. Science，2005，309（5734）：570-574.

［248］MENG J N，FANG H W，SCAVIA D. Application of ecosystem stability and regime shift theories in ecosystem assessment-calculation variable and practical performance［J］. Ecological Indicators，2021，125：107529.

［249］朱小龙，裘丽，李振基．“关键种”理论与福建南亚热带极度退化生态系统重建构想［J］．福建林业科技，2002（2）：4-8. DOI：10. 13428/j. cnki. fjlk. 2002. 02. 002.

［250］魏斌，张霞，吴热风．生态学中的干扰理论与应用实例［J］．生态学杂志，1996（6）：51-55.

［251］杨洁，谢保鹏，张德罡．基于InVEST模型的黄河流域产水量时空变化及其对降水和土地利用变化的响应［J］．应用生态学报，2020，31（8）：2731-2739.

［252］高天鹏，薛伟，何月庆，等．甘南高原黄河上游生态功能区生态安全与经济发展思考［J］．生态经济，2021，37（10）：194-199.

［253］陶玲．甘南高原生态保护、生态建设与可持续发展研究［J］．乡村科技，2019（15）：113-114.

［254］王勇，王涛，王德生，等．陇中黄土丘陵区小流域综合治理经济开发研究［J］．中国水土保持，1999（1）：41-43，49.

［255］张智全．庆阳市生态承载力与生态环境评价研究［D］．兰州：甘肃农业大学，2010.

［256］中共中央办公厅，国务院办公厅．关于建立以国家公园为主体的自然保护地体系的指导意见［EB/OL］．（2019-09-02）［2023-10-25］．https://www.gov.cn/zhengce/2019-06/26/content_5403497.htm.

［257］陈明霞，巩娟霄，曾胜宗，等．甘肃省黄河流域省级自然保护区管理与保护成效评估研究［J］．环境科学与管理，2021，46（10）：157-161.

［258］王金南．黄河流域生态保护和高质量发展战略思考［J］．环境保护，2020，48（Z1）：18-21

［259］牟雪洁，张箫，王夏晖，等．黄河流域生态系统变化评估与保护修复策略研究［J］．中国工程科学，2022，24（1）：113-121.

［260］王涛，高峰，王宝，等．祁连山生态保护与修复的现状问题与建议［J］．冰川冻土，2017，39（2）：229-234.

［261］王文浩．甘南黄河重要水源补给生态功能区湿地保护与修复思路［J］．生态经济（学术版），2011（1）：387-389.

［262］向君，刘晓云．甘南黄河上游水源涵养区建设研究［J］．兰州文理学院学报（社会科学版），2021，37（5）：88-93.

［263］付扬军．山水林田湖草生态保护修复工程控制性规划的编制［D］．北京：中国地质大学（北京），2020.

［264］付战勇，马一丁，罗明，等．生态保护与修复理论和技术国外研究进展［J］．生态学报，2019，39（23）：9008-9021.

［265］傅伯杰．国土空间生态修复亟待把握的几个要点［J］．中国科学院院刊，2021，36（1）：64-69.

［266］张文辉，刘国彬．黄土高原地区植被生态修复策略与对策［J］．中国水土保持科学，2009，7（3）：114-118.